Faszination Immunologie
Hanns-Wolf Baenkler

Faszination Immunologie

Hanns-Wolf Baenkler

21 Abbildungen, 15 Tabellen

Hippokrates Verlag Stuttgart

Die Deutsche Bibliothek – CIP-Einheitsaufnahme

Baenkler, Hanns W.:
Faszination Immunologie / Hanns-Wolf Baenkler. – Stuttgart:
Hippokrates-Verl., 1992
ISBN 3-7773-1043-3

Prof. Dr. med. Hanns-W. Baenkler
Medizinische Klinik III mit Poliklinik
der Friedrich-Alexander-Universität Erlangen-Nürnberg
Krankenhausstr. 12, 8520 Erlangen

Wichtiger Hinweis

Wie jede Wissenschaft ist die Medizin ständigen Entwicklungen unterworfen. Forschung und klinische Erfahrung erweitern unsere Erkenntnisse, insbesondere was Behandlung und medikamentöse Therapie anbelangt. Soweit in diesem Werk eine Dosierung oder eine Applikation erwähnt wird, darf der Leser zwar darauf vertrauen, daß Autoren, Herausgeber und Verlag große Sorgfalt darauf verwandt haben, daß diese Angabe dem Wissenstand bei Fertigstellung des Werkes entspricht.
Für Angaben über Dosierungsanweisungen und Applikationsformen kann vom Verlag jedoch keine Gewähr übernommen werden. Jeder Benutzer ist angehalten, durch sorgfältige Prüfung der Beipackzettel der verwendeten Präparate und gegebenenfalls nach Konsultation eines Spezialisten, festzustellen, ob die dort gegebene Empfehlung für Dosierungen oder die Beachtung von Kontraindikationen gegenüber der Angabe in diesem Buch abweicht. Eine solche Prüfung ist besonders wichtig bei selten verwendeten Präparaten oder solchen, die neu auf den Markt gebracht worden sind. Jede Dosierung oder Applikation erfolgt auf eigene Gefahr des Benutzers. Autoren und Verlag appellieren an jeden Benutzer, ihm etwa auffallende Ungenauigkeiten dem Verlag mitzuteilen.
Geschützte Warennamen (Warenzeichen) werden nicht besonders kenntlich gemacht. Aus dem Fehlen eines solchen Hinweises kann also nicht geschlossen werden, daß es sich um einen freien Warennamen handele.

ISBN 3-7773-1043-3

Printed in Germany 1992
DTP-Satz: W. Hädicke u. K. Lorenz GbR., Stuttgart
Druck: Druckerei Schäuble, Stuttgart

Inhaltsverzeichnis

Vorwort

Immunologie fasziniert. Allein die Vorstellung, daß in uns etwas arbeitet, das zu entscheiden vermag, lernfähig ist, aber auch umgestimmt werden kann, ist aufregend. Umsomehr wird davon begeistert, wer die Einzelheiten kennenlernt. Dann gewinnt das Immunsystem Züge, die es als ein ungewöhnliches Organ mit geradezu intellektuellen Fähigkeiten ausweisen. Die Zusammenhänge zu hinterfragen, ihren Sinn zu erfahren, sind Zweck und Ziel dieser Darstellung. Was ein Lehrbuch nicht kann und darf, ist in diesem Lesebuch zu finden. Es verblüfft immer wieder, wie einfach und zugleich einheitlich die Dinge zu sehen und zu erklären sind – bei aller Komplexität. Die zehn Gebote der Immunologie zu beherrschen, bedeutet Begreifen auch scheinbar unsinniger Abläufe von zweifelhaftem Wert. Eine Wunderwelt tut sich auf, und wieder wird man gefangengenommen von der Einzigartigkeit dieser Einrichtung.
Wer bis zum Ende die Reise durch das Wunderland der Immunologie mitgemacht hat, wird eine Weile nachdenklich und sprachlos sein. Er wird sich aber nunmehr als fähig erweisen, Anregungen aufzugreifen, manche Beobachtung jetzt anders zu deuten und manche Erscheinung anders einzuordnen. Wer also bereit ist, das Undenkbare zu denken, der findet sich auf dem Wege, ein Immunologe zu werden, und er wird immer wieder gerne bekennen: Immunologie fasziniert!

Ein herzliches Dankeschön dem Verlag und all denen in ihm, die sich von meiner Begeisterung mitreißen ließen und mir mit Rat und Tat zur Seite standen.

Erlangen, im Juli 1992 *Hanns-Wolf Baenkler*

Wozu brauchen wir ein Immunsystem?

Die Frage erscheint lächerlich, zumal sie sich sehr einfach beantworten läßt: Wir brauchen ein Immunsystem, um immun, d.h. „unangreifbar", „gefeit" zu sein: Wir wollen vor allem Schädlichen, dem wir begegnen, geschützt sein.

Die Aufgaben des Immunsystems sind somit klar umrissen. Viele Erkrankungen sind durch ein funktionsuntüchtiges Immunsystem bedingt, und jedermann weiß, wie sich ein Immunsystem bemerkbar macht: Hiervon betroffene Individuen sind bereits von banalen Infekten, die andere nicht bemerken, tödlich bedroht.

In diesem Zusammenhang ist anzumerken, daß das Immunsystem das höchstentwickelte und damit auch entwicklungsgeschichtlich jüngste Organ darstellt. Somit haben nur weitestentwickelte Tierspezies und der Mensch an dieser innerhalb von Millionen Jahren entstandenen Schöpfung der Natur teil. Da es auf der Erde nicht nur höchstentwickelte Organismen gibt, mögen die unter uns stehenden Geschöpfe ein Immunsystem aufweisen, das aus unserer Sicht unvollkommen ist. Es ist also lohnend, im Hinblick darauf einen Streifzug durch die Welt der Lebewesen zu unternehmen.

	Schutz vor Schadensfaktoren	
	von außen	von innen
belebt	Viren Bakterien Pilze Monozoen Parasiten	Tumorzellen
unbelebt	Toxine	destruierte Gewebe

Immunsystem und nichtimmunologische Abwehr

Geht man in der Entwicklungsgeschichte zurück, so finden sich sehr lange Hinweise auf ein angemessen ausgestattetes Immunsystem, mit dem alle Säugetiere, aber auch Vögel und Fische versehen sind.

Selbst bei Kerbtieren, Weichtieren, Polypen und Schnecken finden sich Hinweise auf ein Immunsystem. Auch Pflanzen enthalten Einrichtungen, die zumindest annähernd dem Immunsystem vergleichbare Aufgaben bewältigen. Je weiter man zurückgeht, umso schwieriger wird es, Elemente des Immunsystems ausfindig zu machen. Dabei verwischt sich auch die Abgrenzung gegenüber solchen Abwehreinrichtungen, die mit dem Immunsystem selbst mittelbar zu tun haben, jedoch nicht mit ihm identisch sind. Über solche nichtimmunologischen Abwehreinrichtungen verfügen auch wir Menschen; sie sind uns keineswegs mit dem Erwerb des Immunsystems verlorengegangen. Damit besitzen wir unterschiedlich arbeitende Abwehreinrichtungen.

Zu den außerhalb des Immunsystems verfügbaren Abwehreinrichtungen beim Menschen zählen in erster Linie die Epithelien. Die Begegnung mit der Umwelt, in deren Verlauf schädliche Elemente in den Organismus einzudringen vermögen, findet an der Körperoberfläche statt, die von der Haut bedeckt ist, sowie – zum Teil besonders intensiv – an Schleimhäuten. Beispiele hierfür sind Lunge oder Darm, die als Kontaktstellen für lebenswichtige Elemente dienen. Die Zellen, welche die Grenzfläche nach außen hin darstellen, haben sich spezialisiert und bilden einen lückenlosen Abwehrschirm. Dies gilt auch für die quasi nach innen verlegten Oberflächen des Magen-Darm-Kanals, des Respirationstraktes und in gewisser Weise auch des urogenitalen Systems.

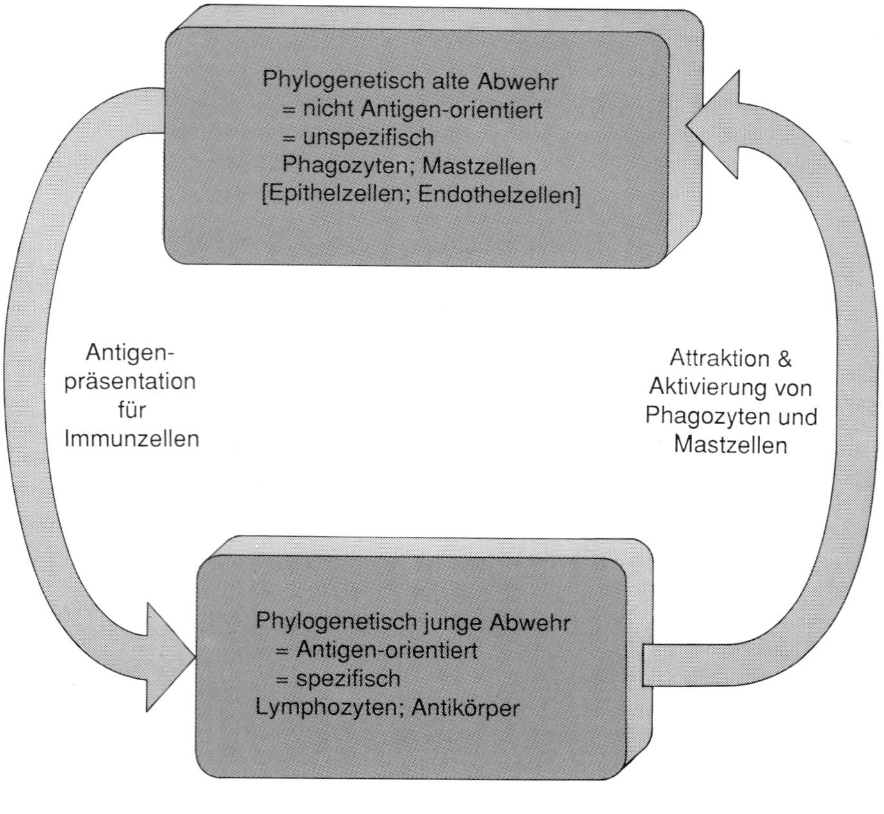

An der Haut schützen verhornende Zellen durch einen dichten Belag vor dem Eindringen von Schadensfaktoren. Ein Teil der Oberflächenzellen ist weiter umgewandelt und hat die Fähigkeit, in Form von Drüsen Sekrete abzugeben oder Hautanhangsgebilde wie Nägel und Haare hervorzubringen. Sie alle dienen ebenfalls dem Schutz des Individuums, wenngleich mit anderer Zielrichtung. Die mit dem Talg ausgeschiedenen Fettsäuren verteilen sich über den gesamten Organismus und wirken bakterizid, was einen zusätzlichen Schutz bedeutet. Im Körperinneren sind die Epithelien so ausgebildet, daß ein überdurchschnittlicher Austausch erfolgen kann: In der Lunge müssen Sauerstoff und Kohlendioxyd ausgetauscht werden, im Darm Bestandteile der Nahrung, die dem Organismus als Bausteine dienen. Wie an der Haut sind nicht nur Zellen im Verband als Abwehreinrichtung zu betrachten; hierzu können auch die Verdauungssäfte gerechnet werden, die in der Lage sind, alle in den Organismus eingedrungenen Substanzen zu zerlegen. Im Respirationstrakt halten mechanische Filter die gröbsten Partikel fern, im Urogenitalsystem bewirken ein permanenter Harnstrom und speziell ausgestattete Epithelien die Beseitigung aller Schädlichkeiten.

Nicht nur äußere und innere Körperoberflächen sind mit nichtimmunologischen Elementen der Abwehr ausgestattet. Auch im Körperinneren gibt es zahlreiche phagozytierende Elemente und Enzyme, die in Geweben und Zirkulation diese Aufgabe übernehmen können. Die Zellen vagabundieren oder sind in gewissen Bereichen fixiert, so die Kupffer-Sternzellen und die Alveolarmakrophagen. Zu einem kleinen Teil können solche Elemente sogar exportiert werden. So erhält das Neugeborene über die Muttermilch eine entsprechende Erstausstattung auf dem Wege über den Darm. Bei einer solch guten Ausstattung muß man sich ein weiteres Mal fragen, was denn ein Immunsystem erforderlich macht.

Der Schlüssel zur Antwort läßt sich finden, wenn man überlegt, welche Lebewesen das bestausgestattete Immunsystem aufweisen. Gemeinsam sind ihnen eine sehr hohe Zellzahl, eine hohe Zellteilungsrate, sowie Langlebigkeit. Die Kombination dieser Eigenschaften ist in der Natur im wesentlichen auf Säugetiere und den Menschen konzentriert. Ein hochentwickeltes Gehirn ist ein weiteres gemeinsames Merkmal, das jedoch an dieser Stelle noch nicht erläutert werden soll.

Denkbar ist freilich, daß die Entwicklung nebeneinander Leistungen erbracht hat, die nicht zwangsläufig voneinander abhängen; das Immunsystem könnte also gewissermaßen zusätzlich erfunden worden sein. Dennoch ist zu fragen, ob ein Immunsystem nicht gerade für Organismen mit den genannten Eigenschaften wichtig ist. Dies würde bedeuten, daß solche Organismen bestimmten Gefahren ausgesetzt sind, die andere nicht aufweisen und die durch das Immunsystem kontrolliert werden können. So besteht bei jeder Zellteilung die Gefahr, daß die Tochterzellen nicht mehr mit der Mutterzelle identisch sind. Die Anzahl der Fehlteilungen ist allerdings sehr gering und erfolgt etwa im Verhältnis eins zu zehn Millionen. Darüberhinaus muß angenommen werden, daß eine große Zahl von Fehlteilungen fataler Natur ist und die Tochterzellen nicht lebensfähig sind. In diesen Fällen wird die Natur selbst die Minusvarianten beseitigen, so daß dies keine Gefahr bedeutet. Gefährlich ist jedoch eine Fehlteilung, bei der einer neu entstandenen Zelle die Möglichkeit des Weiterlebens geboten wird, so daß diese eine gewisse Eigenständigkeit entwickelt. Solche Zellen würden unkontrolliert im Organismus persistieren, sich sogar vermehren und ihn zerstören. Der Gefahr einer malignen Entartung einzelner Zellen ist also jeder Organismus umso mehr ausgeliefert, je zahlreicher die in ihm ablaufenden Zellteilungen sind, so vor allem Organismen mit hoher Zellzahl, Langlebigkeit und einzelnen Systemen hoher Regenerationsquote. Daraus folgt der Schluß, daß das Immunsystem tatsächlich dazu dient, solche gefährlichen Elemente zu erkennen und zu beseitigen. Wie muß daher die Aufgabe des Immunsystems definiert werden?

Ergänzung und Kooperation

Unser Immunsystem dient der Aufgabe, die Integrität und Individualität des Organismus aufrechtzuerhalten. Dabei geht die größte Gefahr nicht von äußeren Faktoren aus, sondern von Elementen, die sich im Inneren entwickeln und dem Zugriff der phylogenetisch alten Abwehreinrichtungen entziehen. Wie es am schwierigsten ist, sich selbst zu kontrollieren, so ist die Existenz eines Organismus mehr durch interne abnorme und maligne Zellen bedroht als durch exogene Faktoren, auch wenn sie invasive Eigenschaften aufweisen. Das Immunsystem muß also eher Ordnung im Körperinneren aufrecht erhalten als äußere Störfaktoren abwehren. Hätten nun nicht die von früher her verfügbaren Abwehreinrichtungen diese Aufgabe ebenso gut übernehmen können, und wie stehen diese alten Abwehreinrichtungen zu der jungen Entwicklung des Immunsystems?

Freilich sind auch die Elemente der entwicklungsgeschichtlich alten Abwehr durchaus in der Lage, im Körperinneren schädliche Faktoren aufzugreifen und zu vernichten. Das geschieht primär durch Verarbeitung von Bakterien und deren Bestandteile, weniger durch Aufspüren und Vernichtung entarteter körpereigener Zellen. Mit der Entwicklung des Immunsystems standen dann zwei Abwehreinrichtungen zur Verfügung, die sich in idealer Weise ergänzen und kooperieren, was die gesamte Abwehrleistung potenziert. Auf diese Weise ist auch unser Immunsystem in der Lage, exogenen Noxen entgegenzutreten. Doch bis dahin war noch ein langer Weg in der Entwicklungsarbeit der Natur. Wie kam es nun von der einzeln kämpfenden Immunzelle bis zu der wohlgestaffelten Phalanx der komplexen Immunreaktion von heute?

Erste Elemente eines Immunsystems waren den Lymphozyten gleichende Zellen. Erst später bildeten sich Zellen heraus, die in der Lage sind, Antikörper zu produzieren. Damit hatte das Immunsystem die Möglichkeit, nicht nur Zelle gegen Zelle vorzugehen, sondern quasi über den Antikörper Fernwirkung zu zeigen. Zunächst wurden IgM-Antikörper entwickelt, die starke agglutinierende Eigenschaften und darüberhinaus noch viele andere, etwa Komplementaktivierung, aufweisen, die sie zu starken Abwehrwaffen werden lassen. Sie sind jedoch sehr groß und daher nur schlecht beweglich. Das war ausreichend, solange es keinen geschlossenen Kreislauf gab. Mit der Entwicklung einer in sich geschlossenen Zirkulation war die Möglichkeit des Austausches vom Gefäßinneren ins Gewebe nicht mehr ohne weiteres gegeben. Kleinere Antikörpermoleküle wie IgG oder IgA waren hierzu in der Lage. IgA wiederum sollte nach Durchtritt durch Epithelien als sekretorisches Immunglobulin Oberflächen schützen, was nur sinnvoll war, wo solche Oberflächen ins Körperinnere verlegt wurden, wie etwa bei Lunge und Darm. Auch die weibliche Brustdrüse profitierte davon, da dem Neugeborenen ebenfalls IgA in sekretorischer Form übermittelt wird. Die Größenzunahme der Organismen ermöglichte es schließlich, daß sich kleinere einnisten konnten, die wiederum teilweise recht groß sind, wie das Beispiel der Parasiten belegt. Zu deren Abwehr wurde IgE erfunden, das sich an der Membran von Basophilen und Mastzellen fixiert und dort auf freies Antigen lauert. Nach der Bindung der vorbeikommenden Antigene werden die im Zytoplasma befindlichen Mediatoren sofort ausgeschüttet. Die Pharmakologie dieser Stoffe führt zu dramatischen Erscheinungen wie Durchfall, Erbrechen, Juck- und Niesreiz. Dies alles vermag wegen der großen Verstärkerwirkung selbst Parasiten auszutreiben. Solche Prozesse sind auch heute noch bei den Tieren als sogenannte Selbstreinigung bekannt.

So betrachtet kann das Immunsystem zahlreiche Aufgaben mittels verschiedener Varianten erfüllen – entsprechend der Feuerwehr, die über ganz verschiedene Geräte und Löschflüssigkeiten verfügt, deren Einsatz der Natur des Brandes angepaßt werden muß. Aufgrund seiner klonalen Arbeitsweise weist es eine unübertroffene Spezialisierung auf und kooperiert gleichzeitig effizient mit den unspezifischen Einrichtungen aufgrund einer Vermaschung. Zusätzlich zu der ursprünglichen Aufgabe der Beseitigung von im Körperinneren entstehenden, gefährlichen atypischen Elementen übernahm es später die Aufgabe, auch von außen eindringende an vorderster Front abzuwehren. Nur so kann es die Aufgabe bewältigen, Integrität und Individualität eines jeden zu gewährleisten.

Woher kommt das Immunsystem?

Das Immunsystem besteht aus einzelnen Zellen und spezifischen Produkten, den Antikörpern. Wie die übrigen Organe geht das Immunsystem auf eine einzige Zelle zurück, die allenfalls bezüglich ihrer schlummernden Fähigkeiten definierbar ist; es läßt sich jedoch festlegen, wann die Entwicklung der für das Immunsystem bestimmten Zellen einsetzt.

Bereits das Neugeborene ist mit einem gut ausgestatteten Immunsystem versehen, das lediglich in quantitativer Hinsicht im Laufe der ersten Lebensjahre noch eine Expansion erfährt. Die Entwicklung des Immunsystems verläuft während der Embryonal- und Fötalzeit sehr stürmisch und läßt sich bis in die ersten Anfänge der allgemeinen Organentwicklung zurückverfolgen.

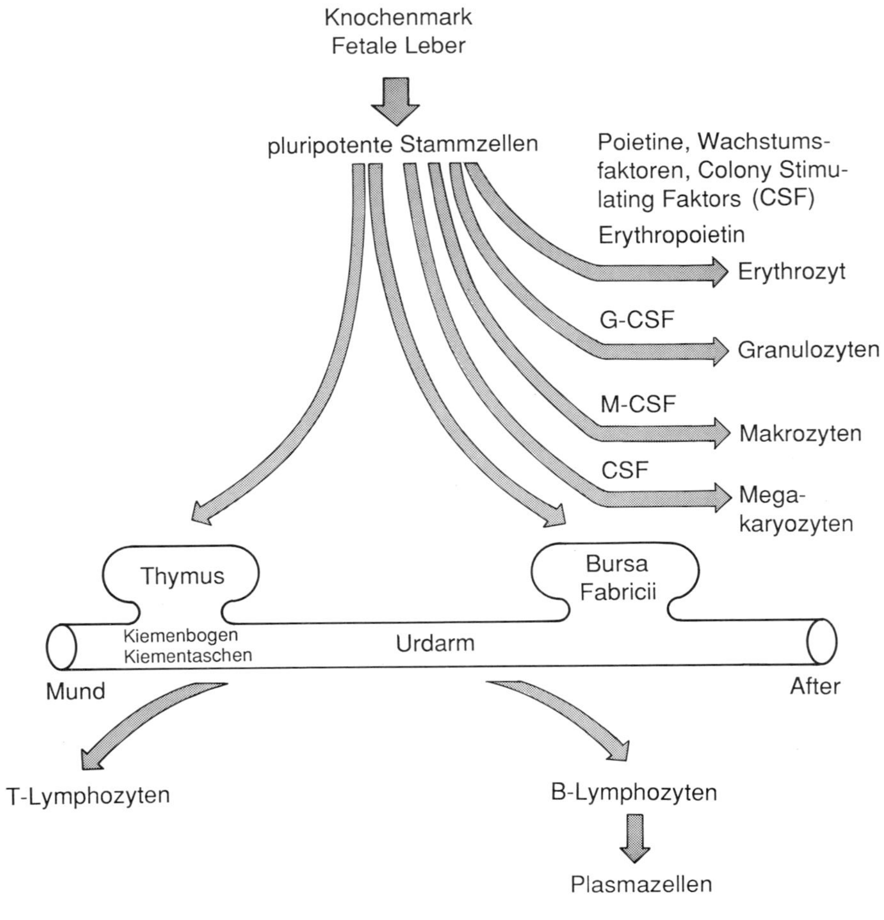

Immunologische Vorläufer

Grundeinheit des Immunsystems ist die Immunzelle, der Lymphozyt, und die aus ihm entstehenden Zellen, insbesondere Plasmazellen. Auf der Suche nach den Ursprüngen des Immunsystems muß somit nach lymphozytenähnlichen Elementen gefahndet werden. Hier sind Einzelzellen aufzuführen, die keinem besonderen Organ zugeordnet werden können und gewissermaßen vagabundierende Einzelgänger darstellen. Sie finden sich schon im Embryonalstadium im Alter von mehreren Wochen. Ihre Fähigkeiten sind zu diesem Zeitpunkt noch nicht charakterisierbar. Auch die Herkunft läßt sich nicht ohne weiteres feststellen: Lymphknoten, milz- und oberflächenassoziiertes Immunsystem sind zu diesem Zeitpunkt noch nicht vorhanden und kommen als Matrix nicht in Frage. Als Quellen solcher noch undifferenzierter Zellen kommen Knochenmark, Leber und Dottersack in Betracht, die vergleichsweise früh verloren gehen oder sich beim Erwachsenen in anderer Struktur finden. Im Fötalstadium weisen sie ein mächtiges Potential auf, indem sie neben einer Fülle von Zellen unterschiedlichster Art auch die Vorstufen der Immunzellen generieren.

Die aus fötalem Knochenmark, soweit es bereits als solches zu bezeichnen ist, aus fötaler Leber und Dottersack auswandernden Zellen sind zunächst pluripotent. Sie können, wie auch viele andere Zellen während dieser Entwicklungsphase, unterschiedliche Entwicklungszyklen durchlaufen. Da sie einer gewissen Umgebung oder bestimmter Faktoren bedürfen, um sich ihrer späteren Funktion gemäß zu entwickeln, müssen sie empfänglich sein für die Signale, die in diesem Zusammenhang auf sie einwirken. Wie Radioempfänger können junge pluripotente Zellen unterschiedliche Frequenzen und damit Programme umsetzen. Dabei bleibt das gewählte Programm fixiert; die einmal eingeschlagene Entwicklung und der angetretene Weg können weder rückgängig gemacht, noch verlassen werden. Auch dürfen nicht sämtliche Zellen in ein- und dieselbe Richtung der Entwicklung getrieben werden, da dann für andere lebensnotwendige Entwicklungen keine Zellen übrigbleiben und die Quelle des Nachschubs versiegen würde.

Die Einzelgänger, die zu den verschiedenen Zelltypen des Erwachsenen geformt werden können, sind weder dazu geeignet noch in der Lage, ganze Organe aufzubauen; auch Lunge, Leber oder Herz bestehen aus mehreren Zellarten. Folglich dienen die vagabundierenden Immunzellen dazu, Organe mitzugestalten, vor allem solche, die sich kaum in anatomische Grenzen verweisen lassen. Hierzu zählen das Blutorgan, die unspezifische phylogenetisch alte Abwehr – Makrophagen und Granulozyten – und das Immunsystem.

Inzwischen haben sich eine Reihe von Polypeptiden isolieren lassen, die alle aus dem Thymus stammen und für die Entwicklung des Immunsystems wichtig sind. Obwohl man sich hinsichtlich der Nomenklatur um eine Vereinheitlichung und Vereinfachung bemüht, wird gegenwärtig noch von ‚Thymopoetinen', ‚Thymostimulin' und ‚Alpha- und Beta-Strukturen' gesprochen.

Noch ist die Bedeutung der einzelnen Substanzen unklar und die Frage offen, ob es sich hier um Varianten handelt, die jeweils für sich oder nur in der vorliegenden Komposition effizient werden.

Die ‚Schule' der Immunzellen

Voraussetzung der genannten Forschungsergebnisse war das Erkennen des Thymus als das dem Immunsystem übergeordnete prägende Organ. Er kann als ‚Schule' der Immunzellen bezeichnet werden. Hinweise hierfür ergaben sich aus der Tatsache, daß bei manchen Individuen, die ohne dieses Organ geboren werden, Teile des Immunsystems fehlen. Weiterhin bilden manche Tiere ihr Immunsystem nur unzureichend aus, wenn der Thymus unmittelbar nach der Geburt entfernt wird.

Ein interessanter Aspekt ist, daß sich der Thymus aus dem Urdarm entwikkelt. Er entsteht aus einer Ausstülpung der vierten und fünften Schlundtasche im Bereich der zugehörigen Kiemenbögen und ist ein sehr früh angelegtes Organ. Somit kann den pluripotenten Urzellen rechtzeitig die Entwicklung auch in Richtung auf das Immunsystem vermittelt werden. Schon sehr bald bildet der Thymus unterschiedliche Strukturen aus, so beispielsweise die Hassal-Körperchen und muskelfaserähnliche Gebilde.

Die so frühzeitige Entwicklung des Thymus ist absolut notwendig: Betrachtet man ihn – wie erwähnt – als Schule und die unreifen Stammzellen als Schüler, so bedeutet der erfolgreiche Abschluß die Aushändigung des Zeugnisses als Immunzelle. Wie die Schule errichtet sein muß, bevor man darin Schüler erziehen kann, muß auch der Thymus als Organ vorhanden sein, wenn die Vorläuferzellen zu Immunzellen geprägt werden sollen. Somit genügt nicht die ausschließliche Einwirkung von Thymopoetinen, um Immunzellen hervorzubringen, sondern nur die gleichzeitige Präsenz des Thymus und der entsprechenden Entwicklungshormone garantieren die reibungslose Entwicklung dieser Zellen. Auch dies erinnert an die Schule: Angehende Schüler mit Unterrichtsmaterial zu versorgen, ist nur dann sinnvoll, wenn Lehrkräfte den Lernprozeß begleiten.

Die Bursa Fabricii ist ein weiteres, für das Immunsystem wichtiges Organ, das der Urdarm hervorbringt. Allerdings nur bei Vögeln in dieser Form. Dieses Gebilde ist eine Ausstülpung des Enddarms und für die Entwicklung des humoralen Schenkels der Immunabwehr verantwortlich. Säugetiere und Menschen weisen kein solches, anatomisch abgrenzbares Organ auf, doch muß es zumindest funktionell präsent sein, da auch wir Menschen ein humorales Immunsystem besitzen. Es wird angenommen, daß Knochenmark und sämtliche dem Darm assoziierten lymphatischen Organe diese Aufgabe übernehmen. Für diese

Annahme spricht auch die Beobachtung, daß Tonsillen, Peyer-Plaques und Appendix als Darmtonsille etwa im Rhythmus des Thymus an Größe zu- und später auch wieder abnehmen.

Die beschriebenen Vorgänge sind zum Zeitpunkt der Geburt längst abgeschlossen. In den ersten Lebensjahren erfolgt lediglich eine Vermehrung des bereits Vorhandenen, kein Zugewinn von Fertigkeiten.

Aufgrund der vergleichsweise übersichtlichen Verhältnisse ließen sich die Einzelschritte in der Entwicklung der Erythrozyten recht früh und genau festlegen. Hier wurde schon rasch eine Substanz entdeckt, die zur Ausbildung von Erythrozyten führt, das Erythropoetin. Wie der Name besagt, vermag dieses Polypeptid aus den pluripotenten Zellen solche werden zu lassen, die – über das Stadium des Erythroblasten hinaus – zum roten Blutkörperchen werden. Vergleichbare Verhältnisse finden sich mit Bezug auf die Granulopoese und Thrombopoese sowie hinsichtlich der Entstehung von Makrophagen und ihren Verwandten. Es gibt somit eine Fülle von Poetinen, die in der Lage sind, eine noch nicht in ihrem Werdegang festgelegte und für Signale offene Zelle diesem Entwicklungsprozeß zuzuführen. Wie heißen nun diese Hormonen vergleichbaren Stoffe, welche die Ausbildung des Immunsystems betreiben?

Zunächst einmal ist zu überlegen, ob es auch für die Entwicklung des Immunsystems solcher hormonartiger Substanz bedarf. Die Frage ist nicht ohne weiteres zu beantworten. Doch ein ganz einfacher Gedanke macht uns klar, daß es so sein muß, da andernfalls die Gefahr bestünde, daß alle pluripotenten Zellen unter dem Einfluß der übrigen Hormone eine Entwicklung einschlagen, die nicht zum Immunsystem führt, und somit dieses Organ später nicht gebildet werden könnte. Sinngemäß müßte ein solcher Stoff als ‚Immunopoetin' oder, da die Immunzelle mehr oder weniger mit den Lymphozyten identisch ist, als ‚Lymphopoetin' bezeichnet werden. Da die entscheidenden Impulse zur Entwicklung der Immunzellen aus dem Thymus erfolgen, erhielt der dort produzierte und für die Prägung verantwortliche Stoff jedoch den Namen ‚Thymopoetin'.

Wie ist das Immunsystem organisiert?

Ein Überblick über das Immunsystem läßt auf den ersten Blick ein sehr homogenes System erkennen, das aus Lymphozyten besteht. Doch wohin entwickeln sich Lymphozyten, behalten sie stets ihren Status bei oder wandeln sie sich noch vor ihrem Zelltod um? Bei Betrachtung der Lymphozyten durch das klassische Lichtmikroskop ist nicht zu erkennen, ob sie jung oder alt, in Bereitschaft oder bereits aktiv sind oder auch, ob sie Signale abgeben oder empfangen. Ein Teil wandelt sich im Laufe der Immunreaktion um, weil ihnen eine besondere Aufgabe zugewiesen wird, die sie von anderen Immunzellen unterscheidet. Die Unterscheidungskriterien sind so deutlich, weil sie viele ihrer Eigenschaften ändern, darunter auch ihr Aussehen. Dies betrifft die Gruppe derjenigen Immunzellen, die später Antikörper produzieren. Sie nehmen die

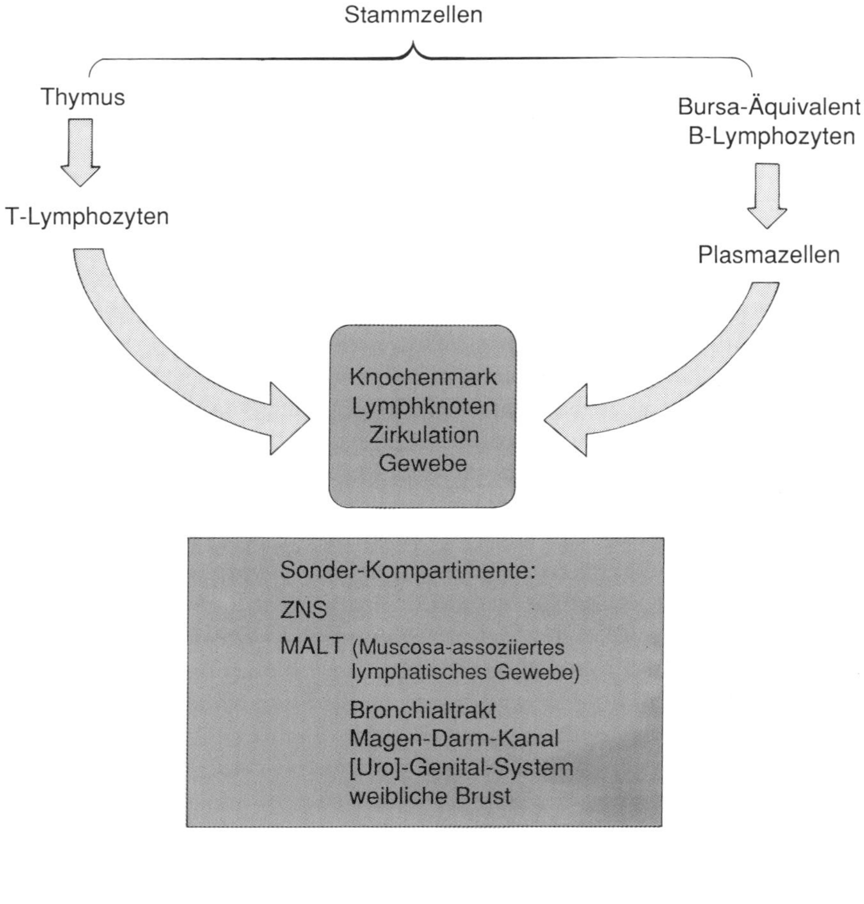

Gestalt von Plasmazellen an. Als solche sind sie ortsfest, sie erscheinen nicht mehr in der Zirkulation und fehlen daher fast immer im Differentialblutbild. Die folgende Betrachtung des Immunsystems erfolgt stets unabhängig von den übergeordneten Organen Thymus und Bursaäquivalent, auf deren Bedeutung im Zusammenhang mit der Entwicklung des Immunsystems hingewiesen wurde.

Addiert man sämtliche Einheiten des Immunsystems, so besteht es in einem erwachsenen Organismus aus etwa 10^{10}–10^{11} Lymphozyten und Plasmazellen sowie 10^{18}–10^{19} Antikörpermolekülen. Dies ergibt ein Gewicht von etwa 1 ½ bis 2 kg, mehr als Gehirn, Leber oder Herz aufweisen. Auch dies ist ein Beleg dafür, welch hoher Stellenwert dem Immunsystem von der Natur aus eingeräumt wurde. Ein weniger ausgeprägtes Immunsystem hätte auch weniger Schutz gegenüber inneren aberrierten oder virusbefallenen Zellen wie auch gegenüber invasiven Schadensfaktoren bedeutet; ein noch stärkeres würde zusätzliche Masse, Bereitstellung von Aufbaustoffen und, im Hinblick auf die Antikörperdichte im Blut, aufgrund der höheren Viskosität eine Anpassung der Herzleistung erforderlich machen.

Lebensdauer und Aufgabenteilung

Anders als bei den angesprochenen Vergleichsorganen Herz und Leber handelt es sich beim Immunsystem jedoch nicht um ein festes Gefüge, in welchem die Zellen nach ihrer Etablierung auch über längere Zeit im Verband erhalten bleiben. Der überwiegende Teil dieser Immunzellen ist vergleichsweise kurzlebig. Die Zellen erreichen ein Durchschnittsalter von wenigen Tagen. Es herrscht ein immenser Zellumsatz und das gesamte Immunsystem erneuert sich permanent. Pro Tag wird etwa ein halbes Pfund neu aufgebaut. Dies erreicht kein anderes Organ in unserem Organismus. Welche Zellen verbergen sich aber hinter dem länger lebenden Anteil des Immunorgans?

Eine der wichtigsten Eigenschaften des Immunsystems ist sein Gedächtnis! Hierunter versteht man die Erhaltung und Bereitstellung von Information. Dies könnte auch durch Weiterreichen an neue Zellgenerationen erfolgen, doch ist jede Übermittlung einer Information mit der Gefahr der Fehlübertragung belastet. Auch im Alltag zeigt sich, wie durch wiederholtes mündliches Weitergeben von Einzelheiten am Ende die Tatsachen entstellt wiedergegeben werden. Ein derartiger Vorgang hätte für das Immunsystem fatale Konsequenzen, da es auf Konservierung seines Wissens auch nach Jahren oder gar Jahrzehnten angewiesen ist, um den einmal erkannten Schadensfaktor bei der folgenden Begegnung sofort wieder zu identifizieren. Aus diesem Grunde hat die Natur *Gedächtniszellen* erfunden, die sich nicht mehr teilen und in Ruhestellung verharren, bis aufgrund einer erneuten Begegnung mit dem ursprünglichen Antigen ein spezifischer Reiz vorliegt, der nun eine Zellvermehrung auslöst. Hier ist die Gefahr der Entstellung außerordentlich gering, weil die neue Information auch wieder neue Eindrücke hinterläßt. Ein weiteres Kontingent langlebiger Elemente des Immunsystems sind die *Plasmazellen*. Sie sind eingebettet in die Gewebsmatrix, wo sie über lange Zeit die Antikörperproduktion aufrechterhalten. Auch dies ist sinnvoll, da es töricht wäre, jeweils neue Handwerker einzuarbeiten, wenn die Fertigstellung bereits in bewährten Händen liegt.

Damit hat eine Aufgabenteilung des Immunsystems bereits angefangen. Lymphozyten, die durch den Thymus geschult worden sind, werden *T-Zellen* genannt. Sie sind in der Lage, das Antigen selbst zu attackieren. Als Einzelkämpfer entfalten sie in unmittelbarem Kontakt ihre Wirkung: Sie zerstören antigene Zellen oder vernichten antigenes Material im Gewebe. Betrachtet man das Immunsystem als Feuerwehr, so sind die T-Lymphozyten Feuerwehrleute, die sich an einzelne Brandherde begeben und dort die Flammen erschlagen. Davon zu trennen sind diejenigen Immunzellen, welche ihre Schulung im Bursaäquivalent erfahren haben. Sie werden *B-Zellen* genannt, wandeln sich in Plasmazellen um und produzieren Antikörper, die sie ausschleusen. Mit dem Lymphstrom oder im Blut werden diese Antikörper über den gesamten Organismus verteilt. Sie können sogar in Sekrete übertreten und so außerhalb von geschlossenen Geweben ihre Wirkung entfalten. Damit sind Plasmazellen Elemente des Immunsystems mit Fernwirkung, deren verlängerten Arm die von ihnen produzierten Immunproteine darstellen. Verglichen mit der Feuerwehr sind das diejenigen Feuerwehrleute, die etwa an der Spritze stehen und mit dem Wasserstrahl Abstand zu den zu bekämpfenden Flammen halten.

Antikörper haben die Aufgabe Antigene zu binden und zunächst einmal auf diesem Wege unschädlich zu machen; die endgültige Beseitigung des am Antikörper gebundenen Antigens erfolgt dann über andere Zellen, die auf solche Signale eingestellt sind – wie nach einem Brand von bestimmten Personen die Asche abgeräumt wird.

Immunzelldichte

Auch wenn unser Immunsystem nicht als so klar umrissenes Organ wie beispielsweise Gehirn, Herz oder auch Leber zu definieren ist, wäre es falsch anzunehmen, es sei im gesamten Organismus gleichmäßig vertreten. Tatsächlich ist es in manchen Zentren in geballter Form vorhanden, in anderen Arealen wiederum spärlich. Örtlichkeiten mit hoher Immunzelldichte sind naturgemäß diejenigen Bereiche des Organismus, in welchen die Immunzellen in großer Menge produziert werden. Hierzu zählen in erster Linie Knochenmark und Lymphknoten. Während das Knochenmark auch Ort der Blutbildung mit Generierung von Erythrozyten, Granulozyten und Thrombozyten ist, sind Lymphknoten gewissermaßen exklusive Areale, zu denen nur Lymphozyten Zutritt haben. In dieser geschlossenen Gesellschaft können gegebenenfalls auch Granulozyten und Makrophagen hinzustoßen; dies ist noch im Zusammenhang mit der Immunreaktion zu erörtern. In den Lymphknoten wie auch im Knochenmark leben T- und B-Lymphozyten voneinander getrennt in ihren eigenen Arealen.

Obwohl die Lymphknoten recht gleichmäßig über den gesamten Organismus verteilt sind, finden wir sie an manchen Stellen besonders dicht angeordnet, so in den Achselhöhlen, den Leistenbeugen und am Hals. Auch gibt es unzählige ‚Minilymphknoten', die wir normalerweise gar nicht zur Kenntnis nehmen. Die Lymphknoten werden dort postiert, wo häufig Antigene antransportiert werden; sie stellen somit auch eine Empfängerstation für die über die Lymphe herantretenden Informationen dar. So sind die Lymphknoten in den Leistenbeugen für eine antigene Invasion in den Beinen zuständig, diejenigen in den Achselhöhlen für antigene Attacken in den Armen, die am Hals für solches Geschehen am Kopf. Auch im Körperinneren finden wir entsprechende Ansammlungen, etwa retroperitoneal und um die Aorta herum. Was dann in den Lymphknoten aufgrund solcher Informationen geschieht, wird in gewisser Weise auch mit der Lymphe wieder weitergegeben, die sich dann in einem riesigen Gefäß in die Blutbahn ergießt.

Auch hier kann man die Feuerwehr zum Vergleich heranziehen. Stationen sind immer dort eingerichtet, wo eine Botschaft zentral Alarm auslöst. Der ganze Geschehen ist jedoch dynamisch und dem Bedarf angemessen. So schwellen Lymphknoten an, wenn man etwa nach einem Tritt in einen rostigen Nagel am Bein eine Infektion erlitten hat. Ist das Problem beseitigt, so werden die Lymphknoten rasch wieder kleiner. Ebenso werden auch manche Stationen im Bedarfsfalle besser besetzt, bis die Gefahr beseitigt ist.

Als weitere Gemeinsamkeit mit der Feuerwehr sind besondere Einheiten abzugrenzen, so vor allem das Gehirn und ein Gebilde, das summarisch als ‚mukosaassoziiertes lymphatisches Gewebe (MALT = mukosa-associated-lymphoid-tissue)' bezeichnet wird. Im Gehirn finden sich nur sehr wenige Elemente des Immunsystems. Dies zeigt sich unter anderem auch in einer extrem niedrigen Konzentration von Antikörpern im Liquor. Hier ist es auch unnötig, mehr Zellen zu postieren, ist doch das Gehirn durch eine Art Kapsel ohnedies von schädlichen Faktoren weitgehend abgeschirmt. Außerdem ist die Zellteilungsrate im Gehirn extrem niedrig, so daß die Gefahr der Entstehung von Fehlteilungen und aberrierender maligner Elemente gering ist. Umgekehrt verhält es sich bei den Oberflächenbezüge des Respirationstraktes, des Magen-Darm-Kanales und des Urogenitalsystems. Hier gibt es eine permanente Begegnung mit der Umwelt, wobei im Gegensatz zur Haut die Schleimhaut die Aufgabe hat, diese Begegnung zu fördern, indem die Durchtrittsmöglichkeit im Sinne des Austausches und der Resorption bewältigt wird. Damit besteht zugleich die Gefahr, daß schädliche Faktoren in den Organismus gelangen. Folglich befinden sich hier besonders viele Lymphozyten und Plasmazellen. Areale am Darm mit noch stärkerer Dichte sind der lymphatische Rachenring und der Wurmfortsatz. Im Urogenitalsystem ist dagegen das Immunsystem weniger dicht vertreten, weil auch hier die Begegnung mit der Umwelt weniger intensiv ist.

Es verhält sich also im Immunsystem wie bei der Feuerwehr: Wo hohe Brandgefahr herrscht, finden wir mehr Einheiten und Feuermelder postiert als an Orten, an denen nichts brennen kann. Im Bedarfsfalle können jedoch Einheiten sofort verschoben werden, bis die Gefahr wiederum beseitigt ist.

Zusätzlich ist die Brustdrüse als Sekretionsorgan des Immunsystems gestaltet. Besonders in der Vormilch und der frühen Muttermilch finden sich Antikörper in besonders hoher Konzentration sowie Lymphozyten. Dies vermittelt dem Neugeborenen einen ersten Schutz.

Auch die Milz stellt ein besonderes Organ dar, das Immunsystem und Filterstation in sich vereinigt. Auf diese Weise werden in den Blutstrom gelangte Schadensfaktoren, vor allem Bakterien, herausgefischt und sofort vernichtet. Das wiederum entspricht etwa einer Überprüfung von Sportfanatikern vor den Eingangstoren eines Stadions, um zu verhindern, daß Feuerwerkskörper eingeschleust werden und Schaden anrichten.

Altbewährt und mit neuen Aufgaben betraut:

Bei der Darstellung unserer Abwehr wurde darauf hingewiesen, daß der Mensch sowohl über ein altes als auch über ein neues System verfügt. Dabei ist die alte Abwehr, bestehend aus Freßzellen und bakterienfeindlichen sowie viruszerstörenden Faktoren, insofern unspezifisch, als die einzelnen Elemente nicht auf ganz bestimmte Antigene abgestimmt sind, was jedoch bei der neuen Abwehr, getragen von Immunzellen und Antikörpern, der Fall ist und weshalb sie spezifisch arbeitet. Die Natur hat beim Menschen somit Altbewährtes durch Neuerrungenes ergänzt, nicht ersetzt! Wir besitzen damit eine etwas plump wirkende, sehr kräftige und vor allem bei Erstkontakt sofort zupackende Abwehr und eine weitere, geradezu feinsinnig arbeitende, die bei Erstkontakt verzögert einsetzt.

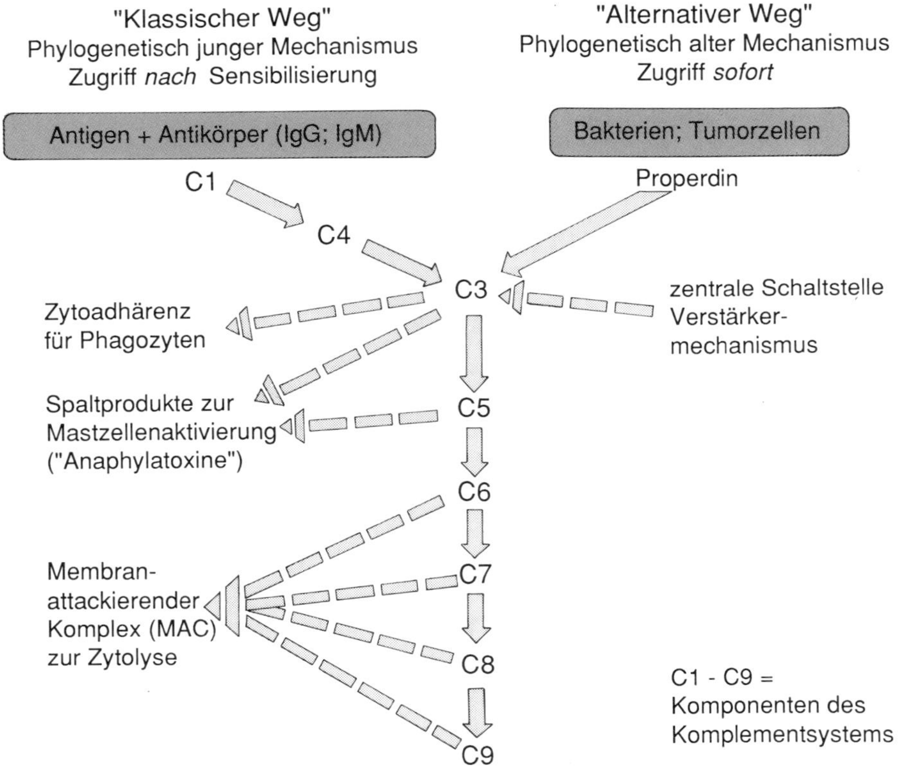

Beide Systeme sind miteinander vermascht und unterstützen sich gegenseitig, wodurch ihre jeweiligen Vorzüge zum Tragen kommen. Eine Reihe von Signalen und Botenstoffen, von Regelkreisen und Effektormechanismen sorgen für diesen engen Zusammenhalt. Sie gleichen Telefonleitungen und Verbindungsmännern verbündeter Truppen, wie sie Technisches Hilfswerk und Feuerwehr darstellen, wenn sie im Katastrophenfalle zusammenarbeiten.

Die meisten Aufgaben kommen hier dem Komplementsystem zu, einer, wie schon mehrfach erwähnt, für die menschliche Abwehr außerordentlich wichtigen Einrichtung. Sie wurde in ihrer Gesamtheit, d.h. ihrem Aufbau und ihrer Arbeitsweise, vergleichsweise spät aufgeklärt – lange nachdem die Freßzellen, die Immunzellen und die Immunglobuline charakterisiert waren. Die Bezeichnung „Komplementsystem" resultierte aus Beobachtungen, die es noch zu hinterfragen gilt.

Serologische Nachweismethode

Im Rahmen der Immunhämatologie fiel auf, daß antikörperhaltige Seren gewisse Eigenschaften verlieren und wiedergewinnen können. Ausschlaggebend war die Beobachtung, daß Antikörper nach ihrer Bindung an Erythrozyten eine Hämolyse bewirken. Freilich werden die Erythrozyten nicht von den Antikörpermolekülen, die ein Protein und damit tote Materie darstellen, zerstört, sondern durch Serumfaktoren. Dieser Aspekt wurde jedoch nicht beachtet, da bei dem entsprechenden Versuch antikörperhaltiges Serum verwendet worden war. Nach einer Erwärmung auf 56 °C für 30 Minuten war plötzlich die hämolytische Aktivität verloren; die Antikörper schienen inaktiviert. Wurde nun frisches Serum hinzugegeben, das gar keine Antikörper gegen die Erythrozyten enthielt, so konnte die hämolytische Eigenschaft wieder hergestellt werden. Das Serum enthielt somit Elemente, die das Verlorengegangene ersetzten. Daraus entstand der Begriff einer komplementären Substanz, des Komplements. Ursprünglich mag die Vorstellung so gewesen sein, daß ein Teil der Antikörper durch die Hitzeeinwirkung verändert oder verlorengegangen und durch eine entsprechende Menge aus dem unbehandelten Serum zu ergänzen war. Folglich wurde das Komplement als ein dem Immunsystem und hier den Antikörpern zugehöriges Element empfunden. Was konnte noch entdeckt werden?

Die angesprochene Methode war Grundlage für eine ganze Kategorie serologischer Nachweismethoden, zumal sich so zeigen ließ, ob Antikörper ihre Antigene fanden und auf diese Art und Weise das Komplement an sich banden, so daß es nicht mehr verfügbar war. Bei dieser allgemein als ‚Komplementbindungsreaktion' eingeführten Nachweismethode wurde dem Nachweissystem ein zeitlicher Vorsprung zugebilligt; das Indikatorsystem diente nur noch dazu aufzuzeigen, ob Komplement bereits gebunden worden war.

Was ist Komplement?

Komplementfaktoren- oder Komponenten sind nicht Teile von Antikörpern, die diese strukturell ergänzen, sondern bilden ein System, welches unter Antikörpervermittlung in der Lage ist, Erythrozyten zu zerstören. Diese hinsichtlich des Komplementnachweises zuerst angewendete Methode gab dem Vorgang zugleich den Namen: Antikörpervermittelte Lyse gilt als klassischer Bindungs- und Aktivierungsweg des Komplements.

Komplement und Antikörper zirkulieren im Blut und in den Geweben. Sie binden einander aber nicht; dies erfolgt erst, nachdem der Antikörper mit dem entsprechenden Antigen einen Immunkomplex gebildet hat. Durch diesen Vorgang ändert sich die Struktur des Antikörpers. Entscheidend im vorliegenden Zusammenhang ist der Wandel der CH1-Domäne, der ersten Schleife im konstanten Abschnitt der schweren Kette (C = constant region; H = heavy chain), wo das Komplement andocken kann. Nur IgG und IgM vermögen Komplement in dieser Form zu binden und zu aktivieren.

Komplement besteht aus Proteinen, die gemeinsam in Lösung sind, aber nach Art einer Kaskade nacheinander gebunden und aktiviert werden können, wie dies auch beim Gerinnungssystem der Fall ist. Die Bindung erfolgt erst, nachdem eine Änderung der vorangehenden Komponente eingetreten ist. Die Bezeichnung der Komponenten geschah numerisch in der vermeintlichen Reihenfolge ihrer Aktivierung. Später zeigte sich allerdings, daß dies nicht in allen Einzelheiten stimmte. Komplement weist verschiedene Fähigkeiten auf. So kann es Erythrozytenmembranen zerstören nach Art eines Enzyms. Hierzu dienen die letzten Komponenten, die deswegen auch als ‚membranattackierender Komplex' (MAC) bezeichnet werden. Aber auch vorgeschaltete Komponenten haben besondere Fähigkeiten, etwa Freßzellen anzulocken. Die dritte Komponente spielt hier eine Hauptrolle, weil die Phagozyten einen Rezeptor für das gebundene Protein aufweisen und auf diese Art und Weise der Antigen-Antikörper-Komplex gewissermaßen rascher verspeist wird. Dem Komplement fällt also eine Beschleunigerrolle zu.

Wie wird der Vorgang angestoßen?

Außerordentlich spannend ist, wie die erste Komponente des Komplementsystems gebunden und aktiviert wird. Sie ähnelt einem Strauß mit sechs Blumen. Jede dieser Blumen ist in der Lage, an die CH1-Domäne von IgG und IgM, zu binden. Doch nur, wenn zwei Blumen dieses Straußes gleichzeitig gebunden sind, kann eine Aktivierung der weiteren Komponenten erfolgen. Dieses Doppelsignal ist äußerst wichtig, da es viel zu gefährlich wäre, die Aktivierung Zufälligkeiten zu überlassen.

Ein solch komplexes System bedarf jedoch auch einer gewissen Kontrolle, die von Inhibitoren ausgeübt wird. Deren wichtigster steht am Anfang der Kaskade und wird als ‚C1-Inaktivator' bezeichnet. Er sorgt dafür, daß Komplementaktivierung aus nichtigem Anlaß unterbleibt und schädliche Folgen vermieden werden. Ist dieses Regulatorprotein nicht im Organismus vorhanden, kann Komplement aus inadäquaten Gründen aktiviert werden. Dies bewirkt schwerste Folgeerscheinungen, so z.B. das hereditäre angioneurotische Ödem, welches zu rasch aufschießenden Gewebsschwellungen unter der Haut und, sofern es im Kehlkopf eintritt, zum sofortigen Erstickungstod führt.

Als der beschriebene, klassische Weg der Komplementaktivierung bekannt war, glaubte man die Funktion dieses komplexen Systems erkannt zu haben. Komplement kann aber noch viel mehr: es läßt sich sogar ohne Antikörper aktivieren. Dies geschieht auf einem anderen Weg, der auf der Höhe der dritten Komponente in den klassischen Weg mündet und bis zum Ende mit ihm identisch ist. Aus diesem Grunde wurde er auch als ‚Umgehungsweg' oder ‚alternativer Aktivierungsmechanismus' bezeichnet. Er stellt den älteren Teil des Komplementsystems dar. Komplement war schon im Organismus erfunden worden, bevor es ein Immunsystem gab. Die alternative Aktivierung erfolgt über Bakterienbestandteile, Kapselsubstanzen sowie Stoffwechselprodukte, etwa Endotoxine. So wird auch ohne Antikörperbildung die Meute der Freßzellen angelockt und zerstört schädliche Elemente. Da keine Zeit zur Produktion von Antikörpern benötigt wird – im allgemeinen ist hierfür eine Woche anzusetzen –, kommt der Prozeß auch rascher in Gang. Der ältere Weg der Komplementaktivierung bedarf somit keiner Immunreaktion, der jüngere Weg ist auf eine solche angewiesen.

Die Eigenschaft des Komplements, Phagozytose zu forcieren, ist außerordentlich wichtig. Sie wird auch als ‚Opsonierung' bezeichnet. Im Zusammenhang mit der Abwehr von Krebszellen ist ein Teilkomplex des Komplementsystems, das Properdin, von großer Bedeutung. Aber auch Bruchstücke und Abbauprodukte vermögen noch gewaltige Effekte zu erzielen. So sind die Bruchstücke der dritten und fünften Komponente in der Lage, Mastzellen zu aktivieren, die daraufhin ihre gespeicherten Mediatoren freisetzen. Die entsprechenden Komplementbruchstücke werden daher auch als ‚Anaphylatoxine' bezeichnet.

Kurioserweise kommt es in seltenen Fällen sogar dazu, daß das Immunsystem Antikörper gegen Komplementkomponenten produziert. Wichtigstes Beispiel ist der nephritogene Faktor. Die Bezeichnung beruht darauf, daß die Bindung und Aktivierung des Komplementsystems durch einen solchen spezifischen Antikörper zu einer Nierenerkrankung führt; da durch die Bindung des Komplements der Spiegel erniedrigt ist, wird diese Form der Nierenerkrankung als ‚hypokomplementämisch' bezeichnet.

Wo entsteht Komplement?

Komplementproduzierendes Organ ist vor allem die Leber. Bei Leberschäden ist der entsprechende Wert erniedrigt. Das hat auch Konsequenzen für den Organismus, da dann die Phagozytose nicht mehr angemessen funktioniert.

Individuen, die einen Komplementdefekt aufweisen, erkranken häufiger an Infektionen, weil eben die Abwehr nicht sehr effizient ist. Interessanterweise finden sich Komplementdefekte auch überdurchschnittlich oft bei systemischen Autoaggressionsprozessen. Offenbar ist der Organismus dann nicht in der Lage, die pathogenen Immunkomplexe rasch und endgültig zu beseitigen.

Komplement ist also ein recht komplexes System mit vielen Aufgaben, vielen Querverbindungen und Regulationsmechanismen, das die Natur schon sehr früh erfunden hat. Zusätzlich fanden sich Möglichkeiten, auch die Neuerrungenschaft des Abwehrsystems zu bedienen: ein altbewährtes System wurde für neue Aufgaben herangezogen.

Mein oder nicht mein – das ist die Frage!

Die Tatsache, daß das Immunsystem nur auf körperfremde Substanzen reagiert, wird im allgemeinen ohne weiteres Nachdenken zur Kenntnis genommen und damit kommentiert, das Immunsystem könne zwischen Eigenem und Fremdem unterscheiden. Zweifel an dieser Aussage weckt jedoch schon die Tatsache, daß jede Immunzelle zur Erkennung ihres Antigens einen einzigen Rezeptortyp trägt. Von Bedeutung ist auch, ob es sich bei dem Erkennen um einen aktiven Vorgang des Suchens und Vergleichens handelt oder ob lediglich nach dem Übereinstimmungsgrad von benachbarten oder in engen Kontakt getretenen Strukturen Reaktionen erfolgen. Der Einwand, von entscheidender Bedeutung sei hier die Betrachtung des Immunsystems als Ganzes oder aber als eine Summe von mit- und nebeneinander arbeitenden ‚Miniimmunsystemen', den Klonen, ändert letztlich nichts an der Tatsache, daß zwischen ‚fremd' und ‚eigen' im üblichen Sinne nicht unterschieden werden kann. Wie schafft es aber dann das Immunsystem, nur gegen fremde Antigene aktiv zu werden?

Toleranz, Reaktivität – Gemeinsamkeiten	
Spezifität:	jeweils gegenüber bestimmten Antigenen
Dauer:	nach Induktion Aufrechterhaltung durch wiederholten Kontakt

Wie erwähnt, erfolgt die Antigenerkennung aufgrund der Begegnung von Antigen und Antigenrezeptor, welcher auf der Oberfläche von Zellen sitzt. Diese Membranstrukturen weisen an ihrem nach außen gekehrten Ende eine sterische Konfiguration auf, die mit der antigenen Gruppe – bei großen Antigenen mit vielen solchen Gruppen auch als ‚Epitop' bezeichnet – derart korrespondiert, daß es zu einer engen Bindung kommt. Dabei erfolgt keine chemische Vereinigung, sondern elektrostatische Kräfte halten die beiden Reaktionspartner zusammen. Die Verbindung kann jederzeit wieder gelöst werden. Eine derartige Bindung erfolgt auch zwischen Antikörper und Antigen. Zellen eines einzigen Klones zeichnen sich dabei durch eine identische Struktur der Antigenrezeptoren aus; sie vermögen also jeweils nur ein- und dasselbe Antigen optimal zu binden. Dies wurde früher als ‚Schlüssel-Schloß-Prinzip' bezeichnet und entspricht der alltäglichen Situation, daß mehrere Familienmitglieder einen Schlüssel bei sich tragen, mit dem sie in ihr Haus gelangen. Ein solcher Antigenrezeptor kann keineswegs aktive Entscheidungen treffen und Fremdes binden, Eigenes aber nicht. Bei jeder Begegnung mit einem beliebigen Antigen ist nur wichtig, ob zwischen der Struktur der Bindungsstelle und diesem Antigen eine räumliche gegenseitige Übereinstimmung vorkommt; die immunologische Entscheidung beruht einzig darauf und ist keine aktive Zell-leistung.

Warum kommt es nicht zur Reaktion gegen körpereigene Strukturen?

Die Antwort ist ganz einfach: Demnach kommt es nicht zu einer Reaktion gegen körpereigene Strukturen, weil es keine Immunzellen gibt, die mit Antigenrezeptoren gegen körpereigene Baustoffe ausgestattet sind oder die auf eine solche Begegnung hin eine Reaktion zu initiieren vermögen. In unserem Immunsystem sind nur noch Klone vorhanden, die Rezeptoren gegen fremde Antigene tragen; Altklone mit Antigenrezeptoren gegen körpereigenes Material im Organismus fehlen.

Die Vorstellung eines selektionierten Immunsystems ist also eine fürs erste befriedigende Antwort. Sie wird auch nicht davon berührt, daß körpereigene Zellen etwa nach Virusbefall oder im Zusammenhang mit Überempfindlichkeitsreaktionen gegen fremdes Material zugrundegehen können. Es geht bei einem solchen Vernichtungsprozeß keineswegs darum, die eigenen Zellen zu zerstören; Ziel der Immunreaktion ist vielmehr jeweils die fremde Determinante an der Zelloberfläche. Binden sich Medikamente an Membranen, wird deren Aussehen für das Immunsystem fremd, wie man das eigene Auto nicht mehr erkennt, wenn es eine andere Farbe erhalten hat. Die Oberfläche virusinfizierter Zellen ändert sich unter dem Diktat der Viren; diese sorgen für die Produktion neuer Partikel, die sich unter anderem auch in die Zelloberfläche integrieren und so zu den dem Immunsystem erkennbaren Veränderungen führen, die dann die Immunreaktion auslösen.

Das beschriebene Konzept wird häufig als Faktum betrachtet, über das nicht weiter nachgedacht werden muß. Hier stellt sich jedoch die Frage, wie diese Einseitigkeit der Auswahl zustande kam. Auf jeden Fall muß der entsprechende Vorgang bereits vor der Geburt abgeschlossen sein. Rein spekulativ sind die Bedingungen noch weiter einzugrenzen, indem die Selektionierung nicht an beliebiger Stelle des Organismus vorgenommen werden kann, sondern abgeschirmt erfolgen muß. Anderenfalls bestünde die permanente Gefahr, daß Immunreaktionen gegen körpereigene Strukturen eintreten.

Wichtig für Ausstattung und Beeinflussung des Immunsystems ist der Thymus und wohl auch das Bursaäquivalent. Die Rolle des Thymus bei der Kreation der Diversität der verschiedenen Immunzellklone ist bekannt. Durch jede beliebige Kombination von Strukturgenen des variablen Abschnitts wird jede nur erdenkliche Kombination der Einzelbausteine geschaffen. Damit sind alle erdenklichen Variationen des Antigenrezeptors und der Antikörperbindungsstelle möglich. Im Rahmen dieses Würfelspiels kommt es zwangsläufig regelmäßig zur Synthese von Antigenrezeptoren, die mit körpereigenen Strukturen zu reagieren in der Lage sind. Es bedarf nur eines Mechanismus, der das Auswachsen und die Funktion solcher Klone verhindert. Eine eingängige Vorstellung beruht auf der Tatsache, daß solche Klone unter dem Einfluß des im Übermaß vorhandenen Antigens – körpereigene Strukturen sind mehr als reichlich vorhanden – in eine Immunreaktion gedrängt wird, die zur Ausdifferenzierung *sämtlicher* dem Klon angehörigen Zellen führt. Dies bedeutet ein kurzes Aufflammen und rasches Verlöschen der klonalen Aktivität mit der entscheidenden Besonderheit, daß kleine Gedächtniszellen übrig bleiben. Damit ist der autoreaktive Klon zum Aussterben verurteilt. Da auch die Information und Botschaft über die Antigenspezifität gelöscht sind, ist der gesamte Klon letztlich eliminiert.

Möglichkeiten einer Autoimmunreaktion

Ausgehend von der Vorstellung, daß eine für's Immunsystemtödliche Reaktion gegen körpereigenes Material vorliegt, wird somit Immuntoleranz allein gegen solche körpereigenen Elemente erzielbar sein, die bereits im Embryonal- oder im frühen Fötalstadium verfügbar sind. Substanzen, die erst im späteren Leben auftreten, stünden damit nicht im Schutz der Immuntoleranz. Es wäre vergleichbar mit der Situation, daß ein aufgenommener Hund in einer Familie mit den Familienmitgliedern bekannt gemacht wird; die sich zu diesem Zeitpunkt gerade außer Haus Befindenden würde er jedoch bei ihrer Rückkehr anfallen, weil er sie nicht kennt. Tatsächlich gibt es im Organismus eine Reihe von Eiweißen und wohl auch Zellen, die niemals mit dem Immunsystem Kontakt erhalten haben und daher bei späterer Begegnung eine Immunreaktion induzieren. Hierzu zählen beispielsweise Linseneiweiß, Spermien und möglicherweise auch Nervenzellen. Sie alle sind durch anatomische Barrieren zeitlebens vom Immunsystem getrennt, so daß die fehlende Toleranz sich nicht auswirkt. Bruch der Barrieren, aus welchen Gründen auch immer, führt dann zur Autoimmunreaktion.

Da das Immunsystem zeitlebens in gewisser Weise restauriert wird, um Verluste auszugleichen, besteht immer auch eine gewisse Gefahr der Generation autoreaktiver Klone. Doch sorgt auch hier die Kontrollfunktion von Thymus und Bursaäquivalent dafür, daß solche Klone rechtzeitig eliminiert werden.

Experimentell wurden diese Erkenntnisse zur künstlichen Erzeugung von Toleranz genutzt. Ausgehend von der Überlegung, daß ein extremer Antigenüberschuß das Aussterben der korrespondierenden Klone bewirkt, sind durch Zufuhr sehr großer Antigenmengen bei gleichzeitiger Reduktion der immunologischen Kapazität etwa durch Inhibition des Immunsystems über Zellgifte oder Bestrahlung Toleranzzustände erzielt worden. Aufbauend auf diesen Möglichkeiten wurde auch schon überlegt, ob nicht bei Neugeborenen durch Zufuhr großer Mengen fremder humaner Antigene Toleranz erzielt werden sollte – mit der Absicht, im späteren Leben gegebenenfalls Knochenmark oder Organe durch Transplantation auszutauschen; die Toleranz würde dies ohne jede Abstoßungskrise möglich machen.

Die im Zusammenhang mit der Immuntoleranz genannten Fakten wurden insofern einseitig dargestellt, als es beim Erwachsenen dennoch autoreaktive Klone gibt. Da unter Kulturbedingungen derartige Immunzellen zum Auswachsen gebracht werden und dies ohne Hinweis auf Mutationen zu beobachten ist, muß man die primäre Präsenz solcher Klone in Betracht ziehen. Allerdings sind sie zeitlebens blockiert, um eine Autoimmunreaktion zu unterbinden. Der Hemmechanismus ist nicht bekannt. Er könnte auf Besetzung der Antigenrezeptoren wie auch dem Einfluß von Suppressorzellen beruhen. Hierfür spricht die Möglichkeit, mit einem Lymphozyten-Pool Immuntoleranz von einem auf ein anderes Tier zu übertragen. Lediglich aktive Suppressionsmechanismen können derartige Vorgänge ermöglichen.

Die beschriebenen Gegebenheiten belegen die vielleicht ursprünglich überraschende Antwort, daß unser Immunsystem keineswegs zwischen ‚fremd' und ‚eigen' unterscheiden kann: Lediglich seine Ausstattung befindet darüber, ob eine klonale Reaktion gegen ein Antigen eingeleitet werden kann und gegen welche Antigene sie erfolgt.

Selbstzerstörerisches Immunsystem – eine Paradoxie:

In aller Regel gibt es keine Immunreaktionen gegen körpereigene Strukturen. Dies ist Ausdruck der Immuntoleranz, in deren Rahmen alle autoreaktiven Klone beseitigt oder blockiert sind. Allerdings können autoaggressive Elemente den eigenen Organismus durchaus so attackieren, daß es zu einer Erkrankung kommt. Trotz der guten Eigenkontrolle des Immunsystems sind solche Zustände keinesfalls extrem selten: Bei etwa 5% aller Patienten mit chronisch progredienten destruktiven Erkrankungen gibt es Hinweise auf eine Autoimmunreaktion. Dies ist nicht vereinbar mit der Vielschichtigkeit interner Kontrollmechanismen des Immunsystems. Folglich muß es Situationen geben, die das Immunsystem veranlassen, derartige Aktionen vorzunehmen. Wie lassen sich also entsprechende Autoaggressionsprozesse erklären?

Da zu einer Immunreaktion immer zwei Partner gehören, können einer Autoimmunreaktion nur eine Fehlfunktion des Immunsystems oder ein Fehlverhalten des eigenen Körpers zugrunde liegen. Darüber hinaus kann auch eine lediglich ungünstige Situation zu einer Autoaggression führen.

Autoaggression – Varianten

Echte Autoaggression

– Immunsystem alteriert – körpereigene Struktur intakt
  - Maligne Immunproliferation, Spontane Entwicklung — chronischer Verlauf
  - Infektion des Immunsystems — passager und chronischer Verlauf

– Immunsystem intakt – körpereigene Struktur intakt
  - Bruch anatomischer Barrieren, Sperma, Linse, u.a.m. — chronischer Verlauf

Scheinbare Autoaggression

– Immunsystem intakt – körpereigene Struktur alteriert
  - Infektion des Zielorganes, Alteration durch Enzyme, Verletzung, Adhäsion von Fremdstoffen — meist passager, selten chronisch

Fehlfunktion des Immunsystems

Als Fehlfunktion des Immunsystems ist die Bildung autoreaktiver Klone oder eine Enthemmung solcher bislang inhibierter Zellfamilien anzusehen, als echte primäre Immunkrankheit zu verstehen. Ursachen für ein Fehlverhalten des Immunsystems sind meist unphysiologische Irritationen durch unspezifische zellteilungsaktivierende Stoffe oder auch Virusbefall. Warum soll das aber immer zu Autoaggression führen?

Unspezifische Irritationen sind im Sinne der Immunologie stets ohne Bezug zu einem Antigen. Dies bedeutet die Aktivierung von Klonen beliebiger Spezifität. Die wahllose Steigerung der Zellen, die nicht auf einzelne Familien beschränkt ist, bedeutet eine globale Vermehrung der immunologischen Aktivität. Im Rahmen solcher Vorkommnisse können freilich auch Klone auf den Plan treten, die mit körpereigenem Material zu reagieren vermögen. Es ist also wiederum eher vom Zufall bestimmt, ob es zu Autoimmunreaktion kommt oder nicht. Als Beispiele hierfür seien Virusinfektion und maligne Entartung erwähnt.

Bei Virusinfektion des Immunsystems durch das Epstein-Barr-Virus dringt das Virus über Komplementrezeptoren in B-Lymphozyten ein. Dort integriert es sich in das Genom des Kerns und veranlaßt die Zellen, neue Viren zu produzieren sowie schlummernde Aktivitäten aufzunehmen. Daher kommt es im Rahmen einer Epstein-Barr-Virusinfektion mit einiger Regelmäßigkeit zur vermehrten Antikörperbildung, was sich in Hypergammaglobulinämie äußert. Im Rahmen dieser allgemeinen B-Lymphozyten-Aktivierung kommt es auch zu Kuriositäten. So finden sich plötzlich Antikörper gegen Tiererythrozyten, obgleich eine Sensibilisierung niemals stattgefunden hat. Auf diesem Phänomen beruhte übrigens früher die Diagose der Epstein-Barr-Virusinfektion: die sogenannten heterophilen Antikörper gegen Hammelerythrozyten wurden üblicherweise bestimmt. Heute ist diese Methode durch den Antikörpernachweis gegen Virusantigene ersetzt.

Das überraschende Auftreten dieser Antikörper belegt sehr gut, wie das Immunsystem zu sonst nicht gezeigten Leistungen gebracht werden kann. Nach Beendigung der Erkrankung gehen diese Abnormitäten wieder verloren: sind durch die Infektabwehr die mit aktivem Epstein-Barr-Virus befallenen B-Lymphozyten eliminiert, kommt es nicht mehr zur Antikörperbildung.

Was für die heterophilen Antikörper gilt, läßt sich auch auf Autoantikörper anwenden. Tatsächlich kommt es regelmäßig im Rahmen von Epstein-Barr-Virus-Infektionen zur Induktion von Autoantikörpern. Daher finden sich nicht selten Rheumafaktoren oder ein positiver Coombs-Test, um nur die wichtigsten Beispiele zu nennen. Diese Erscheinungen sind zwar vorübergehender Natur, können aber doch zu erheblichen Störungen im Organismus führen. Hier wird deutlich, welchen Schaden Autoimmunreaktionen auslösen können. Auch im Rahmen anderer Virusinfektionen können solche Phänomene gelegentlich auftreten, so etwa Kälteagglutinine nach einer Viruspneumonie. Doch sind hier die Verhältnisse weniger klar.

Eine Fehlleistung des Immunsystems gibt es bei bösartigen Entwicklungen innerhalb einzelner Klone. Auch hier herrscht das Zufallsprinzip vor. So können beliebige Klone der Kontrolle entkommen und exorbitant wachsen. Sie behalten dann gelegentlich ihre Fähigkeiten bei. Auf diesem Wege werden monoklonale Antikörper in höchster Konzentration produziert und in die Zirkulation abgegeben. Diese Paraproteine haben gelegentlich autoimmunen Charakter; sie vermögen andere Globuline im Sinne von gemischten Kryoglobulinen zu binden oder auch eine immunhämolytische Anämie oder andere Erkrankungen zu unterhalten. Die Behandlung der Grundkrankheit führt dann gleichzeitig zu einem Rückgang solcher Autoantikörper.

Fehlreaktion des Körpers

Eine andere Voraussetzung zur Autoimmunreaktion ist die Veränderung körpereigener Gewebe. Eine Immunreaktion ist dann durchaus legitim, da das Immunsystem dazu dient, verändertes körpereigenes Material zu erkennen und zu beseitigen. Beispiele hierfür gibt es in verschiedensten Bereichen der Medizin. So finden sich nach Herzinfarkt, nach Eingriffen am offenen Herzen und gelegentlich auch nach Herzkathederuntersuchungen mit Biopsieentnahme Antikörper gegen Herzmuskelzellen, die durch anfallendes, verändertes Herzmuskelgewebe induziert wurden. In einem solchen Falle ist die Autoaggression nicht gegen das native und gesunde körpereigene Material gerichtet, sondern gegen das veränderte. Daher sind Immunreaktionen meist örtlich auf das erkrankte Organ beschränkt und darüber hinaus auch zeitlich begrenzt. Autoantikörper werden in einem solchen Zusammenhang häufig als ‚Abräumproteine' bezeichnet – eine nützliche Einrichtung der Natur, tragen sie doch dazu bei, die störenden veränderten Gewebseinheiten zu beseitigen. Ähnliche Prozesse sind auch bekannt nach Verbrennung oder chemischer Einwirkung, d.h. nach jeder beliebigen Verfremdung körpereigenen Materials; sie sind jedoch stets begrenzt und nur selten bedrohlich. Chronischen Charakter gewinnen sie allenfalls, wenn das Immunsystem nicht mehr in der Lage ist, das entfremdete vom orginären Gewebe zu unterscheiden und dann im Sinne einer Kreuzreaktion gesundes Gewebe zerstört. Auch dies kommt selten vor. Ein anderes Beispiel einer Autoimmunreaktion auf dem Boden veränderter körpereigener Zellen ist die Zerstörung von Erythrozyten im Rahmen von Infekten mit Neuraminidasebildnern. Das Enzym Neuraminidase hat die Eigenschaft, Neuraminsäuren anzugreifen. Daher können auch oberflächliche Strukturen an Zellmembranen, insbesondere an Erythrozyten, abgebaut werden. Wie bei einem Schauspieler nach Entfernung der Schminke oder bei einem Auto nach Entfernen der obersten Lackschicht ein ganz anderer Mensch oder ein ganz anderes Produkt vorzuliegen scheint, so erscheinen diese Erythrozyten dem Immunsystem fremd, weil es die darunter liegenden Strukturen nicht kennt und als Antigen empfindet. Somit kommt es zu einer Attacke gegenüber solchen Erythrozyten mit der Folge einer Anämie. Ist der Infekt überwunden und die Neuraminidase nicht mehr im Organismus vorhanden, so wächst eine neue Generation von Erythrozyten nach, die ihren ursprünglichen Zustand beibehält und nicht mehr dem Immunsystem als Ziel dient; die Anämie heilt aus.

Ein weiteres Beispiel sind Virusinfektionen. Hier bedingt die Invasion des Virus in den Zellkern die Produktion von Partikeln, die auch in die Zellmembran eingebaut werden. Daher erscheint eine virusbefallene Zelle dem Organismus fremd und wird eliminiert. Dies ist ein ganz banaler Vorgang im Rahmen der immunologischen Überwindung von Virusinfektionen. Wo die verantwortlichen Viren bekannt sind, werden die Zusammenhänge nachweisbar. Es gibt aber eine Reihe von Virusinfektionen, bei denen das verantwortliche Agens nicht definiert ist, weil man es noch nicht kennt oder weil verschiedene Viren die gleichen Störungen auszulösen vermögen. Dann sieht man immer nur die Zerstörung von körpereigenen Zellen durch das Immunsystem und wird dies als Autoaggression deuten. Dies ist vergleichbar mit einer Situation, in der man einen Menschen anscheinend grundlos auf sich selbst einschlagen sieht; man konnte freilich nicht erkennen, daß er von einem Mückenschwarm umgeben war. Eine Vielzahl von Autoimmunreaktionen mögen durch solche versteckten Virusinfektionen ausgelöst sein, insbesondere solche Prozesse, bei denen das Immunsystem nicht Herr der Lage wird und fortwährend virusinfizierte Zellen beseitigt, ohne tatsächlich alle zu erreichen. Kandidaten für ein solches Ereignis sind der juvenile Diabetes und andere endokrinologische Störungen etwa der Schilddrüse und Nebenniere, die chronischen Demyelinisierungsprozesse des zentralen Nervensystems, der chronische Gelenkrheumatismus, der systemische Lupus Erythematodes mit seinen wesensverwandten Erkrankungen und ein nicht bekannter Anteil an autoimmunen Hämozytopenien wie hämolytische Anämie, idiopatischer Granulozytose oder Thrombopenie.

Bruch anatomischer Barrieren

Situationen, bei denen weder Immunsystem noch Organismus als ‚Schuldige' gelten, sind im Rahmen des Bruchs anatomischer Barrieren zu erwarten. In solchen Fällen hat niemals Immuntoleranz bestanden, und es muß zwangsläufig bei der Begegnung von Immunsystem und körpereigenem Antigen zu einer deletären Reaktion kommen. Eine solche Entwicklung wird angenommen bei der phakogenen Uveitis, wenn im Rahmen von Operationen, Verletzungen oder Entzündungsprozessen Linseneiweiß verschleppt wird und Antikörperbildung einsetzt, wodurch dann auch die andere unbeteiligte Linse zerstört wird. Analoges gilt wahrscheinlich für die autoimmune Infertilität, wenn Spermien oder Eizellen dem Immunsystem zum Opfer fallen.

Auch durch Anlagerung von Fremdeiweißen an körpereigenes Material können Autoimmunreaktionen vorgetäuscht werden. Wenn etwa Medikamente an Zellmembranen haften bleiben, so wird jede Immunreaktion gegen diese Chemikalien zwangsläufig auch zum Untergang der Zellen führen, an denen sie hängen. Dies erklärt die auf den ersten Blick kuriose Tatsache, daß nach Einnahme von Schlafmitteln Nasenbluten auftritt. Bei der Barbiturat-Purpura, wo dies am häufigsten zu beobachten war, war zum einen die Sensibilisierungsrate sehr hoch, zum anderen das Barbiturat für Thrombozyten von großer Haftfähigkeit; beides führte zur immunologischen Reaktion mit konsekutiver Immunthrombozytopenie.

Die eingangs erwähnte Zahl von 5% Autoimmunreaktivität bei chronisch destruktiven Organprozessen überrascht jetzt nicht mehr – eher wird man erstaunt sein, daß solche Autoimmunreaktionen nicht häufiger vorkommen. In der Tat lassen sich nahezu bei jedermann und immerzu Autoimmunreaktionen nachweisen. So finden wir Kälteagglutinine bei dem größten Teil der Bevölkerung. Allerdings sind die Titer so niedrig und die kritische Bindungstemperatur liegt so tief, daß sie normalerweise nicht zu Krankheitserscheinungen führen. Auch sei daran erinnert, daß mit zunehmendem Alter immer mehr Autoimmunphänomene auftreten, beispielsweise Rheumafaktoren. Auch sie führen nicht zwangsläufig zur Erkrankung. Es ist also zu unterscheiden zwischen Autoimmunreaktion und Autoimmunkrankheit. Überspitzt könnte man formulieren, daß jeder ein wenig autoimmunkrank ist, davon glücklicherweise aber nichts merkt.

Hingewiesen sei hier noch auf die Besonderheit des immunologischen Netzwerkes. Eine Theorie besagt, daß die einzelnen Klone nicht für sich allein arbeiten, sondern gewissermaßen jeweils vermascht mit zugeteilten Nachbarklonen. Diese Interaktion erfolgt über Idiotypen und Antiidiotypen, die variablen antigenbindenden Abschnitte von Antikörpern. Da jeweils ein Antikörper mit dem antigenbindenden Abschnitt eines korrespondierenden anderen Antikörpers eine Bindung einzugehen vermag, damit ein Klon mit dem anderen reagiert, ist auch dies eine besondere Form der Autoreaktivität. Sie ist aber in keinem Falle selbstzerstörerisch, sondern selbstregulierend und damit lebensnotwendig, wirkt also, obwohl potentiell nachteilig, in positiver Weise.

Das immunologische Erbe:

Topographie und Bedeutung des MHC

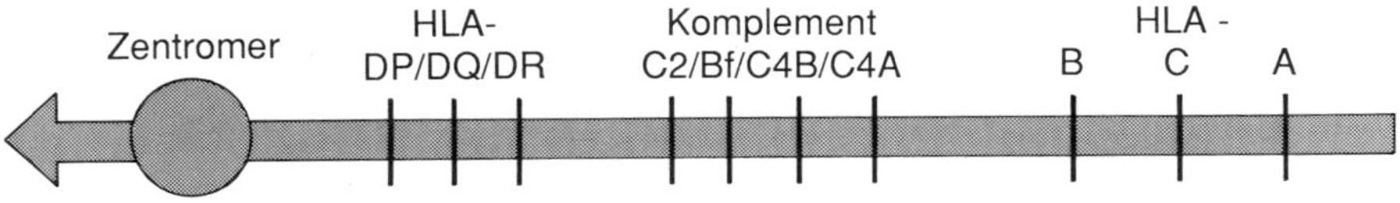

Bezeichnung	Klasse II	Klasse III (Complotypes)	Klasse I
Vorkommen	Membran kernhaltiger Zellen, insbesondere bei an der Immunantwort beteiligten aktiven Elemente	nur in löslicher Form in Serum und anderen Flüssigkeiten	Membran kernhaltiger Zellen
Funktionelle Bedeutung	Antigen-Präsentation (als Komplex) --------------- Zellkooperation	Antikörpervermittelte Zytolyse --------------- Optimierung der Antikörper vermittelten Phagozytose	Vermittlung der zellulären Zytotoxizität virusinfizierter Zellen

Hinsichtlich der Vererbung werden häufig voreilig Urteile gefällt, die weder zutreffen noch belegbar sind, aber im Alltag allgemein akzeptiert und nicht hinterfragt werden. So wird im Blick auf von Kindern bevorzugte Beschäftigungen häufig darauf verwiesen, das hiermit verbundene Talent sei von den Eltern in die Wiege gelegt, obgleich lediglich die Erziehung entsprechend ausgerichtet war. Umgekehrt wird das Erbgut oft negiert; so wird die Verantwortung für viele unbefriedigende Leistungen den Ausbildern übertragen, obgleich genetisch keine Möglichkeit bestand, zu guten Ergebnissen zu gelangen. Im Alltag werden somit überwiegend unbewußt und unbemerkt Statements über Genetik abgegeben. Warum geschieht dies nicht bei immunologisch bedingten Erkrankungen?

Die Gesetze der Genetik wurden im Klostergarten entdeckt. Kreuzungsversuche erbrachten in der nächsten Pflanzengeneration die bekannten Varianten. Ziel der Versuche war, festzustellen, welche Nachkommen welche Farben bei welcher Elterngeneration aufweisen. Natürliche Farbenexperimente finden auch beim Menschen statt, so wenn ein Paar von unterschiedlicher Hautfarbe gemeinsame Kinder bekommt. Auch Augenfarben sind körperliche Merkmale, deren Vererblichkeit schon lange bekannt ist. Die Erforschung der Hauptblutgruppen und ihrer Genetik war dagegen erst um die Jahrhundertwende abgeschlossen. Erleichternd wirkte hierbei die Tatsache, daß es nur wenige Varianten gab und die Nachweismethoden die Unterschiede gut anzeigten. Stets beruhte der Nachweis einer Blutgruppe auf dem Prinzip des ‚Entweder-Oder', das von der Existenz entweder einer oder keiner Blutgruppe ausging. Schließlich wurden Fehltransfusionen von heftigsten klinischen Symptomen, dem Transfusionsschock, begleitet. Derartige Voraussetzungen fehlen dem Immunsystem. Aufgrund seiner Vielfalt, der komplexen Kooperation unterschiedlicher Elemente und den schwer meßbaren Eigenschaften ist es nicht verwunderlich, daß die Fragen nach der Genetik des Immunsystems erst viel später aufgeworfen und angegangen worden sind.

Was bedeutet Immungenetik?

Primär ist zu klären, welche Größen, Eigenschaften und Fähigkeiten hierzu zählen. Bereits das Beispiel der Blutgruppen vergegenwärtigt die Schwierigkeiten, allein aufgrund der Beobachtung Aussagen zu treffen: Obgleich die fatalen Reaktionen bei Übertragung einer inkompatiblen Blutkonserve ausnahmslos auf immunologisch bedingten Reaktionen beruhen, gehören Blutgruppen nicht in den Bereich der Immungenetik. Verwirrender noch sind die Zusammenhänge bei Bakterien und Viren, wo nicht nur die Möglichkeit der Integration in den Organismus genetisch determiniert ist, sondern auch die Fähigkeit zur Reaktion. Beispiele hierfür sind angeborene Immunität und Isoagglutinine.

Die klassische Definition der Immungenetik schließt lediglich solche Merkmale ein, die unmittelbar das Immunsystem betreffen. Sie sind naturgemäß auch bei der Immunantwort von Bedeutung, doch in keinem Falle antigenorientiert. Wie so oft und ganz besonders in der Immunologie zeichnet sich jedoch ab, daß noch andere Bereiche von Bedeutung sind und – sofern im Erbgut verankert – daher auch im weiteren Sinne der Immungenetik angehören.

Kernstück der Immungenetik ist der Haupthistokompatibilitätskomplex (major histocompatibility complex, MHC). Er umfaßt alle Eigenheiten, die im Zusammenhang mit der Erkennung von Antigenen, der Induktion der Immunreaktion, der Kooperation von Zellen und wiederum der Zerstörung antigentragender körpereigener Zellen durch zytotoxische Killerzellen. Damit bestimmt der MHC Merkmale, die in der Physiologie und bei pathophysiologischen Überlegungen eine zentrale Rolle spielen. Der MHC enthält verschiedene Gruppen von Genen, deren wichtigste dem HLA-System (HLA = human leukocyte antigen) gehören.

Die Entdeckung dieses überaus wichtigen und komplexen Systems war mit großen Schwierigkeiten verbunden, was hat nun letztlich zur Entdeckung dieses vergleichsweise erst kurz bekannten Sytems geführt?

Der Weg bis zur Entdeckung der HLA-Gruppen wird verständlicher, wenn die Geschichte der Blutgruppen nochmals in Erinnerung gerufen wird. Schon seit Jahrhunderten wurde versucht, Blutverlust oder Blutarmut mit fremdem Blut auszugleichen. Hierzu wurde sogar Tierblut verwendet. Es stellte sich rasch heraus, daß ein derartiges Vorhaben jeweils an tödlichen Komplikationen scheiterte. Nach längerer Pause wurde der Versuch erneut durchgeführt. Inzwischen hatte man gelernt, die Gerinnung des Blutes aufzuheben, und war der Meinung, dies sei die Ursache der Komplikationen gewesen. Doch es zeigte sich wiederum, daß Bluttransfusionen außerordentlich gefährlich waren und in einem Falle gelangen, im anderen wiederum nicht. Die nahezu bedingungslose Verträglichkeit beim Blutaustausch zwischen Zwillingen wie auch eine deutlich höhere Erfolgsrate der Verträglichkeit, wenn Blut innerhalb von Familien übertragen wurde, machte deutlich, daß hier Erbfaktoren eine vorrangige Rolle spielen, und nach kurzer Zeit konnten die Hauptblutgruppen A, B, AB und O definiert werden. Doch waren längst nicht alle Feinheiten bekannt, zeigten sich doch selbst bei Übereinstimmung der Hauptblutgruppen gelegentlich noch heftige Reaktionen, worauf auf das Vorhandensein weiterer Blutgruppen geschlossen wurde. Auf diesem Wege wurden die Rhesusblutgruppen und viele andere Systeme entdeckt.

Nach der Beherrschung der Blutgruppenserologie wurde versucht, Gleiches mit Organen vorzunehmen, d.h. Transplantate zu übertragen. Auch hier war man schon seit geraumer Zeit gescheitert. Der Untergang von Haut- und Organtransplantaten wurde zunächst auch technischen Fehlern angelastet, beispielsweise einer Zerstörung von versorgenden Blutgefäßen oder Nerven. Es fiel jedoch auf, daß solche Organverpflanzungen nur zwischen eineiigen Zwillingen möglich waren und alle anderen Versuche scheiterten. Selbst zwischen Geschwistern und von Eltern auf Kinder verpflanzte Transplantate wurden bis auf wenige Ausnahmen, die man nicht erklären konnte, abgestoßen. Dies fand eine gewisse Bestätigung auch im Tierversuch, weil die Organe wiederum jeweils nur dann einheilten, wenn sie innerhalb identischer Exemplare bei sogenannten Inzuchtstämmen ausgetauscht wurden. Doch auch hier fand sich zunächst kein Hinweis auf ein dem HLA-System entsprechendes System. Immerhin konnte gezeigt werden, daß bei der Übertragung von Organen innerhalb verschiedener Inzuchtstämme die Abstoßung beschleunigt erfolgte, wenn vom selben Inzuchtstamm wiederholt ein Gewebstück eingepflanzt worden war. Damit waren Differenzen aufgezeigt. Ein weiterer wichtiger Schritt war dann der Nachweis, daß die weißen Blutkörperchen quasi ein Organ immunologisch ersetzen konnten: Übertragung von Leukozyten hatten den gleichen Effekt wie Organverpflanzungen.

Wie bei der Bluttransfusion, bei der die roten Blutkörperchen von entscheidender Bedeutung sind, wurde auch nach Übertragung von weißen Blutzellen eine Immunreaktion im Empfänger gegen die Leukozyten des Spenders nachgewiesen. Aufgrund verbesserter Labortechniken ließ sich jetzt im Reagenzglas beim Menschen die genetische Vielfalt der Merkmale nachvollziehen, die bei den Inzuchtstämmen schon längst aufgeklärt war. Dabei arbeiteten verschiedene Forschergruppen getrennt und fanden jeweils für sich ein entsprechendes System, das meist nach dem Leiter des Teams benannt wurde. Durch Vergleichsuntersuchungen und Austausch von Blutzellen und Seren wurde eine internationale einheitliche Nomenklatur geschaffen; da Oberflächenstrukturen von Leukozyten die entscheidenden Merkmale für die Immunreaktion darstellten, wurde das System – wie erwähnt – ‚human leukocyte antigen system' (HLA-System) genannt.

Von nun an ging die Entwicklung rasch voran, zumal Genorte differenzierbar wurden. Bei den HLA-Merkmalen ließ sich aufgrund von Familienstudien sehr rasch nachweisen, daß zunächst drei Genorte abzusondern waren, wonach die Benennung HLA-A, HLA-B und HLA-C erfolgte. Die Bezifferung 1, 2, 3 und so fort wurde beibehalten, die verschiedenen Merkmale einander zugewiesen. Daher gibt es zwar beispielsweise HLA-A1, HLA-A2, nicht aber HLA-B1, HLA-B2 und so fort. Wichtig ist jedoch, daß sämtliche HLA-A-Gruppen sowie auch die HLA-B- und HLA-C-Gruppen gewissermaßen nur auf einem einzigen Genort kodiert werden können; untereinander sind sie austauschbar. Insgesamt gibt es etwa 80 solcher Gruppen, die sich teilweise überlappen und nochmals Untergruppen aufweisen. Allein dieses extrem komplexe multiallele System erklärt, daß man mit einfachen Methoden niemals eine Lösung hätte finden können.

Wie bei den Blutgruppen zeigte sich bald, daß die drei Genorte, die für HLA-A, HLA-B und HLA-C entscheidend sind, nicht allein über Erfolg und Mißerfolg einer Transplantation entscheiden, sondern weitere Faktoren, die Immunantwort bestimmen. Sie wurden zunächst als ‚immune-response-(IR-)-Gene' bezeichnet. Beim Menschen verbirgt sich dahinter die HLA-D-Gruppe, die ihrerseits wieder in die Genorte HLA-DP, HLA-DQ und HLA-DR unterteilt ist. Hier wurden die Gengruppen jeweils mit 1, 2, 3 usw. belegt. Die HLA-Gruppen A, B und C werden als Klasse I bezeichnet und sind verantwortlich für die zytotoxische Reaktion von Lymphozyten. Die HLA-Gruppen von DP, DQ, DR gehören der Klasse II an und sind für die Kooperation von Zellen bei der Immunreaktion verantwortlich. Möglicherweise werden noch weitere HLA-Gruppen entdeckt und definiert.

Da Vater und Mutter jeweils einen Satz von HLA-Gruppen weitergeben, besitzen wir zwei HLA-A-Gruppen, zwei HLA-B-Gruppen und so fort. Wo nur eine solche Gruppe nachweisbar ist, haben wir von beiden Elternteilen die gleiche übernommen.

Doch selbst bei kompletter Übereinstimmung der außerordentlich zahlreichen HLA-Gruppen heilen Transplantate nicht unbedingt ein, da aufgrund anderer Differenzen, etwa unterschiedlicher Blutgruppen, eine Abstoßungsreaktion erfolgen kann.

Das beschriebene System läßt kaum erwarten, daß jeweils zwei Menschen

Wichtigste Beispiele HLA-assoziierter Erkrankungen

Erkrankung	HLA-Gruppe	Relatives Risiko
Hautkrankheiten		
Psoriasis	Cw 6	10
M. Duhring	D 3	20
H. Behçet	B 5	8
Rheumatische Erkrankungen		
SLE	D 2	4
	D 3	3
Chronische Polyarthritis	D 4	10
Sjögren-Syndrom	B 8	4
	D 3	9
M. Bechterew	B 27	90
M. Reiter	B 27	40
Reaktive Arthritis (Yersinia u.a.m.)	B 27	15
Endokrinopathien		
Hashimoto Thyreoiditis	D 3	4
Hyperthyreose	B 8	3
	D 3	5
Juveniler Diabetes	D 3	4
	D 4	6
M. Addison	B 8	4
Sonstige Erkrankungen		
Multiple Sklerose	B 7	4
Myasthenia gravis	B 8	5
	D 3	3
Goodpasture Syndrom	B 12	10
M. Behçet	B 5	8
Zöliakie	B 8	11

Relevantes Risiko (RR): 1 = keine Bedeutung; >1 = Risiko; <1 = Schutz

HLA-identisch sind, selbst in der Familie. Vergebliche Übertragungen zwischen Eltern und Kinder bestätigen dies. Dennoch ist das Repertoire der unterschiedlichen HLA-Muster innerhalb einer Familie begrenzt. Da den Kindern von den Eltern nur jeweils zwei unterschiedliche Sätze weitergereicht werde können, sind nur vier Varianten möglich. Daher müssen jeweils zwei Geschwister identische HLA-Muster aufweisen, wenn fünf Kinder vorhanden sind. Nur bei dem Phänomen des Genaustausches (crossing over) gibt es neue Varianten; sie sind jedoch nicht häufig.

HLA-Muster und Immunkrankheiten?

Die Tatsache, daß HLA-Gruppen der Klasse I für zytotoxische Reaktionen verantwortlich sind und die der Klasse II für die Kooperation von Zellen, führte zu der Frage, ob gewisse HLA-Muster bei bestimmten Immunkrankheiten eine Rolle spielen. Tatsächlich zeigt sich eine solche Korrelation bei den allermeisten Erkrankungen, wenngleich überwiegend nur wenig markant. Maßstab hierfür ist das sogenannte relative Risiko, der Quotient, aus der Häufigkeit der HLA-Merkmale in der gesunden und in der kranken Bevölkerung. Wenn HLA-Gruppen im Rahmen von immunologischen Erkrankungen keine Bedeutung haben, so beträgt der Faktor 1,0; je größer er ist, um so größer das Risiko für das betroffene Individuum, die Erkrankung zu erwerben. Ein Faktor unter 1,0 bedeutet sogar einen Schutz, weil man seltener erkrankt.

Im allgemeinen haben diese Zuordnungen nicht viel erbracht. Als Sonderfall gilt das Merkmal HLA-B 27, welches zu reaktiven Erkrankungen im Gelenk, im Auge und in gewisser Weise auch am Herzen, also zu rheumatischen generalisierten Beschwerden etwa im Anschluß an Infekten prädestiniert. HLA-B 27-Träger müssen freilich längst nicht erkranken: Wenn jemand mit hoher Geschwindigkeit fährt, so muß er nicht zwangsläufig verunglücken, doch ist er stärker gefährdet als derjenige, der sich langsam fortbewegt. Mit Bezug auf Autoimmunkrankheiten haben sich die HLA-D-Gruppen 3 und 4 als überdurchschnittlich vertreten erwiesen. Auch der Versuch, jeweils die Kombination der verschiedenen vererbten Gruppen ins Kalkül zu ziehen, den sogenannten Haplotyp zu ermitteln, haben nicht viel weitergeführt; dieser Versuch ist etwa der Vorhersage vergleichbar, daß jemand, der bei Regen eine hohe Geschwindigkeit einhält, und dies noch mit abgefahrenen Reifen, ein doppeltes Risiko eingeht, aber eben auch dann nicht zwangsläufig verunglückt. Möglicherweise ergeben in Zukunft weitere Untersuchungen bessere Ergebnisse, doch darf damit nach heutigen Kenntnissen nicht gerechnet werden. Wie soll man sich diese merkwürdige Kombination von HLA-Gruppen und Erkrankungen vorstellen?

Der als ‚Mimikrihypothese' bezeichnete Gedanke liegt nahe, eine gewisse Ähnlichkeit zwischen HLA-Gruppen und dem Antigen sei verantwortlich hierfür. Dies könnte etwa dazu führen, daß Antigene aufgrund der Toleranz gegenüber körpereigenen Strukturen weniger heftig attackiert werden. Die Folge wäre eine längere Persistenz des Antigens und damit auch eine größere Gefahr, daß die Erkrankung sich manifestiert. Ebenso ist denkbar, daß die an der Zellmembran gelegenen HLA-Merkmale als Rezeptoren für Toxine oder auch Viren fungieren, wodurch es hier zu einer massiven Schädigung oder Invasion der Krankheitserreger kommt. Gerade bei den reaktiven rheumatischen Prozessen und dem Merkmal HLA-B 27 hat die hohe Koinzidenz zu zahlreichen Untersuchungen geführt. Tatsächlich fanden sich zunächst Hinweise auf strukturelle Verwandtschaft von Kapselsubstanzen etwa von Chlamydien oder Bakterien und dem HLA-Merkmal, doch konnte dies nicht mit der nötigen Sicherheit bestätigt werden.

Ausgehend von der Tatsache, daß Viren über Rezeptoren nach dem Schlüssel-Schloß-Prinzip in eine Zelle eindringen können, lassen sich Effekte erklären, die Genetik und Immunologie zu verbinden scheinen. Bestimmte Viren dringen immer nur in einzelne Organe ein oder gelangen zumindest bevorzugt in deren Zellen, wie etwa das Gelbsucht-Virus in die Leber oder das Kinderlähmung-Virus in die motorischen Vorderhorn-Nervenzellen. Viele Viren, beispielsweise das Virus der Maul- und Klauenseuche, können in menschliche Zellen überhaupt nicht eindringen. Dadurch entsteht der Eindruck einer besonders guten Immunität. Hierbei handelt es sich aber nicht um eine Leistung des Immunsystems, sondern darum, daß die Möglichkeit einer Infektion gar nicht gegeben ist.

In der Immunologie bedeutsame, genetisch determinierte Größen sind außer dem HLA bestimmte Komplementfaktoren sowie Merkmale auf Antikörpern. Die Komplementkomponenten 4 A und 4 B sind exakt dort auf dem 6. Chromosom kodiert, wo auch der MHC festgelegt wird. Die Genorte sind genau zwischen den HLA-Klassen I und II gelegen. Auch hier gibt es ein multi-alleles System. Allerdings ist die Bedeutung sehr viel geringer; Komplementfaktoren sind an der Immunreaktion unbeteiligt und nur da von Bedeutung, wo etwa zytotoxische Reaktionen ablaufen. Merkmale von Antikörpern werden dagegen auf anderen Chromosomen festgelegt. Hier gibt es genetische Marker auf der schweren Kette von IgG und IgA. Sie werden als gm oder als am bezeichnet. Die Kodierung von Leichtketten wie auch die Kodierung von gewissen Rezeptoren erfolgt auf wiederum anderen Chromosomen; sie sind jedoch für die Induktion und den Ablauf der Immunreaktion ohne individuelle Bedeutung.

Wozu benötigt nun das Immunystem eine derart umfangreiche und komplizierte genetische Festlegung? Tatsächlich ist eine solche Vielfalt auf den ersten Blick unnötig. Induktion, Ablauf und Effizienz des Immunsystems kann man sich durchaus viel simpler gestaltet vorstellen. Mit der gleichen Berechtigung könnte freilich die Verschiedenartigkeit von Blutgruppe oder Haarfarben hinterfragt werden. Jedoch entstehen durch die Vielfalt der Individuen, die durch einen genetischen Vorgang gemischt werden, immer neue Varianten. Dies ermöglichte eine Evolution, die auch das Immunsystem durchlaufen hat.

Interessanterweise sind einige Schlüsselstrukturen auffallend ähnlich aufgebaut. So finden sich bei den HLA-Gruppen, dem Antigen-Rezeptor und bei den Antikörpermolekülen über die Sulfidgruppen fixierte Schleifen. Aufgrund von Sequenzanalysen und Bindungsstudien kann man davon ausgehen, daß ein Ur-Gen sich vervielfacht und darüber hinaus noch einige Veränderungen erfahren hat. Und doch bedeutet im Falle des Immunsystems diese genetisch determinierte Fülle mehr als nur eine auf das Hervorbringen stets neuer Varianten abzielende Einrichtung. Gleichzeitig wird gewährleistet, daß jede neue Schöpfung auch bewahrt wird, ohne gleich den Kern zur eigenen Zerstörung zu legen: Die MHC-determinierten Marker ermöglichen es dem Immunsystem, ausschließlich fremde und entfremdete Strukturen unmittelbar an den körpereigenen Zellen zu erkennen. Diese simple Feststellung schlägt den Bogen von der Induktion der Immunreaktion über die Mechanismen des Immunsystems zur Antigenbeseitigung bis zu den komplementären Phänomenen der Selbsttoleranz und Autoaggression.

Blüte und Verfall des Immunsystems

Wie der Mensch in der Jugend erblüht und gegen Lebensende allmählich geschwächt wird, erleben Organe eine Blütezeit, auf die eine allmähliche Rückbildung, Schwächung oder ein Abbau folgt. Die Annahme, dies träfe auch auf das Immunsystem zu, wirkt freilich befremdlich. Sie soll im folgenden anhand einer eher mechanistischen Betrachtungsweise, die den Menschen als Summe seiner Organe sieht, überprüft werden.

Die Leistung von Herz, Lunge, Nieren oder auch Muskeln steigert sich bekanntlich in der Jugend, um mit dem weiteren Leben allmählich wieder zurückzugehen. Schon die Rekordlisten der verschiedenen Sportarten zeigen, in wel-

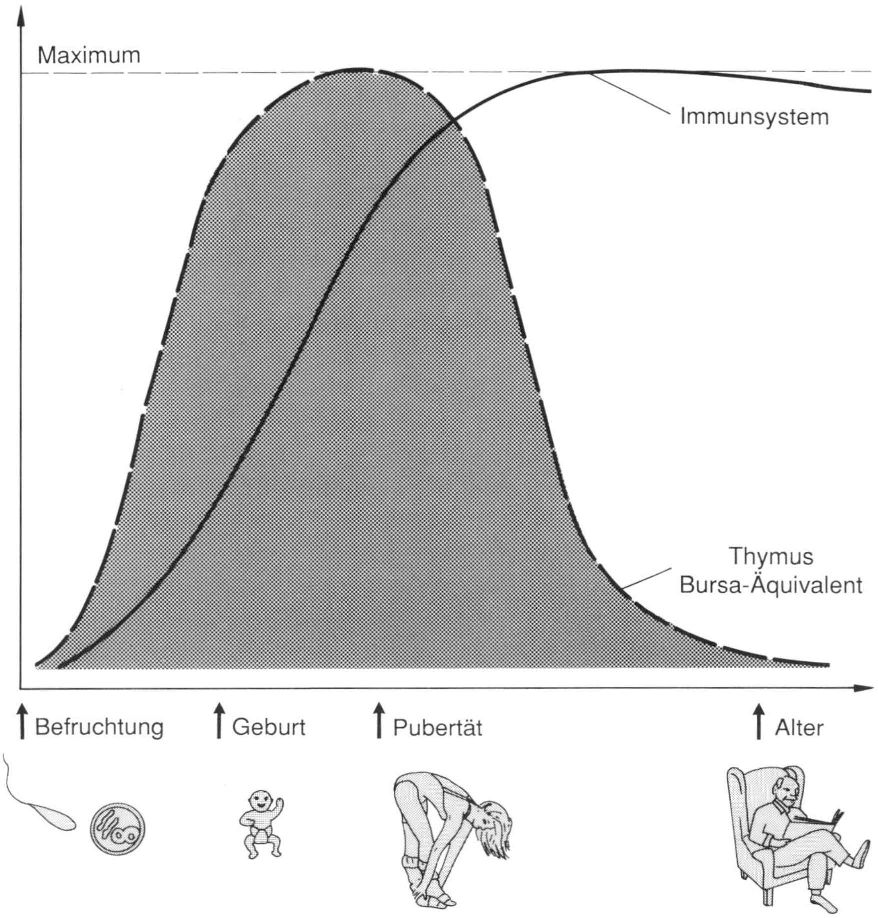

chem Lebensabschnitt der größte körperliche Einsatz möglich ist. Unternehmen Großeltern, Eltern und Kinder beispielsweise zusammen eine Wanderung, so müssen sich die Eltern im Hinblick auf die noch nicht erwachsenen Kinder sowie die nicht mehr sehr kräftigen Großeltern zurückhalten.

Auch der Magen-Darm-Trakt kann in der Blüte unseres Lebens die größte Nahrungsmenge aufnehmen und angemessen verarbeiten, wogegen Kinder und betagte Menschen weniger und ausgewählte Kost benötigen. Schließlich scheint auch unser Nervensystem in seiner Leistung nachzulassen, leiden doch Sehfähigkeit und Hörvermögen in hohem Lebensalter ebenso wie die rein intellektuellen Leistungen, letztere freilich normalerweise in geringerem Maße. Hinsichtlich der geschilderten Entwicklung ist anzumerken, daß eine Reihe von Organen deshalb nicht in Erwägung gezogen wurde, weil ihre Funktion uns gar nicht bewußt wird. Hierzu zählt insbesondere das Endokrinium. Niemand kann die Funktionstüchtigkeit seiner Schilddrüse, Nebennieren oder Hirnanhangsdrüse beurteilen, was im Grunde beweist, daß deren Leistungsfähigkeit zumindest nicht auffallend absinkt und, so vermuten wir, der allgemeinen Entwicklung angepaßt ist. Allerdings gibt es bei der Frau deutliche Veränderungen im Bereich der Sexualhormone. Ist dies nun ein eher nebensächlicher oder doch nützlicher Aspekt?

Selbsterneuerung des Immunsystems

Er führt zu der interessanten, freilich selbstverständlichen und deshalb oft unbeachteten Tatsache, daß die Zeugungsfähigkeit des Mannes bis ins hohe Alter erhalten bleibt. Somit gibt es einen Bereich ‚ewiger Jugend' im Organismus. Die Selbsterneuerung ist an die Keimbahn gebunden; hier ist offenbar der Alterungsprozeß infolge ständiger Erneuerung ausgeglichen und wird nicht erkennbar. Dies legt die Vorstellung nahe, unser Organismus beinhalte Systeme, die mit der Eigenschaft der Erneuerung ausgestattet sind. Dabei sind nicht die organgebundenen proliferierenden Strukturen wie etwa die Matrix des Fingernagels oder Epithelien des Darmes angesprochen, die sich permanent durch Abschilferung und Nachwachsen regenerieren; gemeint sind vielmehr Organe, die nicht an bestimmte Regionen gebunden sind. So vollzieht sich beim Blut eine zeitlich unbegrenzte Erneuerung: die Erythrozyten überleben allenfalls drei bis vier Monate. Sie weisen dabei deutliche Zeichen der Alterung auf und werden von der Milz entfernt, die als ‚TÜV' wirkt, den sie nicht mehr bestehen. Diese Verluste werden jedoch durch die Bildung junger neuer Erythrozyten ausgeglichen. Gleiches kennen wir von den weißen Blutkörperchen und den Blutplättchen. Da sich die Immunzellen unter den Leukozyten befinden und auch eine permanente Regeneration in den Lymphknoten sowie im Knochenmark und anderen Bereichen stattfindet, werden immer wieder neue Immunzellen in den Verkehr gebracht. Kann es denn dann überhaupt ein Altern des Immunsystems geben?

In diesem Zusammenhang ist festzuhalten, daß das Immunsystem innerhalb etwa zwölf Lebensjahre unter dem Einfluß von Thymus und Bursaäquivalent gestaltet und erweitert wird. Danach bildet sich der Thymus zurück. Allerdings bleiben Reste erhalten, die für den ständigen Ausgleich gegebenenfalls eintretender Verluste sorgen und so den Bestand des Immunsystems gewährleisten. Somit ist zu erwarten, daß das Immunsystem im Alter an Umfang nicht verliert.

Eine Überprüfung dieser Annahme ist durch eine Bestandsaufnahme des Immunsystems zu erreichen, d.h. durch Zählen der verfügbaren Immunzellen und ihrer Produkte, der Antikörper. Tatsächlich liegen Differentialblutbild und Immunglobulinspiegel in der Zirkulation selbst bei hochbetagten Personen nicht außerhalb der Normgrenzen junger Menschen. Dies gilt in gleicher Weise für die Lymphknoten und das Knochenmark. Wenn auch statistisch erfaßbar bei Hochbetagten Veränderungen vorliegen, so sind sie doch im Einzelfalle vergleichsweise geringfügig. Hatte das Immunsystem in seiner Blütezeit ein Gewicht von etwa 1 1/2 kg, so ist dieses später nur unwesentlich geringer; es ist anzunehmen, daß selbst Methusalem noch über 1 kg Immunsystem verfügte.

Freilich wäre es verfehlt, das Immunsystem lediglich an der Summe seiner Zellen und ihrer Produkte zu messen, so wie die Funktionstüchtigkeit der Feuerwehr nicht nur aus der Zahl der Gerätschaften abzuleiten ist. Wichtiger ist es zu überprüfen, ob die verschiedenen Löschfahrzeuge mit Wasser gefüllt sind, die Motoren der Zugmaschinen im rechten Moment anspringen und die Mannschaften einsatzfähig sind. Auch die Eigenschaften und die Funktionstüchtigkeit der im Alter vorhandenen Immunzellen sind in diesem Sinne zu hinterfragen, um tatsächlich eine verläßliche Antwort über den Zustand des Immunsystems beim betagten Menschen zu erhalten.

Das alternde Immunsystem

Unter Anwendung moderner Methoden ließen sich schließlich doch Unterschiede in den verschiedenen Lebensaltern herausarbeiten. So zeigt sich im peripheren Blut eine Verschiebung zugunsten der B-Lymphozyten und zu Lasten der T-Lymphozyten. Bei diesen wiederum sind die Suppressor-Zellen mehr betroffen als die Helfer-Zellen. Darüber hinaus zeigt sich eine geringere Syntheserate an Boten- und Signalstoffen bei den Lymphozyten in hohem Alter, was am Beispiel des Interleukin 2 belegt wurde. Dies wiederum korrespondiert mit einer verminderten Anzahl von entsprechenden Rezeptoren an der Zelloberfläche. Die biochemische Analyse ergibt eine erniedrigte Menge an intrazellulärem zyklischem Adenosinmonophosphat, begleitet von einem ebenso erniedrigten Gehalt an Adenosintriphosphatase.

Diese Gegebenheiten weisen auf eine gewisse Einbuße der Aktivität hin, die vor allem die T-Lymphozyten betrifft. Sie zeigen darüber hinaus Veränderungen an den für die Immunreaktionen wichtigen Oberflächenstrukturen des

Haupthistokompatibilitätskomplexes (MHC). Daraus wiederum folgt eine herabgesetzte Kooperationsfähigkeit zwischen den verschiedenen an der Immunreaktion beteiligten Zellen sowie eine gestörte interne Regulation. Die B-Lymphozyten sind hiervon weniger betroffen, zumindest hinsichtlich der Syntheserate an Immunglobulinmolekülen. Aufgrund der Rückwirkung von Regulationsmechanismen im T-Zell-Bereich auf die Antikörperproduktion schlagen sich jedoch auch hier die veränderten Verhältnisse nieder.

Die Präsentation des Antigens, durch die jede Immunreaktion induziert wird, ist im Alter keinen Veränderungen unterworfen. Weder Anzahl noch spezifische Fähigkeiten all dieser dem Immunsystem zuarbeitenden und von ihm Signale auffangenden Elemente erleiden eine meßbare Einbuße; sie scheinen die einzigen Parameter zu sein, die unbegrenzten Bestand haben.

Die Immunreaktion bleibt von den im Laufe des Lebens eintretenden Veränderungen freilich nicht unberührt. Der Wandel der Strukturen innerhalb der Einzelzelle macht sich ebenso bemerkbar wie die Verschiebung innerhalb der beteiligten Zellpopulationen. Wenn auch die Zahl der einem Klon angehörigen Lymphozyten in der gleichen Größenordnung bleibt, ist beim alternden Immunsystem doch ein deutlicher Unterschied bezüglich der Induktionsphase der Immunreaktion zu erkennen, zumal die grundsätzlich langlebigen Gedächtniszellen von einem solchen Prozeß weniger berührt werden als die kurzlebigen Regulator- und Effektorzellen.

Das wohl entscheidendste Merkmal eines alternden Immunsystem ist die größere Schwierigkeit, eine Immunantwort zu induzieren. Kommt das Immunsystem erst in hohem Alter mit einem Antigen in Berührung, so erfolgt die Reaktion deutlich träger als in jungen Jahren. Dagegen sind die früher induzierten Immunreaktionen auch in hohem Alter noch konserviert. Da das Immunsystem in seinen Eigenschaften dem Gehirn ähnlich ist, liegt der Vergleich nahe: In jungen Jahren ist die Lernfähigkeit deutlich größer als in hohem Alter, wo jedoch durch stetes Repetieren und Rekapitulieren erlernte Dinge behalten werden können. Und wer erst in hohem Alter den Führerschein erwerben will, der wird sehr viel mehr Unterrichtsstunden benötigen als in jungen Jahren.

Die erwähnten Verschiebungen insbesondere der zellvermittelten Immunreaktion entsprechen nur einer im Alter weniger ausgeprägten Abwehrfähigkeit gegenüber virusinfizierten Zellen, und auch gegenüber Tumorzellen und Pilzen, wogegen die humorale Immunreaktion nicht betroffen ist.

Schließlich ist eine im Alter herabgesetzte Effizienz der Regulatorzellen mit einer zunehmenden Toleranz gegenüber aberrierenden Elementen verbunden. Werden in jungen Jahren vom Immunsystem alle autoreaktiven Klone erkannt und beseitigt oder zumindest ihres Einflusses beraubt, so ist dies bei betagten Menschen nicht mehr der Fall. Daher werden die früher rasch eliminierten autoreaktiven Klone, die es immer wieder gibt, nicht mehr ausreichend und in allen Fällen blockiert. Daraus folgt zugleich ein autoreaktives Verhalten. Es ist abzulesen an der mit dem Alter auch zunehmenden Häufigkeit von irregulären Phänomenen, den Autoantikörpern. Beispielhaft seien hier die Rheumafaktoren genannt: Während gesunde Individuen unter 20 Jahren fast nie Rheumafaktoren aufweisen, finden diese sich bei zunehmendem Lebensalter in der gesunden Bevölkerung immer häufiger. Bei 70jährigen weist bereits jeder fünfte Rheumafaktoren auf, in höherem Lebensalter sind noch mehr Menschen betroffen. Dies gilt auch für alle anderen Autoantikörper, wenngleich die entsprechenden Phänomene hierbei seltener sind. Diese Autoantikörper wirken allerdings fast nie schädigend.

Aufgrund der geschilderten Zusammenhänge lassen sich einige Empfehlungen formulieren. Die Tatsache, daß das Immunsystem in hohem Alter Schwierigkeiten bei der Induktion einer Immunreaktion hat, sich aber dann doch zielstrebig weiterbewegt, zwingt zu einem gezielten Aufbau von Immunreaktionen bereits in jungen Jahren. Daher sollen aktive Impfmaßnahmen noch in der Jugend begonnen werden. Durch regelmäßige Auffrischimpfungen wird für eine auch im hohen Alter noch ausreichend schützende Immunaktivität gesorgt. Die frühe Schutzimpfung ist insbesondere auch da vordringlich, wo invasive Viren onkogene Potenz aufweisen. Einziges Beispiel ist gegenwärtig die aktive Immunisierung gegenüber dem Hepatitis-B-Virus, das nicht nur die entzündliche Lebererkrankung, sondern wahrscheinlich auch entzündliche Gefäßprozesse auslöst und mit an Sicherheit grenzender Wahrscheinlichkeit an der Propagation des primären Leberzellkarzinoms beteiligt ist. Sind solche aktiven, immunprophylaktischen Maßnahmen in der Jugend versäumt worden und besteht die Notwendigkeit, dies im Alter nachzuholen, so bedarf das Immunsystem hier des besonderen Antriebs. So kann eine Änderung des Impfmodus durchaus den ansonsten fraglichen Erfolg sichern helfen. Üblicherweise werden daher bei Betagten größere Mengen an Impfstoff wie auch häufigere Applikationen empfohlen.

Neben Modifikationen bei der Immunprophylaxe sind auch Konsequenzen für die Immundiagnostik gegeben. So sind alle Immunphänomene bei Betagten wegen der größeren Häufigkeit von geringerer diagnostischer Relevanz, wohingegen sie bei Jugendlichen einen außerordentlich hohen Stellenwert einnehmen.

Ein mittelbar mit Veränderungen der Abwehr zusammenhängender Aspekt betrifft die Tatsache, daß sich der Charakter von Erkrankungen im Alter ändern kann, und den scheinbaren Widerspruch einer insgesamt wenig beeinträchtigten Immunreaktion und dennoch eindeutig höheren Infektionsrate bei alten Leuten. Wie läßt sich das alles erklären? Es wurde bereits darauf hingewiesen, daß u.a. die Synthese von Boten- und Mediatorsubstanzen erniedrigt ist. Dies bedeutet zugleich auch eine geschwächte biologische Wirkung dieser Stoffe jenseits der eigentlichen Abwehr. Somit zeigt sich bei alten Menschen eine Sepsis viel weniger deutlich als bei jungen. Teilweise kommt es nicht mehr zu einem deutlichen Fieberanstieg, und auch im Blutbild vermißt man die signifikant erhöhten Leukozytenzahlen.

Die Änderung mancher Krankheitscharaktere im Alter beruht auf einer geringeren Reaktivität. So kommt es bei Infektion mit Hepatitis-B-Viren zu einer geringeren Prozeßaktivität und damit zu einem milderen Verlauf, der allerdings protrahierten Charakter aufweist. Manche Immunkrankheiten, insbesondere vom Autoaggressionstyp, verlieren im hohen Alter die ausgesprochene Prozeßaktivität, verlaufen jedoch dennoch ernsthaft, weil die Reserven der betroffenen Organe schon durch das Alter und darüber hinaus durch die Erkrankung rasch aufgebraucht sind. Aufgrund dieser Gegebenheiten können sich auch allergische Reaktionen im Laufe des zunehmenden Alters allmählich zurückbilden und schließlich gänzlich verschwinden. Dies gilt für alle Varianten der Überempfindlichkeit.

Die Tatsache erhöhter Infektanfälligkeit im hohen Alter verwundert, zeigt doch das Immunsystem eine insgesamt nur geringfügig herabgesetzte Aktivität, vor allem bei wiederholtem Kontakt mit dem gleichen Antigen. Hier sei daran erinnert, daß die Abwehr nicht allein von Elementen unseres Immunorganes bewältigt wird, sondern auch von anderen, nicht antigenorientierten Einrichtungen wie Granulozyten, Monozyten und Epithelien. Gerade die letztgenannte Gruppe erfährt deutlich Einbußen im Laufe des Lebens. Dazu kommen die herabgesetzten Reserven der entsprechenden Organe. So darf es nicht verwundern, wenn im hohen Alter häufiger Infektionskrankheiten der Atemwege eintreten, die auch eine Folge der verminderten Atmung und des physiologischen Umbaus in Parenchym und Struktur der Lunge darstellen. Ähnliches gilt auch für andere Organsysteme. Dies verwundert nicht: auch jungen, gesunden Menschen droht eine Infektion der Atemwege oder der ableitenden Harnwege, wenn sie, etwa im Rahmen eines Unfalls, ans Bett gefesselt sind.

Verjüngung im Alter?

Die Frage, inwieweit das Immunsystem mit seiner grundsätzlichen Potenz der Unsterblichkeit auch im hohen Alter verjüngt werden kann, verweist auf den aktivierenden Einfluß von Thymusfaktoren. Obwohl bis in das hohe Alter noch Reste des Thymus vorhanden sind, werden weniger Faktoren bereitgestellt als in jungen Jahren. Daher liegt der Gedanke nahe, durch Applikation entweder eines Thymus von jungen Tieren aus der gleichen Spezies oder auch nur von Thymusfaktoren das Immunsystem zu restaurieren. Dies ist im Tierversuch gelungen. Die Ergebnisse lassen sich durchaus auf den Menschen übertragen. Keinesfalls zufriedenstellend wirkt jedoch die Applikation in Form der häufig angebotenen Tierextrakte. Hier müssen gereinigte standardisierte Hormone gegeben werden. Mit einer allgemeinen Aktivierung des Immunsystems wird dann nicht nur die Fähigkeit zur Abwehr erneut verbessert; Autoaggressionskrankheiten oder andere Überempfindlichkeitsreaktionen könnten wohl ebenfalls eine Verstärkung erfahren.

Ein ebenso kurioser wie phantastischer Gedanke postuliert das Altern als Folge einer Alterung des Immunsystems. Hier wird spekuliert, daß ein jugendliches, voll funktionstüchtiges Immunsystem in der Lage ist, durch Vernichtung aller abnormen Elemente den ursprünglichen Zustand des Organismus aufrecht zu erhalten. Der Organismus bliebe somit zumindest äußerlich jung. Ein alterndes, nicht mehr exakt agierendes Immunsystem würde alternde und veränderte Zellen nicht mehr rechtzeitig erkennen, wie nach einer Splenektomie auch die Erythrozyten länger überleben, weil altersveränderte Erythrozyten von der Milz nicht mehr erkannt und beseitigt werden. Andererseits würde ein altes Immunsystem aufgrund einer verminderten internen Regulation gelegentlich auch gegen körpereigene Strukturen aggressiv reagieren, wodurch diese Veränderungen erfahren, was einer Alterung gleich käme. Solche Überlegungen führten von der Hypothese ‚Jeder ist so jung wie sein Immunsystem'. Es gibt jedoch keine hinreichenden Anhaltspunkte dafür, daß diese Vorstellung der Realität entspricht. Wenn ein Organismus, dessen Immunsystem reaktiviert und damit quasi verjüngt ist, eine höhere Lebensspanne erreicht, so ist dies nicht einem echten Verjüngungseffekt zuzuschreiben, sondern eher Folge besserer Abwehr gegenüber malignen Zellen und auch Infektionen.

Wo liegen die Grenzen des Immunsystems?

Die Frage nach den Grenzen des Immunsystems wird manchen verblüffen, da vordergründig keine meßbaren Parameter erkennbar sind. Bei sportlichen Leistungen lassen sich zumindest die gegenwärtigen Leistungsgrenzen und damit die Kapazität von Muskeln, Lungen und Herz aufzeigen. Schon beim Magen-Darm-Kanal wird es schwierig, die Grenzen der Leistungsfähigkeit zu definieren; so wird beispielsweise behauptet, man könne ein Automobil in kleinen Portionen während eines Jahres verspeisen. Noch schwieriger wird es, etwa die Leistungsfähigkeit des Blutes und der blutbildenden Organe festzulegen, da auch hier manche Menschen offenbar alle anderen übertreffen. Eine Bestimmung der Leistungsfähigkeit des Immunsystems legt die Fragen nahe, ob etwa die Höhe des Antikörpertiters bzw. der Lymphozytenzahlen im Blut

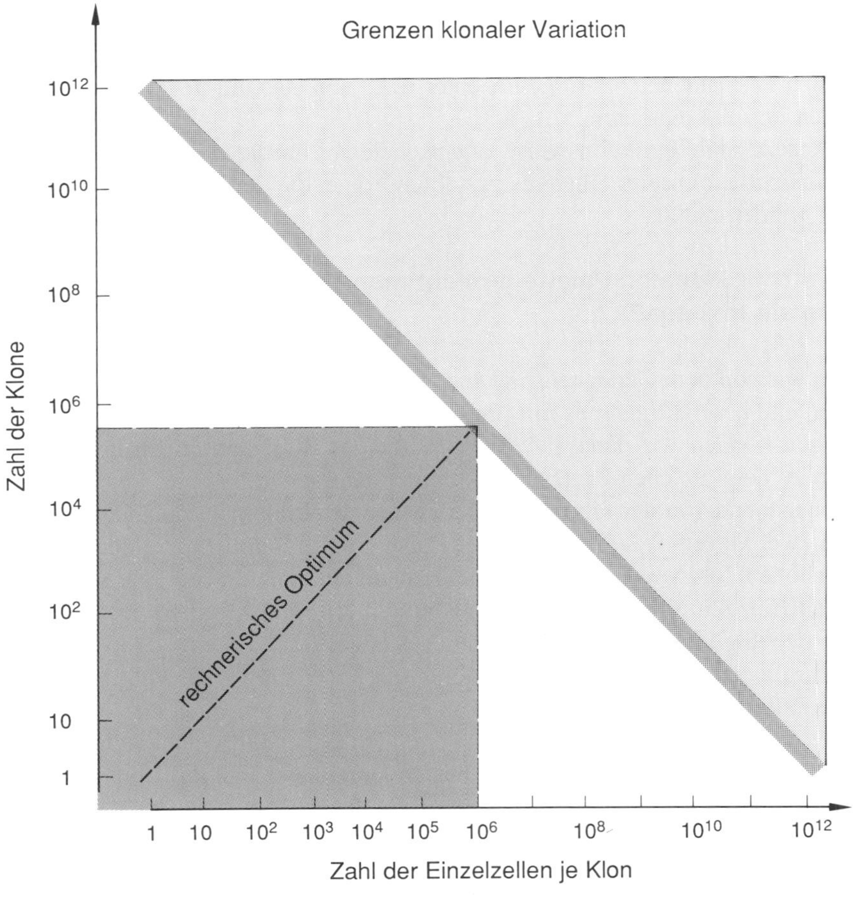

oder auch Größe von Lymphknoten und Milz entscheidende Kriterien darstellen.

Die Leistungsfähigkeit des Immunsystems kann freilich auf diesem Wege nicht bestimmt werden, weil hier ein Ansteigen der Werte keineswegs immer korreliert mit einer verbesserten Situation des Organismus – ganz im Gegenteil: Maximalwerte solcher immunologischen Parameter sind überwiegend ein Zeichen von Krankheit. Die eingangs gestellte Frage war auch weniger auf bestimmte Einzelleistungen als vielmehr auf das gesamte Vermögen des Immunsystems ausgerichtet.

Eine Analyse des gesamten Immunsystems auf seine Leistung verweist zunächst auf die Masse. Sie beträgt etwa 1 1/2 bis 2 kg und setzt sich aus 10^{10}–10^{11} Immunzellen und 10^{18}–10^{19} Antikörpermolekülen zusammen. Da die Antikörper von einem Teil der Immunzellen produziert werden, können wir sie zunächst außer Acht lassen und uns auf die Immunzellen beschränken. Somit ist zu hinterfragen, was ein Potential von hunderten von Milliarden Immunzellen erreichen kann.

Einen weiteren guten Anhaltspunkt liefert die Konstruktion des Immunsystems. Danach weist jede Immunzelle nur einen einzigen – allerdings zehntausendfach vorhandenen – Antigenrezeptor auf, kann also nur gegen ein einziges Antigen optimal reagieren.

Diese klonale Funktionsweise ist entscheidend für die weiteren Überlegungen hinsichtlich unserer eingangs gestellten Frage, die dementsprechend modifiziert werden müßte.

Mit welcher klonalen Palette erreicht man bei der vorgegebenen Masse am meisten?

Gehen wir von dem Gedankenspiel aus, wir dürften die Konstruktion selbst gestalten, und beschäftigen uns mit ‚Immunmathematik'. Am Ende unserer Überlegungen können wir dann sicherlich prüfen, ob die Natur in Millionen von Jahren zu dem gleichen Ergebnis gekommen ist wie wir.

Ausgehend von der klonalen Arbeitsweise des Immunsystems gäbe es folgende zwei Extreme: auf der einen Seite eine einzige Familie mit einer entsprechend hohen Zahl von Familienmitgliedern, auf der anderen eine sehr sehr hohe Zahl an Einzelfamilien mit nur jeweils einem einzigen Mitglied. Dazwischen liegen beliebig viele Varianten. So könnte es etwa 10^9 Familien mit jeweils etwa 100 Mitgliedern geben oder 100 Familien mit jeweils etwa 10^9 Mitgliedern. In jedem Falle wäre die Gesamtmasse von etwa 10^{11} Immunzellen erreicht.

Betrachtet man jeden Klon als Gruppe identischer Individuen, d.h. als Experten mit dem gleichen Können, so bestünde in einem Fall das Immunsystem aus einer gleich spezifizierten, einzigen Expertengruppe, die jedoch in großer Zahl vorhanden ist; im anderen Fall gäbe es sehr viele verschiedene Experten, von ihnen aber jeweils nur ein Exemplar. Beide Varianten wären in einem Staat oder in einer großen arbeitsteiligen Gemeinschaft wenig vorteilhaft, in vielen Situationen sogar von Nachteil: Es geht nicht mehr darum, daß Experten existieren; wichtig ist vielmehr auch, daß man sie rechtzeitig am gewünschten Ort vorfindet oder dorthin lenkt. Bezogen auf das Immunsystem würde das bedeuten, daß bei Vorliegen nur eines einzigen Klons gegen ein ganz bestimmtes Antigen sehr rasch und sehr heftig eine Immunreaktion iniziiert werden könnte, gegen alle anderen Antigene jedoch nicht. Im Falle der sehr hohen Anzahl von Klonen mit je einer einzigen Zelle bestünde die Möglichkeit, gegen eine entsprechend hohe Zahl von Antigenen eine Immunreaktion zu initiieren, doch würde es sehr lange dauern, bis die jeweilige Immunzelle mit dem korrespondierenden Antigenrezeptor dort ist, wo sich das Antigen gerade aufhält. Aus diesen Beispielen geht hervor, daß die optimale Konstruktion des Immunsystems irgendwo in der Mitte liegt. Rein rechnerisch gesehen wären zwischen 10^5 und 10^6 Zellfamilien mit einer ebenso großen Zahl von Einzelmitgliedern optimal. Freilich trifft die reine Mathematik nicht den Kern der Sache, weil sie das gesamte Umfeld des Immunsystems nicht berücksichtigt: Wir verfügen über weitere Abwehreinrichtungen und erfahren mit unseren antigenpräsentierenden Zellen und phagozytierenden Elementen eine gewisse Unterstützung für das Immunsystem. Dadurch verschiebt sich das optimale Verhältnis zugunsten einer Vielfalt von Klonen mit geringeren Zellzahlen. Hat das auch die Natur begriffen und Entsprechendes unternommen?

Obwohl die Klone beim Menschen nie gezählt wurden, gibt es diesbezüglich genügend Anhaltspunkte aus dem Tierreich und anhand von Experimenten mit gepoolten menschlichen Lymphozyten. Mit einiger Übereinstimmung wird angenommen, daß das menschliche Immunsystem über 10^7 verschiedene Klone oder Zellfamilien verfügt, mit jeweils etwa zehntausend Einzelzellen, was exakt unseren Überlegungen entspricht. Die Diversität des Immunsystems bezüglich der Antigenerkennung ist damit hinreichend groß und das Reservoir an Einzelzellen angemessen, um im Bedarfsfalle rasch genug eine Immunreaktion zu initiieren.

Gegen welche Antigene sollen diese Klone gerichtet sein?

Die Antigenrezeptoren dieser zehn Millionen Klone genügen sicherlich, die für uns gefährlichsten Schadensfaktoren, d.h. die entsprechenden Viren, Bakterien, Pilze und Gifte zu bekämpfen. Es wären sogar noch genügend Reserven vorhanden, um beispielsweise die verschiedenen Strukturen, die einzelne Bakterien aufweisen, durch ebensoviele Klone abdecken zu lassen. Dazu kommt, daß das Immunsystem adaptiv arbeitet und die jeweiligen Klone im Bedarfsfalle entsprechend mehr Zellen produzieren und damit auch einen erhöhten Antikörpertiter erzielen. Daraus ergibt sich, daß sehr viele Klone übrigbleiben und damit gegenüber Antigenen reaktiv sind, die für uns keineswegs eine Bedrohung darstellen. Im Immunsystem besteht somit ein erhebliches Potential an Reaktionsfähigkeit, auf das wir lieber verzichten würden. Die Allergien seien hier beispielhaft angeführt.

Eine Verunglimpfung des Immunsystems ist dennoch nicht angebracht. Diversifizierung und das gesamte Reservoir werden zu einem Zeitpunkt geschaffen, an dem Antigenkontakt nicht die Norm darstellt. Das Immunsystem ist in der gleichen Lage wie beispielsweise ein Arzt, der zu einem Notfall gerufen wird, ohne Näheres zu wissen; vor die Aufgabe gestellt, mit einer Auswahl an Medikamenten und Geräten die häuigsten Situationen zu beherrschen, ist er keineswegs sicher, für jeden nur erdenklichen Fall stets das geeignete Mittel bei sich zu führen. So betrachtet, ist es erstaunlich, daß das Immunsystem auf die meisten Schadensfaktoren reagieren kann. Wie kommt das Immunsystem zu dieser Vielfalt bereits vor jeglichem Antigenkontakt?

Dies wäre am einfachsten mit der Vorbestimmung von Antigenrezeptoren und Antikörpern durch Gene zu begründen. Somit würde für 10^7 verschiedene Konstruktionen Genmaterial benötigt, wobei jeweils nur eine Variante von allen Möglichkeiten zur Expression kommt, was einer immensen Verschwendung an Platz und Material in der Bücherei unserer Gene gleichkäme. Also muß auch hier eine vereinfachte Form vorliegen. Wie läßt sich so etwas erreichen?

Im Zusammenhang mit der Suche nach weniger luxuriösen Verhältnissen sei daran erinnert, daß von den Antigenrezeptoren wie auch von den Antikörpern nur bestimmte Areale unterschiedlich aussehen, andere jedoch stets gleich gestaltet sind. Um den Vergleich des Schlüssel-Schloß-Prinzips heranzuziehen: Der Schlüsselgriff ist immer gleich, doch der Bart ist unterschiedlich gestaltet. Dies hilft freilich nicht weiter, da es 10^7 verschiedene Bärte für ebenso viele Schlösser gibt. Manche Zahlenschlösser sind allerdings so konstruiert, daß es beispielsweise nur dreier Ringe mit zehn verschiedenen Ziffern bedarf, um tausend Lösungsmöglichkeiten zu gewährleisten. Dies erinnert daran, daß sich die Konstruktion des antigenbindenden Anteils von Antikörpern auf wenige Einheiten zurückführen läßt, die nur durch die jeweilige Kombination zu diesem Variantenreichtum führen. Es bedarf nur weniger Strukturgene, um eine Fülle von wenigstens 10^7 unterschiedlichen antigenbindenden Enden am Antigenrezeptor und Antikörper zu bilden. So wird geschätzt, daß mit etwa einhundert solcher Gene das gesamte und riesige Spektrum der unterschiedlichen immunologischen Spezifitäten, d.h. die Fülle der Klone, gebaut wird. Wie und wo erfolgt nun dieser Zusammenbau?

Art und Weise sowie Ort des Zusammenbaus verweisen wieder auf den Thymus und damit auch auf das Bursaäquivalent. Es fällt auf, daß in ihm eine sehr hohe Zahl von Lymphozyten enthalten ist, die eine hohe Zellteilungsrate aufweisen. Verglichen mit dieser Menge von produzierten Zellen verlassen aber nur sehr wenige Thymus und Bursaäquivalent. Es muß also im Thymus ein Vorgang zur Vielfalt des Immunsystems beitragen. Offenbar ist die sehr hohe Zellteilungsrate und die geringe Zahl überlebender Zellen der Schlüssel zum Geheimnis der immunologischen Diversität. Eine Theorie besagt, daß die noch unfertigen Stammzellen im Thymus unter dem Eindruck von teilungsfördernden Faktoren einen ungeheuren Zellumbau erfahren und bei dieser Gelegenheit immer neue Varianten an Zellen auftreten. Die Varianten ergeben sich aus einer Art Würfelspiel, wobei die Zahl der Würfel den Strukturgenen entspricht und die Augen bei jedem Wurf durch die verschiedenen Kombinationen der Bausteine symbolisiert sind. Es geht eigentlich nur noch darum, bei den verschiedensten auftretenden Varianten die nützlichen von den unsinnigen oder gar gefährlichen zu trennen. Nützlich wären solche Antigenspezifitäten, die schädliche Faktoren erkennen und eliminieren, unsinnig und schädlich dagegen solche Spezifitäten, die gegen ungefährliche und körpereigene Strukturen gerichtet sind.

Die Grenzen des Immunsystems liegen also in der verfügbaren Masse und Zellzahl begründet; selbst unter bestmöglicher Ausnutzung des Bewegungsspielraumes kann stets nur eine begrenzte Vielfalt an Antigenspezifitäten hervorgebracht werden. Als vorteilhaft erweist sich das – allerdings durch das antiidiotypische Netzwerk verzögerte – allmähliche Verlöschen von Klonen, die keinen Antigenkontakt aufweisen, zugunsten neuer Klone gegen häufiger auftretende Antigene. So betrachtet, lernt das Immunsystem, sich den Notwendigkeiten anzupassen.

Wer kontrolliert das Immunsystem?

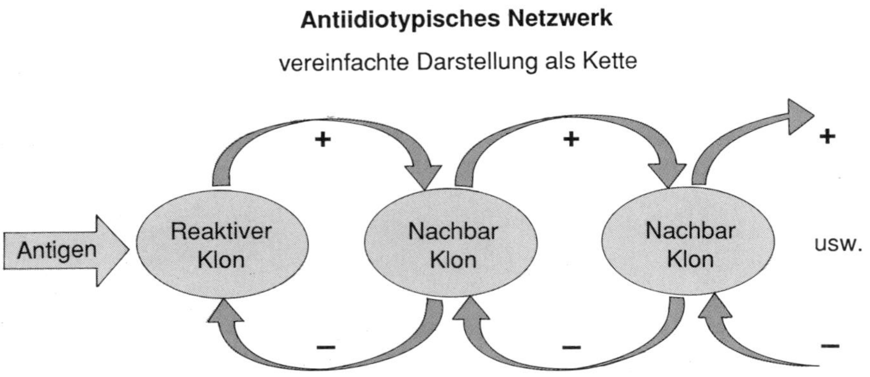

„Vertrauen ist gut – Kontrolle ist besser.“ Dieser häufig zitierte Satz besagt, daß Abläufe, die modifiziert werden können, überwacht werden sollen. Dies soll der Sicherung dienen und vor Schäden bewahren, die entstehen, wenn das System aus dem Rahmen fällt. Jeder noch so kleine Organismus, jede Einzelzelle, vor allem aber auch jedes vielzellige Individuum wie der Mensch beinhaltet eine Vielzahl von Systemen, die innerhalb der vorgegebenen und dem Ganzen dienenden Grenzen arbeiten müssen. Daraus leitet sich die Notwendigkeit einer vermaschten Kontrolle ab. Doch was und wie soll kontrolliert werden?

Mit dem Begriff ‚Kontrolle‘ ist meist die Vorstellung verbunden, daß ein übergeordnetes Organ einen Vorgang überwacht und gegebenenfalls das Endprodukt überprüft. Derartige Überwachungsorgane im Sinne von mit Privilegien ausgestatteten Elementen gibt es im Organismus jedoch sehr selten und allenfalls in umgewandelter Form. Der einzig kontrollierte Vorgang, bei dem regelmäßig willkürlich beliebige Änderungen vorgenommen werden können, ist die Muskelbetätigung. Dadurch können wir uns etwa von einem Ort zu einem anderen bewegen. Die übrigen Vorgänge unseres Organismus entziehen sich weitgehend einem solchen Mechanismus. Dies ist sehr sinnvoll: Wäre es nicht gefährlich, allein durch Willenskraft beispielsweise den Herzschlag gänzlich abschalten zu können?

Interne Regelung?

Die meisten Systeme im Organismus werden durch interne Regelung überwacht. So handelt es sich bei der Einhaltung der Körpertemperatur um mehr als ein Fließgleichgewicht im Sinne einer aus Wärmeproduktion und Wärmeabgabe resultierenden Größe. Viele Körperfunktionen können jedoch auch als einfaches Fließgleichgewicht durchaus sinnvoll und ausreichend betrieben werden. Am Beispiel einer Badewanne ist dies nachzuvollziehen: Selbst wenn mehr Wasser einfließt, als der Abfluß zu bewältigen vermag, wird sich der Wasserspiegel niemals über den Badewannenrand erheben, weil das Wasser in dieser Höhe auf jeden Fall abfließen kann. Freilich wäre es vorteilhafter, den Zufluß zu reduzieren oder den Abfluß zu verstärken, damit das Wasser nicht überschwappen und somit Schäden gar nicht erst auftreten können. Auch bei der Temperaturregelung des Organismus wird die Körpertemperatur nicht allein durch die Abstrahlung geregelt, d.h. etwa durch Hautdurchblutung und Schweißbildung, sondern auch durch die aktive Wärmebildung. Im übertragenen Sinne gilt das auch für Komponenten wie Blutzuckerspiegel und Elektrolythaushalt. Doch wie steht es mit dem Immunsystem?

Ein Immunsystem, das auf der Basis eines bloßen Gleichgewichtes innerhalb seiner Schranken bleibt, ist schwer vorstellbar. Dies liegt vor allem an der Geschlossenheit des gesamten Systems, das weder durch Nahrungsaufnahme noch durch Ausscheidungen vermehrt oder vermindert werden kann. Hier bereits muß ein interner Mechanismus dafür sorgen, daß Lymphozytenzahl und Menge von Antikörpermolekülen etwa gleich bleiben. Würde die Anzahl der Immunzellen bei starken Reizen dramatisch steigen, so käme es viel häufiger zu erheblichen Vergrößerungen der Lymphknoten und der Milz; ein rascher Anstieg der Antikörperproduktion würde eine Vermehrung der Immunglobulinspiegel verursachen. Im Extremfall wäre in den Adern kein Serum, sondern eine geleeartige, dickflüssige Substanz zu finden.

Tatsächlich kommt es normalerweise niemals zu solch abstrusen Reaktionen. Der Gedanke liegt nahe, daß das Immunsystem aufgrund der Orientierung an der Antigenpräsenz in seiner Reaktion begrenzt ist. Da das Antigen den spezifischen Reiz für das Immunsystem darstellt, geht es gleichzeitig mit der einsetzenden Immunreaktion verloren: Entweder wird es von den Immunzellen selbst zerstört oder durch die von ihnen produzierten Antikörper gebunden. Eliminiertes Antigen kann das Immunsystem nicht mehr stimulieren; somit käme die Immunreaktion von alleine zum Stillstand. Grundsätzlich könnte ein solches System durchaus vernünftig arbeiten. Doch schon die Tatsache, daß nicht nur ein Antigen auf das Immunsystem einwirkt, sondern mehrere neben- und nacheinander, würde zwangsläufig eine nahezu unbegrenzte Vermehrung des Immunsystems in Abhängigkeit von der Zahl der angebotenen Antigene bedeuten, mit allen angedeuteten unvorteilhaften Folgen.

Eine vergleichsweise simple Einrichtung begrenzt die Immunglobulinspiegel im Blut durch einen dem Antikörperangebot angepaßten Abräummechanismus. Er bewirkt, daß mit steigendem Immunglobulinspiegel auch mehr Immunglobuline eliminiert werden. Dies konnte insbesondere für die IgG-Klasse demonstriert werden. Dabei verläuft dieser Prozeß unabhängig von der Spezifität der Antikörper; es werden wahllos Immunglobuline beseitigt, wobei lediglich die Gesamtsumme in diesen Abbaumechanismus eingeht. Als Folge davon werden in gleicher Weise alle Antikörperspezifitäten abgeräumt. Dies ist ein höchst undifferenziertes biologisches Verfahren, das dem Organismus nur oberflächlich betrachtet nützt, in Wirklichkeit jedoch viel Schaden anrichten kann, wie es das Beispiel der Paraproteinämie zeigt. Hier wird durch das Auftreten einer nutzlosen Antikörperfraktion der Abbau sämtlicher Antikörper beschleunigt, so daß auch die schutzbringenden eliminiert werden und nur noch unzureichend vorhanden sind. Es muß also eine Kontrolle eingebaut sein, die einem solchen Verfahren entgegensteht; sie muß sich an der Spezifität der Antikörper ausrichten und damit innerhalb eines Klones ihre Funktion ausüben.

Regulation und Kontrolle

Eine klonale Regulation ist durch die Ausbildung von Helfer- und Suppressor-Zellen möglich. Sie regeln innerhalb dieser Zellfamilie die Neubildung von Immunzellen und Antikörpern, so daß ein unnötiges und unvorteilhaftes Überschießen der klonalen Reaktion unterbunden wird. In diesen Mechanismus würde auch die Antigenpräsenz eingreifen, indem über die Helfer-Zellen entsprechend mehr Immunreaktion auf klonaler Ebene bereitgestellt wird. Diese Art der Regelung läßt zugleich erkennen, daß jenseits einer Beschränkung der übermäßigen Produktion auch dafür gesorgt ist, daß die Immunreaktion rasch in Gang kommt. Endergebnis dieser Art der Regulation ist ein rasches Hochfahren der spezifischen Immunantwort bis zu einem Bereich, der fast einem oberen Anschlag vergleichbar ist und einer ebenso raschen Reduktion dieser Immunantwort nach Beseitigung des Antigens. Dabei bleibt jedoch zugleich gewährleistet, daß auch darüber hinaus noch eine gewisse Minimalgröße nicht unterschritten wird, so daß – wie es für die aktive Immunisierung im Rahmen der Schutzimpfung nützlich ist – auf lange Sicht ein protektiver Antikörperspiegel aufrecht erhalten wird. So betrachtet, kennt das Immunsystem eine gute interne Kontrolle. Sie ist jedoch dadurch charakterisiert, daß die verschiedenen Immunzellfamilien jeweils für sich ihre Aktivität regulieren. Dies würde bedeuten, daß eine Menge kleinster Immunsysteme unabhängig voneinander arbeitet. Dabei wäre es sehr vorteilhaft, wenn die einzelnen Zellfamilien auch Information über den Zustand der anderen Familien erhielten, um den fatalen Zustand gleichzeitiger höchster Aktivität bei zahlreichen Familien zu vermeiden. Doch wie können Informationsaustausch und gegenseitige Beeinflussung möglich sein?

Regulation der Immunantwort	
Extern:	Antigenpräsenz
Intern:	intraklonal – Regulatorzellen – Endprodukthemmung interklonal – Anti-idiotypisches Netzwerk

Schutz vor Fehlalarm: Doppelsignalzwang

Vorgang		Erfordernis
Antigenerkennung	→	Antigen + MHC(HLA)-Struktur
Induktion der Immunreaktion	→	Antigenerkennung + Zytokine
T-Zell-Zytotoxizität	→	Antigen + MHC(HLA)-Struktur
Antikörper-Zytotoxizität	→	Komplementaktivierung über doppelte C1q-Fc-Bindung
Mastzell-/Basophilen-Irritation	→	Überbrückung 2er IgE-Rezeptoren durch 2 verbundene Antigen-Epitope

Entscheidend ist in einem solchen Fall die interklonale Kommunikation. *Jerne* postulierte in diesem Zusammenhang, daß keine Immunzellfamilie für sich allein arbeitet oder vielmehr nur sich selbst kontrolliert, sondern daß benachbarte Klone einen Einfluß ausüben können. Dabei ist ‚Nachbarschaft' nicht im Sinne zufällig nebeneinander gelegener Immunzellen zu definieren, sondern hinsichtlich der Spezifität. Die Eigenschaften der spezifischen Immunreaktion werden über sogenannte Idiotypen ausgeprägt. Wird also nachbarschaftliche, gegenseitige Kontrolle ausgeübt, so kann dies nur über die Idiotypen geschehen; diese interfamiliäre Regulation muß auch unabhängig vom Ort der Immunreaktion im Organismus möglich sein. Auf den Alltag übertragen, bedeutet dies, daß man seinen Nachbarn nicht nur erkennt, wenn er sich auf seinem Grundstück aufhält, sondern aufgrund besonderer Merkmale auch an anderen Orten. Die über die Idiotypen erfolgende Kontrolle ist jedoch nicht auf einen Partnerklon beschränkt, sondern jede Zellfamilie steht zwischen mehreren anderen, weshalb *Jerne* dieses Konzept als ‚Netzwerkhypothese' bezeichnete.

Jeder der verschiedenen 10^7-Klone im menschlichen Organismus hat einen Partnerklon, auf den er einwirkt und der auf ihn rückwirkt. Damit eine kontrollierte Regelung gegeben ist, muß die Rückwirkung im Sinne einer Hemmung erfolgen: Aktivierung des Partnerklones bedeutet, daß dieser hemmend auf den aktivierenden Klon einwirkt. Dadurch, daß dieser Partnerklon einen weiteren Partnerklon hat, der, angestoßen, auf ihn hemmend rückwirkt, wird gewährleistet, daß die Hemmung des Partnerklons ihrerseits moduliert wird im Sinne einer Hemmung. Somit ist das gesamte Immunsystem vermascht und zügelt sich gegenseitig. Dies bedeutet eine permanente gedämpfte Oszillation des Ganzen.

Ein sich hieraus ergebendes entscheidendes Phänomen besteht in der Begrenzung der Immunreaktion nach oben, worauf bereits mehrfach hingewiesen worden ist. Dadurch wird gewährleistet, daß Immunzellen einzeln oder im Verband sowie auch Zellfamilien einzeln oder gemeinsam niemals eine bestimmte Grenze überschreiten und so dem Organismus schaden können. Ebenso wichtig ist der gegenteilige Effekt, d.h. die gegenseitige Stimulierung der Zellfamilien. Aufgrund der ursprünglichen Vorstellung sollte nur die Zellfamilie aktiviert werden, für die gerade das korrespondierende Antigen präsent ist. Wo Antigene fehlen, werden die Klone nicht mehr stimuliert, schließlich verkümmern sie. Durch die Netzwerkverflechtung wird jedoch mit Aktivierung eines Klones über partnerschaftliche Verbindungen ein zweiter Klon, ein dritter usw. aktiviert. Dies bedeutet, daß auch bei längerer Antigenkarenz für eine gewisse Grundaktivität der betreffenden Zellklone gesorgt wird. Man könnte dies mit einem gegenseitigen Nachhilfeunterricht oder einem mutuellen Training vergleichen. Tatsächlich entwickelt sich unser Immunsystem in gewisser Weise auch ohne permanente und allumfassende Antigenkonfrontation.

Diese Form der Regelung und Kontrolle ist allerdings auch Einflüssen unterworfen, die beispielsweise von Hormonen, Ernährung, Streß oder Psyche bestimmt werden.

Die durch solche Faktoren eintretenden Veränderungen sind zwar meßbar, doch vermögen sie, summarisch gesehen, nur geringe Verschiebungen zu bewirken. Auch dies ist sehr wichtig – wäre es nicht fatal, wenn eine aktive Schutzimpfung allein deshalb schlechte Antikörpertiter ergäbe, weil der Impfling gerade mißgestimmt war?

Fühlt und denkt das Immunsystem?

Ein wenig nachsichtig lächeln wir über die Vorstellungen unserer Vorfahren oder auch heute noch lebender Völkerstämme, wonach die Seele im Herzen, der Leber, im Blut oder einem anderen Organ gelegen sein mag. Wir wissen es besser, wozu also diese alberne Frage?

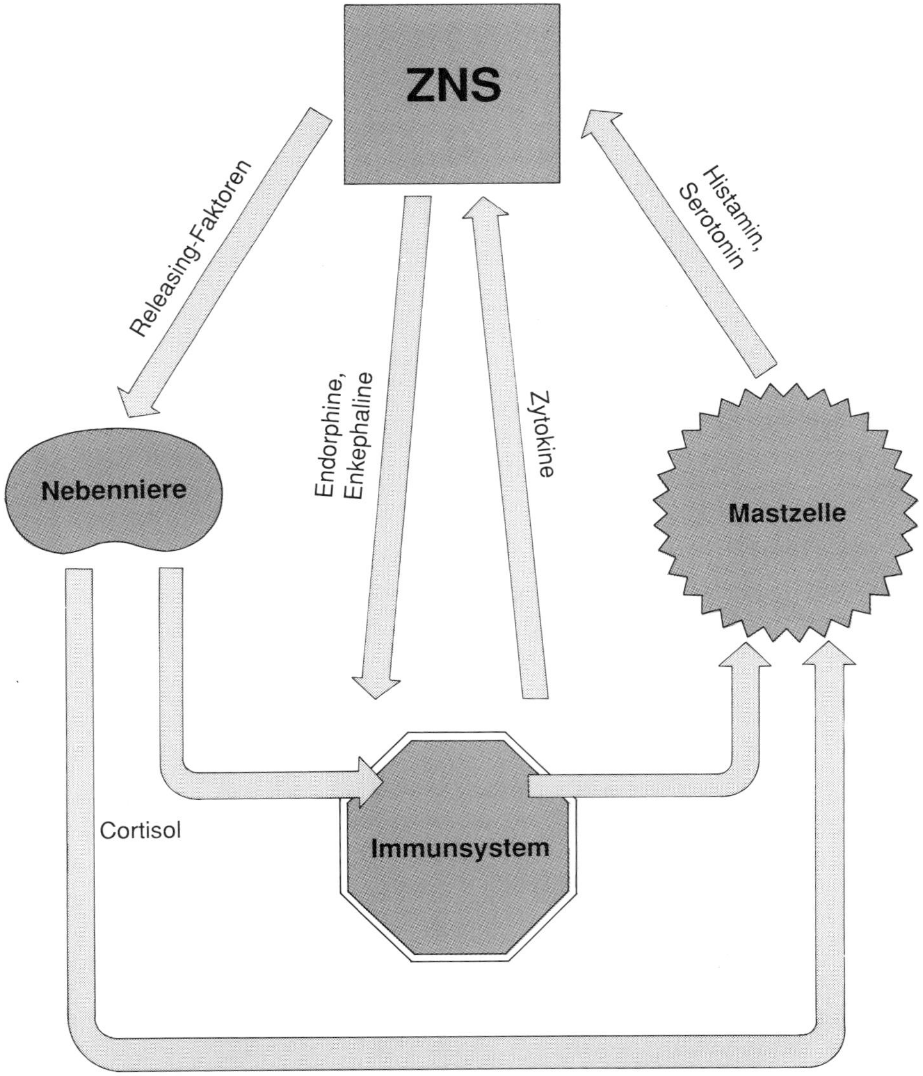

Gehirn und Nervensystem

Immerhin gab es manch Wunderliches und auch Wunderbares vom Aufbau und Wirken des Immunsystems zu erfahren, daß ein weiteres Wunder nicht ausgeschlossen erscheint. Auch in diesem Falle ist es am besten, eine Bestandsaufnahme und Stoffsammlung dessen anzulegen, was im Zusammenhang mit Fühlen und Denken einfällt. Es ist klar, daß das Gehirn abstrakte Aufgaben wie Fühlen und Denken, Lernen, im Gedächtnis Bewahren oder auch Vergessen bewältigt. Diese Fertigkeiten sind freilich nicht greifbar und kaum meßbar. Gibt es weitere Organe, die in irgendeiner Weise durch andere als körperliche Faktoren beeinflußt werden.

Schon der Volksmund gibt Hinweise auf mögliche Reaktionen jenseits des simplen Fühlens und Denkens: ‚Es kann einen der Schlag treffen', man wird ‚blaß' oder auch ‚rot vor Wut', ‚grau vor Kummer', vor Abscheu ‚stehen die Haare zu Berge', vor Wut ‚fließt die Galle über', vor Angst ‚stockt der Atem'. Bemerkenswert ist hier, wie häufig negative Effekte vom seelischen Befinden ausgehen. Vergleichsweise gering ist die Zahl der positiven Beispiele, so etwa ein ‚Freudensprung' oder ‚Tränen der Rührung'. Fühlen also auch die erwähnten Organe?

Bei näherem Besehen handelt es sich auch hier um Effekte, die vom Gehirn ausgehen, da sich die Nerven mit ihren Ausläufern unmittelbar oder über Schaltstellen mittelbar in kleinsten Verzweigungen bis in die Peripherie des Organismus erstrecken. Dadurch können wir willentlich etwa einen Gegenstand mit Händen greifen oder unsere Beine bewegen; hier sind Wirkungen auf die Muskulatur eindeutig und generell akzeptiert. Für den Anteil des Nervensystems, der sich der Willkür entzieht, gelten grundsätzlich dieselben Gesetzmäßigkeiten. Auch dieses ist bis in alle Organe verzweigt. Es ist daher verständlich, daß das Herz bis zum Halse schlägt, der Blutdruck in die Höhe schnellt und Hormone ausgeschüttet werden, die diese Erscheinungen zusätzlich fördern. Die Natur hat durch solche Alarmeinrichtungen dafür gesorgt, daß im Notfall eine Reaktion eintritt, noch ehe wir uns überlegt haben, in welcher Reihenfolge die entsprechenden Bereiche unseres Organismus aktiviert werden müssen.

Unser Nervensystem, das auf so unterschiedliche Organe und Funktionen wie Lunge und Atmung, Herz und Kreislauf, Haut und Schleimhäute einwirkt, beeinflußt allerdings stets umschriebene Bereiche unseres Körpers. Gänzlich ausgeklammert von Einflüssen des Verstandes und der Seele ist offenbar ein System, das gut definierte Einzelzellen aufweist, die jedoch nicht unbedingt organgebunden sind und mit dem Immunsystem eine gewisse Verwandtschaft aufweisen: das Blut. Erbleicht oder errötet jemand aus einer Stimmung heraus, so ist das nicht Folge eines veränderten Verhaltens der Blutzellen, sondern der Gefäße bzw. der sie umfassenden Muskelfasern, die auf das Durchflußvolumen Einfluß nehmen. Daraus ist abzuleiten, daß auch das Immunsystem nicht fühlen und denken kann, zumal es schwer vorstellbar ist, daß die vagabundierenden Immunzellen von Nervenfasern Signale entgegennehmen.

Krankheit und Psyche

Im Gegensatz steht indes die Beobachtung, daß Immunkrankheiten durchaus vom seelischen Zustand des Betroffenen abhängen. So ändert sich der Schweregrad eines allergischen Asthmas mit der Stimmung; auch für Überempfindlichkeitsreaktionen an der Haut gilt dies. Selbst Immunkrankheiten, die sich ohne erkennbaren äußeren Anlaß entwickelten, wie entzündliche Erkrankungen des Darmes vom Typ der Colitis oder der Gelenke vom Typ des Rheumatismus, verändern offensichtlich bei bestimmten Patienten ihre Aktivität in Abhängigkeit vom Befinden. Dabei scheint nicht nur in Zeiten guter Stimmung die Erkrankung besser toleriert zu werden, vielmehr zeigen auch objektive Parameter wie Entzündungsproteine einen wirklichen Wandel der Grundkrankheit an.

Wie paßt das alles zusammen?

Um dieses Phänomen adäquat einzuordnen, ist zunächst die Reaktionskette vom Kontakt des Immunsystems mit dem Antigen bis hin zur Organerkrankung nachzuvollziehen. Am Anfang steht der spezifische Schritt, bei dem das Immunsystem nach Schlüssel-Schloß-Prinzip antigenorientiert antwortet und handelt. Im Rahmen dieser Aktion freigesetzte Substanzen beziehen unspezifische, nicht am Antigen orientierte Mechanismen mit ein; erst die auf diesem Wege erreichte Verstärkerfunktion führt über Phagozytose oder Enzymtätigkeit zur Organschädigung und damit zur Erkrankung. Deren Ausmaß wird im wesentlichen bestimmt durch die Zahl der beteiligten Zellen und die Aktivität der mitverantwortlichen löslichen Stoffe. Es ist nun unerheblich, an welcher Stelle dieses komplexen Geschehens sich Einflüsse geltend machen. Eine simple Überlegung führt etwa zu dem Postulat, daß die Blutzufuhr oder hier die Mikrozirkulation das Einwandern der beteiligten Zellen und die Verteilung der entscheidenden Botenstoffe maßgeblich beeinflussen. Dies würde bedeuten, daß sich nicht die Immunreaktion, sondern nur der Rahmen für das Gesamtgeschehen verändert. Ähnlich verhält es sich, wenn die Feuerwehr auf guten Straßen rasch zum Einsatzort gelangt; auch dann kann – unabhängig von Gerät und Mannschaft – ein Brand effizienter gelöscht werden. Ein Fühlen und Denken des Immunsystems wäre somit allenfalls mit über Sekundäreffekte erfolgenden Rückwirkungen gleichzusetzen.

Eine Situation, die dennoch auf die unmittelbare Interaktion zwischen Vegetativum oder sogar Intellekt und Immunsystem hinweist, ist die Schwangerschaft. Hier wird das Immunsystem unter anderem durch einen erhöhten Kortisolspiegel gewissermaßen in Teilbereichen stillgelegt, damit der Föt als Semitransplantat des Vaters nicht der Abwehr zum Opfer fällt. Kortison kann auch Immunzellen unmittelbar beeinflussen, in den vergleichsweise niedrigen

Mengen während der Schwangerschaft funktionell, bei hohen Dosen durch Zytotoxizität auch substantiell. Auch hormonartige Substanzen etwa vom Typ der Endorphine vermögen nach neuen Erkenntnissen auf die Funktion von Immunzellen unmittelbar Einfluß zu nehmen. Es ergeben sich zahlreiche Verknüpfungspunkte und damit Interaktionsmöglichkeiten.

Die Frage, ob Psyche und Endokrinium auf das Immunsystem Einfluß nehmen, ist somit unter diesem Aspekt zu bejahen. Hinzu kommen Beobachtungen feinster Verästelungen von Nervenfasern in Regionen, in denen auch Immunzellen in großer Zahl generiert und aktiviert werden, wie etwa in Lymphknoten oder im Epithel des Darmes. Ein Zusammenspiel ist freilich hier auf Zellen beschränkt, die den von den Nerven ausgehenden Signalstoffen zugängig sind. Tatsächlich finden sich auf den Membranen von Immunzellen Rezeptoren für neurogene Stoffe, die aber eine so kurze Halbwertszeit und Reichweite haben, daß sie einen außerhalb dieser speziellen Gewebe vagabundierenden Lymphozyten nicht beeinflussen. Dieses Gebiet, das willkürliche und unwillkürliche Anteile unseres gesamten Nervensystems sowie die endokrinen Organe umfaßt, kondensiert zu der großen, eigenständigen Forschungsrichtung der Psychoneuroendokrino-Immunologie.

Ein interessanter Aspekt ist, daß sich der nach dem Naturgesetz ‚actio = reactio' zu postulierende Einfluß von Immunsystem auf Psyche, Endokrinium und Nervensystem bestätigte. So wurden Substanzen gefunden, die von Immunzellen abgegeben werden und auf das Neuroendokrinium einwirken. Schon lange war das zumindest im Umfeld einer Immunreaktion bedeutsame Histamin als Neurotransmitter bekannt; dies erklärt etwa auch die Tatsache einer Migräne oder eines Stimmungswandels im Rahmen von Allergien. Neu ist die Erkenntnis, daß die bei der Steuerung der Immunantwort essentiellen Zytokine, deren wichtigste Gruppen Interleukine und Interferone darstellen, ebenfalls auf das zentrale Nervensystem einzuwirken vermögen. So zeigte sich im Rahmen der Behandlung mit diesen, Substanzen, die im Rahmen der Immunreaktion von Lymphozyten abgegeben werden, eine signifikante Erhöhung der Körpertemperatur. Durch Interferone können auch Psychosen und Neurosen ausgelöst werden. Fieberphantasien sind so nicht nur durch eine veränderte Durchblutung des Gehirns zu erklären, sondern beruhen auf einem unmittelbaren Einfluß dieser Produkte von Immunzellen. Somit besteht eine Wechselwirkung: Offenbar kann das Immunsystem in gewisser Weise nicht nur denken und fühlen, sondern seine Aktivitäten unserem Denken und Fühlen aufzwingen. Irritierend wirkt allerdings, daß sich ebensoviele Beispiele für wie gegen den postulierten Zusammenhang finden lassen.

Inwieweit ist also unser Immunsystem tatsächlich Einflüssen der Psyche ausgesetzt bzw. die Psyche vom Immunsystem abhängig?

Die Antwort ergibt sich aus der Regulation der Immunantwort. Hier sind verschiedene Mechanismen tätig. Am wichtigsten sind Präsentation und Elimination des Antigens. Darüber hinaus zwingen Regulatorzellen dem Immunsystem fördernd oder hemmend ihren Einfluß auf. Schließlich überzieht ein Netzwerk über die klonale Reaktion hinaus das gesamte System. Diese unterschiedlichen Regelmechanismen in verschiedenen Ebenen und Bereichen sorgen in einem sinnvollen Zusammenspiel dafür, daß das Immunsystem nicht entgleist und weder zu wenig noch zu heftig arbeitet. Alle anderen Faktoren, auch Psyche und Endokrinium, vermögen das Immunsystem zwar zu beeinflussen, jedoch nicht essentiell in seiner Arbeit zu bestimmen. Daher muß die Psychoneuro-Immunologie einen vergleichsweise nachgeordneten Stellenwert einnehmen. Es verhält sich wiederum wie bei der Feuerwehr, bei der eine motivierte Mannschaft bessere Arbeit verrichtet als eine desinteressierte. Hinge das Immunsystem von unseren Launen ab, so wären wir in einer schlechten Stimmung zu einer Immunreaktion kaum mehr in der Lage. Vor jeder Schutzimpfung müßten wir den Psychologen aufsuchen, um im Hinblick auf das Erzielen eines hohen Antikörpertiters unsere Stimmungslage prüfen und den günstigen Zeitpunkt ermitteln zu lassen. Ein besserer Impferfolg wäre beispielsweise auch dann gewährleistet, wenn wir uns durch einen Komiker oder ein Witzblatt in ausgesprochen heiterer Stimmung befänden. Kann man sich aber von der Psycho-Immunologie endgültig verabschieden?

Einen Zusammenhang zwischen Psyche und Immunologie sowie Rückwirkungen entschieden abzulehnen, wäre ebenso falsch wie ein unbedingtes Bejahen. Sicherlich üben vorübergehende Stimmungswechsel keinen nachhaltigen Einfluß auf das Immunsystem aus, zumal die Halbwertszeit von Antikörpern und die Lebensdauer von Lymphozyten länger ist als die üblichen Stimmungsschwankungen. Selbst längere Verschiebungen des Gemütszustandes vermögen dies nicht in nennenswertem Maße, da Depressive dann grundsätzlich niedrigere Antikörperspiegel aufweisen würden. Es ist aber durchaus anzunehmen, daß das Immunsystem vorübergehend durch psychische Einflüsse weniger reaktiv ist. Hierfür sprechen Beobachtungen, wonach im Zusammenhang mit einschneidenden negativen psychischen Belastungen Infektionskrankheiten auftreten oder sich sogar Krebs entwickeln soll. Umgekehrte Beobachtungen sind sehr selten: Wie schon erwähnt, vermag die Psyche offenbar mehr Negatives als Positives im Organismus zu bewirken.

Sicher ist, daß eine Immunantwort allein auf dem psychischen Weg nicht induziert werden kann: Es wird wohl nie gelingen, durch bloße Vorstellungskraft Antikörper zu bilden.

Wie kommt es zur Immunantwort?

Die positive Eigenschaft des Immunsystems, alles Fremde und Entfremdete, jegliche eindringende Noxe und jeglich intern abnorme Erscheinung zu beseitigen, wird durch eine naheliegende Überlegung relativiert: Alles, was wir essen, einatmen, anfassen oder auf dem Leibe tragen, könnte demnach unserem Immunsystem Anlaß sein zu reagieren. Aus der Sicht des naiven Betrachters müßten wir möglicherweise verhungern, da es rasch zu einer Immunreaktion gegen sämtliche Nahrungsmittel kommen könnte. Gleiches gilt für die Lungen, so daß wir ersticken müßten. Ein derart unangebrachter Fleiß des Immunsystems ist normalerweise allerdings nicht festzustellen, da die Konditionen für die Induktion der Immunreaktion nicht gegeben sind.

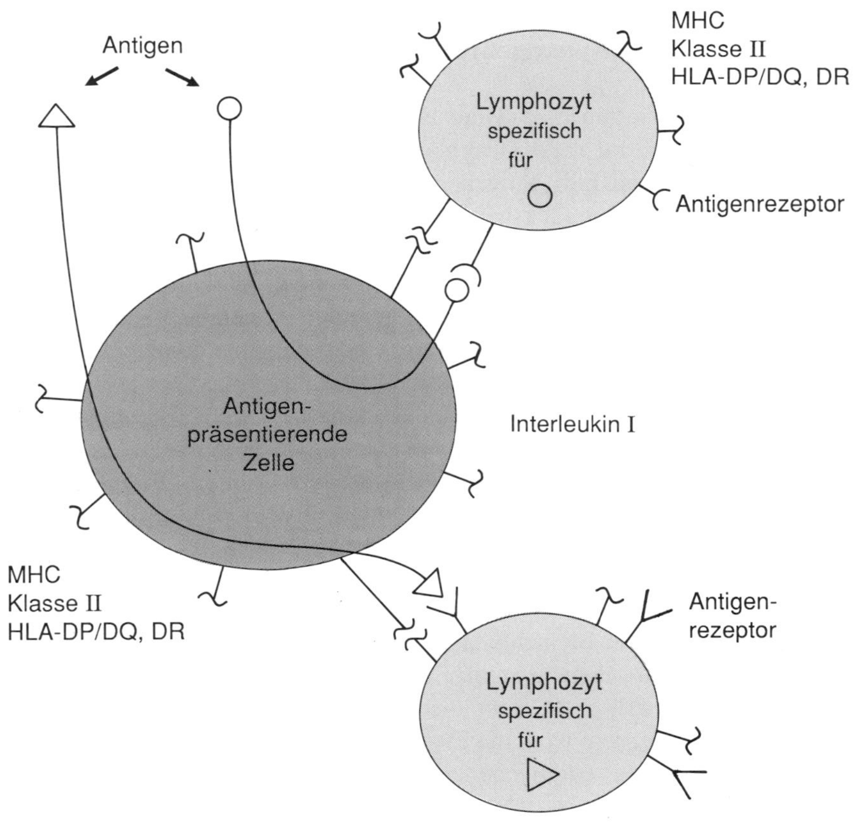

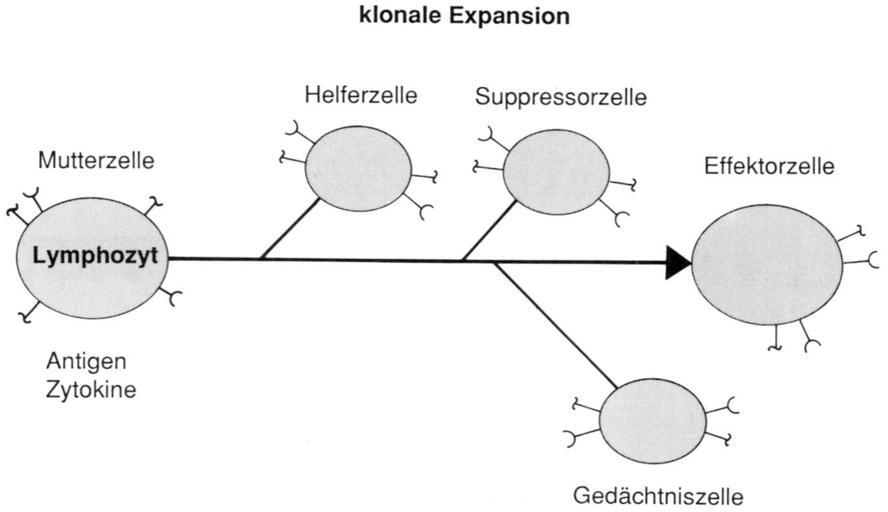

Was bewahrt uns vor unangebrachtem Fleiß des Immunsystems?

Früher wurde angenommen, daß die Begegnung zwischen Antigen und Immunzelle den Anstoß für deren Reaktion gibt. Dabei wurde übersehen, daß die Immunzelle permanent mit Antigenen in Berührung kommt, ohne sofort zu reagieren. Selbst unter Berücksichtigung der Tatsache, daß jede Immunzelle nur jeweils ihr entsprechendes Antigen, das mit dem Rezeptor korrespondiert, als Anlaß zur Reaktion nehmen kann, müßten bei der immensen Zahl von Immunzellen und der nicht minderen Anflutung von Antigenen viel häufiger Immunreaktionen erkennbar initiiert werden. Doch dies bleibt aus. Die bloße Begegnung zwischen den beiden Reaktionspartnern genügt eben nicht zur Induktion der Immunantwort. Diese kann nur erfolgen, wenn der Immunzelle das Antigen in geeigneter Form präsentiert wird.

Die Darbietung des Antigens erfolgt über speziell dafür ausgerüstete Zellen. Sie sind in der Lage, Antigene aufzunehmen, diese zellintern zu verarbeiten und der Immunzelle darzureichen, so daß sie als Antigen erkannt und als adäquater Anreiz akzeptiert werden. Zu einer derartigen Präsentation sind vor allem Makrophagen und diesen wesensverwandte Zellen befähigt. In der Lunge existieren entsprechende Elemente in den Alveolen, in der Leber finden sie sich als in den Sinusoiden gelegene Sternzellen. Im Gehirn sind diesbezügliche Zellen in der Pia integriert, in der Haut übernehmen die dendritischen Zellen diese Funktion, im Gefäßsystem wohl die Endothelzellen. Aufgrund der Struktur dieser Zellen können sogar erhebliche anatomische Abstände überbrückt werden, wie dies etwa bei den dendritischen Zellen deutlich wird.

Zentrales Kriterium für die Induktion der Immunantwort ist somit die Präsentation des Antigens. Allerdings wird nicht einfach die Berührung eines so präsentierten Antigens mit dem korrespondierenden Rezeptor einer entsprechend ausgestatteten Immunzelle zum Startsignal für die Immunreaktion, zumal dann schon die bloße Begegnung zwischen Immunsystem und Antigen den gleichen Vorgang auslösen könnte. Von Bedeutung ist hier die gegenseitige Berührung an Oberflächenstrukturen der Klasse II des MHC. Es handelt sich also um Strukturen, die dem HLA-System zugeordnet sind, hier der Gruppe D.

Die Übertragung der antigenen Information erfolgt somit stets nur gemeinsam mit bestimmten HLA-Gruppen an den Membranen der beteiligten Zellen. Die Antigene werden von den präsentierenden Zellen an der Oberfläche dargeboten, wo auch die HLA-Gruppen sich wie Stacheln eines Igels nach außen positionieren. In gleicher Weise ist der Antigenrezeptor der Immunzelle nach außen gekehrt neben den sich ebenfalls dort befindlichen HLA-Gruppen. Antigen und HLA müssen also gleichzeitig von der Immunzelle wahrgenommen werden bei vollkommener Kompatibilität zum einen von Antigen und Antigenrezeptor, zum anderen der HLA-Gruppen. Ist dies der Fall, sind die Vorbedingungen für eine Immunreaktion auf der Ebene des Lymphozyten erfüllt.

Das Auslösen einer Immunantwort durch ein Zusammentreffen von Antigen und Immunzelle wäre keinesfalls sinnvoll, da derartige Begegnungen immer wieder stattfinden können und in der überwiegenden Mehrzahl der Fälle nicht angebracht wären. Die Dazwischenschaltung von präsentierenden Zellen gewährleistet somit eine sinnvolle Beschränkung jedweder Immunreaktion. Nicht überall eine solche Immunreaktion kann induziert werden. Dies liegt daran, daß nicht jede Zelle in der Lage ist, das Antigen der Immunzelle mundgerecht feilzubieten. Darüber hinaus hat auch nicht jede Zelle die Fähigkeit, ausreichend HLA-Gruppen der Klasse II, d.h. der D-Gruppen, in entprechender Dichte und damit örtlicher Nähe zum Antigen an der Zellmembran vorzuhalten. Dieser einleuchtende Teil der Induktion einer Immunreaktion wird von einem weiteren, entscheidenden Vorgang begleitet.

Bedeutung der Befehlsübergabe

Die Signalaufnahme oder Befehlsübergabe von der antigenpräsentierenden Zelle zur Immunzelle ist ein hochkomplexer Vorgang. Wir erinnern uns daran, daß das Immunsystem eine immense Potenz auch zu zerstörerischem Tun aufweist und seine Aufgabe darin besteht, die Integrität des Organismus vor allem nach innen aufrechtzuerhalten. Beides wird durch die Art der Induktion berücksichtigt. Mit Bezug auf die Gefährlichkeit eines aggressiven Immunsystems geht es darum, das Immunsystem nicht leichtfertig zu reizen. Allein auf Antigenerkennung und Weiterverarbeitung spezialisierte Zellen können dem Immunsystem den entsprechenden Tip geben. Dadurch wird jedem Fehlalarm weitgehend vorgebeugt. Um bei dem Beispiel der Feuerwehr zu bleiben: Auch dort muß sichergestellt werden, daß eingehende Meldungen auf deren Stichhaltigkeit überprüft werden. Kein Feuerwehrmann wird auf einen beliebigen Anruf hin schon Alarm geben, sondern er wird versuchen, durch Rückfragen möglichst viele weitere Informationen zu gewinnen. Dies ist im Hinblick auf manch üblen Lausbubenstreich erforderlich. Die Feuerwehr wird besonders dann rasch ausrücken, wenn die Identität des Anrufers bekannt ist. Genau dieses Prinzip berücksichtigt auch die Natur im Falle der antigenen Induktion der Immunreaktion. Hinsichtlich der Aufrechterhaltung der Integrität, ist von der Überlegung auszugehen, daß phagozytierende und antigenpräsentierende Elemente potentiell gefährlich sind, weil sie zum einen falsche Botschaften verbreiten und zum andern zerstörerisch agieren können. Deshalb müssen sie permanent auf Funktion und mögliche Störungen hin kontrolliert werden, um die Integrität des Organismus zu gewährleisten. Vorstellbar ist, daß die HLA-Merkmale hierfür herangezogen werden. Wo komplette Kompatibilität realisiert wird, gibt sich die Immunzelle zufrieden, es geschieht nichts weiter. Wird aber über den Antigenrezeptor erkannt, daß neben den als Identitätsnachweis dienenden HLA-Gruppen andere Elemente – in diesem Falle das dargebotene Antigen – aufgetreten sind, dann bedeutet dies höchste Alarmbereitschaft und sofortiges Agieren. Die Immunzellen überprüfen also an den antigenpräsentierenden Zellen immerwährend die Struktur mit der Membran und vermerken es sofort, wenn hier etwas Neues aufgetreten ist. Dies erinnert an Vermerke in Ausweispapieren, welche die überprüfenden Beamten sofort erkennen und zu festgelegten Reaktionen veranlassen.

Die Erkenntnis dieser Zusammenhänge war sicher einer der wichtigsten Punkte in der Aufklärung der Funktionsweise unseres Immunsystems, zumal er viele weitere Phänomene erschließt.

Durch die Induktion über das kombinierte Antigen-MHC-Signal ist zwar schon der entscheidende Anstoß erfolgt, doch bedarf es noch weiterer Gegebenheiten, um die Immunantwort in großem Maße ins Rollen zu bringen. Gleichzeitig werden Botenstoffe freigesetzt, die von den antigenpräsentierenden Zellen auf die aktivierte Immunzelle einwirken. Summarisch werden sie als ‚Zytokine‘ bezeichnet. Hier ist es das Interleukin I, welches von Makrophagen auf die aktivierte Immunzelle einwirkt. Dies mobilisiert nun endgültig die Immunantwort in größerem Maßstab. Auch hier ist also ein zusätzliches Doppelsignal als Sicherung eingebaut. Die Zytokine sind unspezifisch in dem Sinne, daß sie mit dem Antigen selbst nichts zu tun haben, also immer gleiche Struktur aufweisen. Es ist auch keinesfalls nötig, ebensoviele Zytokine vorzuhalten wie Antigene. Zytokine werden sehr rasch abgebaut, so daß sie immer nur in unmittelbarer Nähe der antigenpräsentierenden Zelle und damit der Immunreaktion wirksam sind. Auf diese Weise wird vermieden, daß der gesamte Organismus überschwemmt und unnötig irritiert wird. Dabei ist die Arbeitsteilung so vorgesehen, daß das Antigen jeweils eine weitere Differenzierung der Immunzelle bedingt, das Zytokin zur Zellteilung und damit zur Vermehrung der aktivierten Zellen beiträgt.

Im Zuge dieses Geschehens bilden sich nun Immunzellen heraus, die ihrerseits andere Zytokine produzieren. Es sind die als Helfer-Zellen bezeichneten T_H-Lymphozyten, die Interleukin II produzieren und gleichzeitig Rezeptoren für diesen Wuchsstoff ausbilden, sodaß der ganze Prozeß außerordentlich rasch hochgefahren wird. Der autokrine Mechanismus hat den Zweck einer extrem raschen Augmentation des für die Antigenelimination benötigten Klones. Antigenkontakt und Zytokine führen dann zu einer raschen Ausreifung der sich entwickelnden Immunzellen zu Effektorzellen, die für die Beseitigung des Antigens verantwortlich sind. Das Ganze ist natürlich nicht nur auf die Reaktion innerhalb der T-Zellen beschränkt, sondern greift auch über auf die B-Zellen, so daß neben einer zellulär vermittelnden Immunreaktion unter gegebenen Bedingungen ebenso eine humorale Immunreaktion aufschießt. Elemente mit hemmenden Eigenschaften sorgen nun dafür, daß eine Immunreaktion nicht unbegrenzt anwächst. Diese Aufgabe übernehmen Suppressor-Zellen, die etwas später auftreten. Helfer- und Suppressor-Zellen werden auch als ‚Regulatorzellen‘ bezeichnet und sorgen für einen raschen Beginn der Immunreaktion und eine gleichzeitige sinnvolle Begrenzung derselben. Selbstverständlich wird auch gewährleistet, daß sich Gedächtniszellen herausbilden. Sie bleiben übrig, sorgen für eine kontinuierliche Aufrechterhaltung einer Immunreaktion und stellen zugleich das Potential dar für jede weitere Immunreaktion nach erneutem Antigenkontakt. Grundsätzlich wird dann ein ähnliches Verfahren angewandt, aber es gibt Anhaltspunkte dafür, daß Gedächtniszellen mitunter unter Umgehung der Antigenpräsentation ihre Arbeit aufnehmen können und auf diesem Wege bei jedem weiteren Antigenkontakt die Immunreaktion wiederum rascher in Gang kommt als beim ersten Kontakt – einer menschlichen Verhaltensweise vergleichbar: Unangenehme Erfahrungen prägt man sich ein und reagiert beim nächsten entsprechenden Erlebnis ungleich heftiger und rascher.

Wie die Feuerwehr regelmäßig ihre Probealarme vornimmt, um im Ernstfall rasch handeln zu können, kann ein Training des Immunsystems erfolgen und seine Informationsträger können aufgebaut weren. Hierzu dient die aktive Schutzimpfung (*s. S.* 175 f).

Nach der erstaunlichen Leistung der Zellkooperation mit der wunderbaren Darbietung der antigenen Information und dem Aufnehmen derselben muß man aber auch die Frage stellen, wie es denn kommt, daß die Freßzellen ebenfalls zwischen „fremd“ und „eigen“ unterscheiden können. Eine dem Antigenrezeptor des Lymphozyten entsprechende Einrichtung ist nicht bekannt und auch das Erkennen des an bakterielle Strukturen gebundenen Komplements kann nicht alles erklären.

Um es vorwegzunehmen: Die Frage läßt sich nicht in allen Einzelheiten beantworten. Es ist jedoch anzunehmen, daß die Freßzellen und die antigenpräsentierenden Zellen an ihrer Membran Rezeptoren tragen für bestimmte

„Schlüsselreize“: Bakterien, Pilze, Viren, Parasiten, Pflanzen, Tiere – alle weisen Strukturen auf, die für sie charakteristisch sind. So betrachtet könnten tatsächlich vergleichsweise wenige Rezeptortypen ein riesiges Antigenarsenal abdecken, worauf das Immunsystem aufgrund der sehr viel höheren Zahl unterschiedlicher Antigenrezeptoren, von denen nur jeweils ein Typ auf einer Zellfamilie zu finden ist, weitaus differenzierter arbeiten kann. Somit wäre die „alte“ und „unspezifische“ Abwehr fürs Grobe, das „junge“ und „spezifisch“ arbeitende Immunsystem fürs Feine zuständig.

Immunantwort – quo vadis?

Immunreaktion – Varianten	
T-Zellen:	unmittelbarer Kontakt = zelluläre Immunreaktion
B-Zellen:	mittelbarer Kontakt = antikörpervermittelte Immunreaktion humorale Immunreaktion

Immunglobuline – Bedeutung	
IgD:	„Vorantikörper"; keine nennenswerte Antigenbindung
IgM:	„Frühantikörper"; vor allem bei Erstkontakt mit Antigen
IgG:	„Standardantikörper"; dominierender Antikörpertyp
IgA:	„Oberflächenschutz"; vor allem als sekretorisches Immunprotein (SIgA) effizient
IgE:	„Anaphylaxie-Antikörper"; verantwortlich für Anaphylaxie

Die komplexe Induktionsphase oder Immunreaktion läßt einerseits vermuten, daß uns auch im weiteren Verlauf eine Reihe von Besonderheiten begegnen wird. Andererseits wäre eine einfache Gestaltung oder Reaktionskette angezeigt, zumal ihr Beginn einer besonderen Überwachung unterliegt. Dies entspräche auch den Gepflogenheiten unseres Alltags: Die Identität dessen, der beispielsweise in einen Betrieb gelangen will, zu dem nur die Angestellten Zutritt haben, wird im allgemeinen nur an der Pforte überprüft, spätere Kontrollen entfallen oder: vor der Konstruktion eines Gebäudes sind die wichtigsten Feststellungsverfahren abzuschließen, um dann den Bau zügig vorantreiben zu können.

Die Effizienz der auf die Induktionsphase folgenden Immunreaktion beruht zum einen darauf, daß die aktivierte Zelle das Antigen attackiert, zum anderen auf der Eigenart des Immunsystems, sich adaptiv zu verhalten, d.h. sich im Bedarfsfalle zu vermehren und danach wieder den alten Zustand einzunehmen. Zur raschen und endgültigen Beseitigung des Antigens muß eine Zellvermehrung stattfinden, der Klon muß auswachsen. Wie verhält sich das im einzelnen?

Hierbei wird die erste Zelle, die aufgrund des Antigenkontaktes und des Signalempfangs aus der Reihe der Zytokine einen aktiven Stoffwechselvorgang einleitet, zur Mutterzelle einer gesamten Familie, die sich aus vielen nacheinander ablaufenden Teilungsschritten und Differenzierungsstufen ergibt. Für die Differenzierung der Zellen ist die Gegenwart des Antigens, für die Vermehrung der Zellen die der entsprechenden Zytokine erforderlich. So wandelt sich die Mutterzelle um in eine Reihe anderer Zellen; am Ende dieser Reihe stehen die

Effektorzellen, welche die Arbeit der Antigenelimination verrichten. Die Tatsache, daß aus einer Mutterzelle über sehr viele Tochterzellen eine Vielzahl von Arbeitszellen entstehen, ist jedoch nicht nur von numerischem sondern auch von qualitativem Wert. Im vorliegenden Zusammenhang geht es weniger darum, auf welche Art und Weise die nun vielfach vorhandenen Zellen ihre Aufgabe der Antigenelimination lösen; es soll vielmehr dargestellt werden, auf welchen Pfaden sich die Immunantwort bewegt, bis sie zu den ausdifferenzierten Arbeitszellen findet.

Welche Pfade werden beschritten?

Grundsätzlich gleichen sich auch hier die jeweiligen Abläufe. Obwohl sich die einzelnen Zellen bereits ohne Teilung äußerlich in ihrem Stoffwechselverhalten ändern können, sind die entscheidenden Fortentwicklungen ohne Teilungsschritte nicht möglich. Wieviele Teilungsschritte letztlich – um beim Beispiel der Feuerwehr zu bleiben – vom Anruf bis zum Bespritzen des Feuerherdes liegen, läßt sich nicht genau sagen, jedoch durch eine einfache Rechnung annähernd beschreiben.

Ausgehend von der Tatsache, daß ein ausgewachsener Klon etwa 10 000 Einzelzellen umfaßt und jeweils von einer einzigen Mutterzelle stammt, sind durchschnittlich vierzehn Teilungsschritte erfolgt. Dies gilt nur bedingt, da ein Klon insbesondere bei einer aktuellen Sensibilisierung deutlich mehr Zellen aufweisen kann und auch nicht alle Zellen jeweils den gleichen Weg zurücklegen, muß im Durchschnitt mit einer höheren Teilungszahl gerechnet werden, bis die Effektorzellen vorliegen. Da die Zellen in den unterschiedlichen Entwicklungsstufen zufolge der verschieden ausgeprägten Oberflächenstrukturen auseinander gehalten werden können, ist es gelungen, die Abfolge der einzelnen Typen festzulegen. Am besten gelingt dies mittels monoklonaler Antiseren, die sich an ganz bestimmte Merkmale in der Zellmembran heften und so die Identifizierung jeder einzelnen Zelle ermöglichen. Eine vorläufige Bezeichnung der Zellvarianten lautete zunächst OKT; jetzt sind sie mit dem Begriff CD (clusters of differentiation, Differenzierungsgruppen) belegt. Doch auch die CD sind noch nicht endgültig definiert, so daß die gegenwärtige Einteilung von CD 1 bis CD 40 noch manche Wandlung erfahren dürfte.

Das Zytokin Interleukin I (IL 1), mit dem die antigenpräsentierenden Zellen, insbesondere die Makrophagen, der Induktion des Immunsystems letztlich auf den Weg verhelfen, wird auch als ‚Monokin' bezeichnet, da es aus den Monozyten stammt. Das IL 2, aus der Immunzelle selbst stammend, wird den Lymphokinen zugeordnet, da es von den Lymphozyten produziert wird. Die Bezeichnung richtet sich somit nach dem Produktionsort. IL 2 weist in der Wirkungsart eine Besonderheit auf, da es offenbar von ein- und demselben Zelltyp produziert und als Signal wieder aufgefangen wird. Dies ist merkwürdig, sind doch Botenstoffe stets dazu da, Signale von einer Zelle einer anderen weiterzureichen. Hier aber handelt es sich um einen autokrinen Vorgang, der einer Selbststimulation der Zelle entspricht und unnötig scheint: Eine Zelle sollte zur eigenen Aktivitätssteigerung schon in ihrem Inneren über eine solche Signalverarbeitung verfügen. Dies gilt um so mehr, als sich im Inneren dieser im Rahmen der Immunantwort am Anfang stehenden Immunzellen ein spezieller Rezeptor für das IL 2 bildet, der dann aber erst später wie eine Antenne ausgefahren wird, um an der Zelloberfläche die Botschaft entgegenzunehmen.

Obgleich auch hier unzählige Einzelheiten bekannt sind, verbirgt sich noch immer der tiefere Sinn dieses Geschehens. Immerhin gestatten die nunmehr bekannten Daten doch einige Spekulationen, die sich nahtlos in das Gefüge des gesamten Immunsystems einordnen lassen. So stellt sich heraus, daß IL 2 nicht unbedingt auf nur eine einzige Zellvariante einzuwirken vermag; auch andere Zellen verarbeiten das Signal recht eindeutig. Außerordentlich wichtig ist freilich die Besonderheit der autokrinen Wirkung. Um dies zu verdeutlichen, sei auf die Streubreite bei der Bereitstellung von Zellen in der Natur hingewiesen. Würde sich jede Zelle entwickeln, ohne auf die Geschwisterzelle zu achten, so würden gewisse synchrone Vorgänge aufgegeben. Zu einem späteren Zeitpunkt, an dem die entscheidende Phase eingeleitet ist, würde kein rasch verfügbares einheitliches Konzept bereitgestellt. So aber animieren sich die Zellen quasi gegenseitig, und es ist recht unerheblich, ob eine Zelle eine etwas größere oder geringere Menge Zytokin produziert, die in der klonalen Entwicklung ausgeglichen wird. Dies erinnert an Szenen, in denen sich eine Mannschaft vor dem Angehen einer großen Aufgabe gegenseitig motiviert, so, wie wenn sich die Feuerwehrmänner vor dem Ausrücken an den Katastrophenherd nochmals gegenseitig umarmen, auf die Schulter klopfen oder die Hände reichen.

Aber auch solche Gebärden müssen in irgendeiner Form begrenzt sein, soll ein unnötiges und schädliches Übergehen auf andere Gruppen verhindert werden. Schließlich muß nochmals daran erinnert werden, daß die Zytokine insofern unspezifisch sind, als sie unabhängig von der Art des Antigens jeweils gleiche Struktur und gleiche Wirkung entfalten. Somit könnten in einem derartigen Zusammenhang auch Zellen eines anderen Klons von einer solchen Botschaft erfaßt werden und sich vermehren, lediglich weil sie in der Nähe sind. Selbst wenn diesen das Antigen als Differenzierungssubstanz fehlt, würde die Vermehrung auf simple Weise Energie verzehren. Zytokine haben deshalb eine sehr kurze Halbwertszeit, die es gewährleistet, daß sie nur am Ort der Antigenpräsentation und der Induktion der Immunreaktion eine substantielle biologische Wirkung entfalten.

Schließlich bewirkt der autokrine Charakter der Botschaftsübermittlung raschestes Ansprechen und damit eine explosionsartige Vermehrung der klonalen Reaktion. Daraus resultiert ein Zeitgewinn, da die gefährlichen Antigene ihrerseits vermehrungsfähig sind. Davon ausgehend, daß eine Immunzelle immer eine Antigeneinheit beseitigen kann, muß die Teilungsrate des Immunsystems größer sein als die der Antigeneinheit, um die Situation zu beherrschen durch endgültige und rasche Elimination des Schadensfaktors. Hierfür wird ein eigener Zelltyp abgestellt, der die Bezeichnung ‚Helfer-Zelle' trägt. Diese Zellen vermehren sich nicht nur selbst, sondern bringen insbesondere ihre zahlreichen anderen Geschwisterzellen auf den Weg zur Entwicklung zur Arbeitszelle.

Die geschilderten Vorgänge würden nach einem kurzen explosionsartigen Aufblühen einen raschen Kollaps des Zellklons bedingen, da mit der autokrinen Vermehrung ein Circulus vitiosus einen unkontrollierten Vorgang einleitete. Doch gibt es Gegenspieler, die über noch nicht näher definierte Hemmstoffe genau das Gegenteil bewirken, d.h. eine Minderung der Zellteilung und Zellaktivität. Sie werden sinngemäß als ‚Hemmzellen' oder auch als ‚Suppressor-Zellen' bezeichnet und bremsen die Expansion eines Klones. Ohne sie würde der Organismus mit den Geschwisterzellen eines einzigen Klones überflutet, was zu Lasten aller anderen Klone ginge. Freilich müssen die Helferzellen *vor* den Suppressor-Zellen vorhanden sein, wie man erst Gas geben und dann bremsen muß, um ein Fahrzeug zum Brandherd zu bewegen.

Hinsichtlich der Entwicklung dieser übergreifend als ‚Regulatorzellen' bezeichneten Helfer- und Suppressor-Zellen gibt es verschiedene Vorstellungen. So wäre es möglich und in gewisser Weise auch materialsparend, wenn beide Zelltypen aus einer einzelnen Zelle hervorgingen, wobei sich zunächst eine Helfer-Zelle entwickelt, die im Rahmen ihrer Alterung schließlich in eine Suppressor-Zelle übergeht. Nach anderen Befunden entstehen beide Zelltypen jeweils für sich und lediglich zeitlich versetzt. Dabei würde dann letztlich das numerische Verhältnis zueinander entscheiden, ob eine Immunreaktion in Gang kommt oder blockiert wird. Somit mußte sich ein stetig wandelndes Verhältnis abzeichnen, was auch der Fall ist. Tatsächlich finden sich im Blut jeweils doppelt soviel Helfer- wie Suppressor-Zellen – ein mögliches Abbild des Aktivitätsquerschnitts des gesamten Immunsystems. Obgleich das Immunsystem dann mehrere Zelltypen jeweils auch auf klonaler Ebene vorrätig halten müßte, wäre über eine Regulation ein begrenzter Aufwand ausreichend, indem einige *wenige* Regulatorzellen auf eine *große* Anzahl von Immunzellen einwirken. Aufgrund der Abstimmung auf den Einzelklon wäre auch die unspezifische Wirkung der Zytokine auf Nachbarklone unproblematisch. Eine Fernwirkung kann dann ausgenutzt werden, so daß einige wenige Regulatorzellen tatsächlich einen riesigen und im gesamten Organismus verteilten Pulk von Geschwisterzellen zentral kontrollieren.

Dies alles spielt sich innerhalb weniger Tage ab. Die überwiegende Mehrzahl der Lymphozyten auch innerhalb eines Klones lebt nur wenige Tage. Die Immunreaktion wäre damit verloschen und müßte bei jedem Antigenkontakt, auch wenn es der gleiche wäre, erneut induziert werden. Die Information wird jedoch bewahrt in einer Gruppe langlebiger Zellen, die separat differenzieren und das immunologische Gedächtnis repräsentieren. Sie werden daher als ‚Gedächtniszellen' oder ‚Memory cells' bezeichnet. Weil auch dies auf klonaler Ebene erfolgt, stellen sie neben den Regulatorzellen und den Effektorzellen eine weitere, eigens für die Immunreaktion und die spätere Bereitstellung ausdifferenzierte Zellform dar. Auch das beste immunologische Gedächtnis ginge jedoch allmählich verloren durch Absterben einzelner Gedächtniszellen, wenn nicht in gewissen Abständen erneute Antigenpräsentation diesen Vorgang aufhielte und das Gedächtnis erneuerte – wie im Alltag: Nach anfänglichem Üben wird eine Handlung beherrscht; wenn nicht weiter geübt wird, so vergißt man allmählich den Ablauf der Handgriffe.

Beim zweiten und jedem weiteren Antigenkontakt laufen die Vorgänge ähnlich ab. Mit den Gedächtniszellen entstehen wiederum Regulatorzellen, Arbeitszellen und neue Gedächtniszellen. In diesem Falle ist jedoch das Wesentliche, die Induktion der Immunreaktion, sozusagen bereits abgelaufen, wodurch sich der Vorgang beschleunigt. Aus diesem Grunde ist auch die Zeit zwischen Antigenkontakt und erkennbarer Immunreaktion deutlich kürzer. Sie ist zugleich auch wesentlich ergiebiger, weil nicht nur eine Mutterzelle vorliegt, aus der sich dann später die Effektorzellen bilden müssen, sondern eine Reihe von Gedächtniszellen einen mehrfachen Start erlauben und dadurch die erforderliche Zellzahl entsprechend früher erreicht wird.

Das Geschilderte spielt sich, nicht zu vergessen, auf klonaler Ebene ab. Dies bedeutet eine Begrenzung zunächst auf eine einzige Zellfamilie. Daraus geht hervor, daß diese Vorgänge sowohl auf der T-Zell-Seite als auch auf der B-Zell-Seite eine eigenständige Entwicklung durchlaufen. Aufgrund von Querverbindungen können die T-Zellen auf die B-Zellen einwirken. Auf diese Art erweist sich das T-Zell-System als das dominierende Element im Immunorgan. Es mögen auch Rückwirkungen von den B-Zellen auf die T-Zellen vorkommen, doch stehen sie völlig im Hintergrund und sind noch nicht ergiebig erforscht. Die beiden Bereiche des Immunsystems, zu denen sich noch die nicht einzuordnenden NK-Zellen (NK = natürliche Killerzellen) gesellen, führen zu unterschiedlichen Effektorzellen. Da es auch hier unterschiedliche Varianten gibt, ist die Zahl der an der Beseitigung des Antigens beteiligten ausdifferenzierten Zellen wiederum höher.

Wohin kann die Immunantwort führen?

Am Ende der Immunantwort weisen die T-Zellen mindestens zwei Differenzierungsstufen auf. Allgemein akzeptiert und am wichtigsten ist die zytotoxische T-Zelle. Sie wird entsprechend ihrer Funktion auch als ‚Killer-Zelle' bezeichnet, die hier im Gegensatz zu den NK-Zellen eine spezifische, antigenorientierte Aufgabe versieht. Von den anderen Effektorzellen ist vor allem die DTH-Zelle (DTH = delayed type of hypersensitivity oder verzögerte Überempfindlichkeit) zu erwähnen; weitere Varianten sind bislang nicht eindeutig identifiziert.

Aus den B-Lymphozyten werden die Plasmazellen, Fabrikationsstätte der Antikörper, bei denen es zu mehreren Zwischenstufen kommt und die unterschiedliche Immunglobulinklassen produzieren. Die früheste Form ist das IgD, welches nur bei den frühen Zelltypen gefunden wird, bevor noch ein Antigen mit ihnen Kontakt hatte, weshalb auch von einem ‚Immunglobulin der virgin B-cells‘ gesprochen wird. Dieses ist jedoch ohne größere Bedeutung. Auf dem Wege zur Plasmazelle kommt es zu einem Zwitter, der auch als ‚Lymphoplasmazellulär‘ bezeichnet wird. Er stellt die typische Produktionsstätte dar für das Immunglobulin IgM. Dieses steht gewissermaßen auf halber Strecke der Differenzierungsschritte und ist daher repräsentativ für die erste Phase einer B-Zell-Immunantwort. Auf dem weiteren Wege der Entwicklung kommt es zu einer intrazellulären Verschiebung der Schwerkettensynthese mit einem Umschaltmechanismus, der dafür sorgt, daß aus den IgM formierenden My-Ketten andere Schwerketten werden. Je nachdem, wohin die Umschaltung erfolgt, wird die Produktion umgestellt auf Alpha-, Gamma- oder Epsilon-Schwerketten. Dies bedeutet eine Produktion von IgA, IgG oder IgE bei den ausgereiften Plasmazellen. Im gleichen Zuge kommt die IgM-Produktion zum Erliegen. Der Wechsel der schweren Kette des Antikörpermoleküls ändert nichts an der Spezifität, weil leichte Kette und insbesondere die antigenbindende Region gleichbleiben. Das ist zwangsläufig so, vollzieht sich der Wandel doch innerhalb eines Klons.

Bei erstem Antigenkontakt wird noch sehr viel IgM produziert, das im Laufe der Immunantwort von den anderen Immunglobulinen IgA, IgG oder IgE abgelöst wird. Bei weiterem Antigenkontakt ist diese IgM bildende Phase deutlich verkürzt; es kommt so gut wie unmittelbar zur Produktion der reifen Immunglobuline IgA, IgG oder IgE. Dies hängt auch damit zusammen, daß die Gedächtniszellen schon einen Teil ihrer Entwicklung hinter sich gebracht haben und daher die Frühform, die IgM-Produktion, quasi übersprungen wird.

Bei einer Reihe von Antigenen wird sozusagen niemals die volle Reife der B-Zell-Immunantwort erreicht. Hier finden sich auch bei dauerndem Kontakt Antikörper der IgM-Klasse. Sie sind meist gegen Glykoproteine und Polysaccharide in Membranstrukturen gerichtet, etwa auch gegen Toxine von Bakterien oder die Hauptblutguppen A, B und AB, die ihrerseits Strukturähnlichkeiten mit der Bakterienwand aufweisen.

Auch IgA hat eine Besonderheit aufzuweisen: Es wird von Plasmazellen produziert, die vorzugsweise in Oberflächenbezügen des Organismus zu finden sind. Sie gehören den MALT (Mucosa ssociated lymphatic tissue) an und haben eine Affinität zu diesem System. Offenbar finden sie ihre Niststätte über Rezeptoren, für die sie an der Membran passende „Adressine“ besitzen.

Mit Bezug auf IgG ist zu bemerken, daß es hier vier unterschiedliche Subklassen gibt. Die sie produzierenden Plasmazellen sind verschieden verteilt und weisen eine unterschiedliche Synthetisierungsrate auf. Die Relation im peripheren Blut von IgG 1, IgG 2, IgG 3 und IgG 4 lautet etwa 60:30:6:4.

Unabhängig von den T- und B-Lymphozyten gibt es die NK-Zellen. Ihre natürliche Killeraktivität ist nach heutiger Auffassung semispezifisch, weil sie vorzugsweise Tumorzellen attackieren, ohne eine besondere Spezifität mit klonaler Reaktionsweise erkennen zu lassen.

Wodurch wird nun letztlich die Ausdifferenzierung einer Immunzelle bestimmt? Hier sind die offenen Fragen noch längst nicht beantwortet. Entscheidend für den Differenzierungsweg sind Natur und Präsentation des Antigens vom Ort des Antigenkontaktes. Wie schon in anderem Zusammenhang erörtert, scheinen Polysaccharide und Glykoproteine überdurchschnittlich die IgM-Bildung zu fördern, wogegen Antigene von Makroorganismen wie Pflanzen, Tiere, Pilze oder auch Parasiten vorzugsweise die IgE-Bildung stimulieren. Wo unterschiedliche Reaktionsweisen geläufig sind, wie an der Haut, scheinen die antigenpräsentierenden Zellen von Bedeutung zu sein; so wird angenommen, daß die dendritischen Zellen der Haut, die mit ihren Verzweigungen bis an die Oberfläche und in die Tiefe zu den Immunzellen reichen, je nach Art der Präsentation auf der einen Seite eine verzögerte Immunreaktion auf der T-Zell-Basis, auf der anderen Seite eine antikörpervermittelte Reaktion in der B-Zell-Reihe zu induzieren vermögen.

Zu betonen ist, daß die Immunantwort im Grunde genommen nie einseitig erfolgt, sondern sämtliche Varianten nebeneinander ausbildet. Dies bedeutet, daß ein Antigen auf der T-Zell- und auf der B-Zell-Seite stets mehrere Klone aktiviert. Ob die zelluläre oder die humorale Immunreaktion dominiert, hängt dann von den eben aufgezählten Umständen ab. Der Sinn des Immunsystems ist auch hier so zu umschreiben, daß alle Möglichkeiten ausgeschöpft werden müssen, um das Antigen zu eliminieren, wobei die jeweils günstigste Eliminationsart auch dominiert. Denken wir wieder an die Feuerwehr: Je nach Art des Brandes wird mit besonderen Mitteln dagegen vorgegangen, wobei für den unerwarteten Fall das gesamte übrige Rüstzeug bereitgehalten wird.

Gefahr erkannt – Gefahr gebannt

Nachdem die Immunreaktion induziert und eine Palette von Effektorzellen entstanden ist, sind alle Voraussetzungen für die Antigenelimination erfüllt. Sie erfolgt durch die sensibilisierten Immunzellen, wobei die T-Lymphozyten unmittelbar, die zu Plasmazellen umgewandelten B-Lymphozyten nur mittelbar über die Antikörper in Antigenkontakt geraten. Ist damit schon alles erledigt?

Immer wieder wurde betont, daß unser Organismus auch über phylogenetisch ältere Abwehrmechanismen verfügt und das Immunsystem erst eine junge Entwicklung darstellt. Dabei arbeiten diese beiden Einrichtungen keineswegs jeweils für sich allein, sondern bewältigen die Aufgabe gemeinsam. Querverbindungen wurden bereits im Zusammenhang mit der Induktion der Immunreaktion aufgezeigt: Die antigenpräsentierenden Zellen, insbesondere die Makrophagen, zeigen den Immunzellen das Antigen vor und gestalten auf diese Weise den ersten Schritt der Immunreaktion.

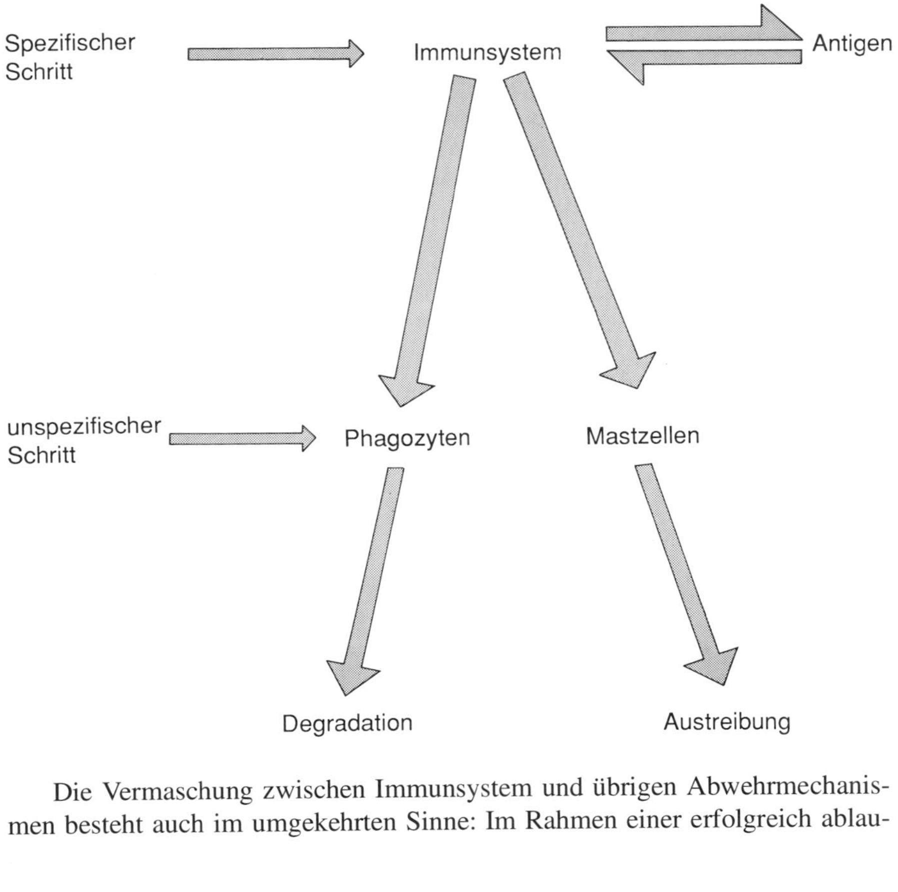

Die Vermaschung zwischen Immunsystem und übrigen Abwehrmechanismen besteht auch im umgekehrten Sinne: Im Rahmen einer erfolgreich ablau-

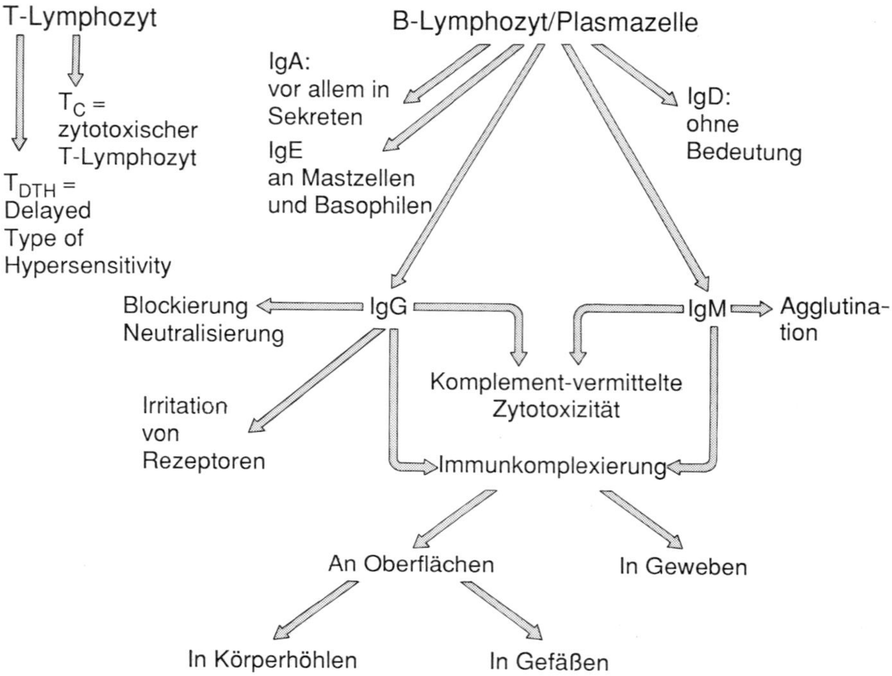

fenden Immunantwort werden gegen Ende des Geschehens wiederum unspezifische Abwehrmechanismen mit einbezogen bei der Elimination des Antigens. Sowohl T-Lymphozyten als auch Antikörper können diese Mittlerfunktion übernehmen. Die nicht-antigenorientierten Elemente stehen also am Anfang und am Ende einer erfolgreichen Immunreaktion, das Immunsystem liegt dazwischen und vermittelt den Ablauf. Dies führt zu einer gewissen Monotonie der Abwehrreaktion insofern, als sie jeweils unabhängig von der Natur des Antigens erfolgt und lediglich von der entsprechenden Effektorzelle des Immunsystems und allenfalls dem Ort des Geschehens geprägt wird. Dies wiederum ergibt so viele Varianten, daß die Zahl der Immunkrankheiten fast unbegrenzt ist. Im folgenden wird das Zusammenspiel der verschiedenen Bereiche unserer Abwehr dargestellt. Weiterhin werden die Möglichkeiten der verschiedenen Effektorzellen zur Antigenbeseitigung aufgezeigt.

Die zellvermittelte zytotoxische Reaktion

Sie ist zweifellos die wichtigste im Organismus, wenngleich nicht die häufigste. Aktives Element ist der zytotoxische T-Lymphozyt, der auf die Beseitigung

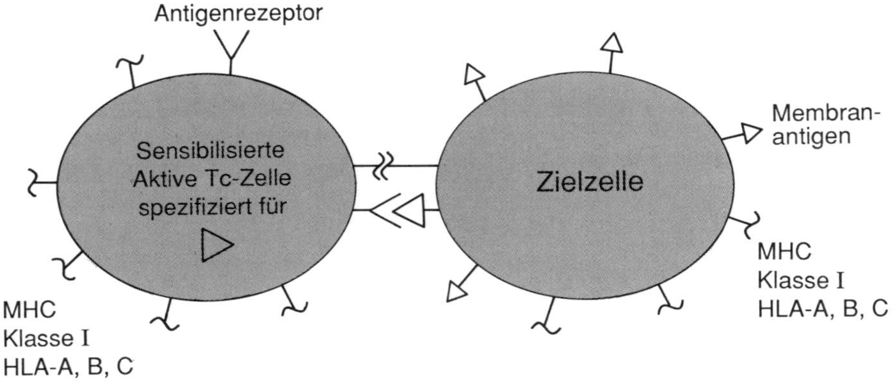

von virusinfizierten Zellen spezialisiert ist. Unter dem Einfluß des in das Genom des Kernes eingedrungenen Virus werden während der aktiven Phase neue Strukturen produziert, insbesondere Viruspartikel. Jedoch bilden sich im Zellkern, im Zytoplasma und an der Zelloberfläche auch andere Proteine aus. Die an der Membran erkennbaren Strukturen ähneln gewöhnlich dem Virus. Aus diesem Grunde wird die sensibilisierte T-Zelle, nachdem sie durch Präsentation des Antigens mittels einer entsprechenden Zelle aktiviert worden ist, hier ihr Antigen wieder erkennen. Dieser Vorgang findet am sogenannten T-Zell-Rezeptor, dem korrespondierenden Membranmerkmal des T-Zell-Klones, statt und muß in besonderer Form erfolgen.

Erinnern wir uns daran, daß das Immunsystem der Integrität des Organismus dient und veränderte Zellen beseitigen muß. Virusinfizierte Zellen mit solchen viruskodierten und virusinduzierten Antigenen an der Membran stellen entfremdete körpereigene Zellen dar. Die auf dieses Antigen ansprechenden Immunzellen überprüfen die körpereigenen Zellen ausschließlich auf Veränderungen, d.h. auf solche Virusantigene. Dies erfolgt analog der Antigenpräsentation wiederum im Verein mit HLA-Antigenen, diesmal aber der Klasse I, d.h. HLA-A, HLA-B und HLA-C. Die Immunzelle kann somit das Antigen nur zusammen mit diesen HLA-Gruppen erkennen, nicht als einzeln stehende Struktur.

Während bei der Antigenpräsentation das Antigen nur zusammen mit HLA-Gruppen der Klasse II erkannt worden ist, wird die virusinfizierte antigentragende Zelle jedoch nur dann als entfremdet wahrgenommen, wenn das Antigen zusammen mit der HLA-Gruppe Klasse I erkannt wird. Wären es jeweils die gleichen HLA-Gruppen, so würde bereits die antigenpräsentierende Zelle zerstört. So aber wird von ihr lediglich das Signal zur Immunantwort aufgenommen und die zerstörte Zelle dann über ein anderes Signal attackiert. Bei der Antigenpräsentation bilden sich insbesondere Merkmale der HLA-Klasse II an der Oberfläche aus, wogegen bei den virusinfizierten Zellen Merkmale der Klasse I ausgebildet sind.

Stößt nun eine solche zytotoxische Zelle auf die virusinfizierte Zielzelle, so sondert sie einen Stoff ab, der die Membran der infizierten Zelle lokal zerstört und dadurch den Austritt des Zellinhaltes ermöglicht, was zu deren Untergang führt. Diese enzymartige Substanz wird ‚Perforin' genannt.

Um nicht seiner mörderischen Substanz selbst zum Opfer zu fallen, muß der T-Lymphozyt eine entsprechende Gegenmaßnahme treffen. Während dieses aktiven Vorganges sondert die zytotoxische Zelle Substanzen ab, die in der Lage sind, Elemente der unspezifischen Abwehr anzulocken und am Ort des Geschehens festzuhalten, d.h. chemotaktische Faktoren und solche mit aktivierenden Eigenschaften. Zugleich wird die Wanderungsfähigkeit der einmal herangeeilten Zelle gehemmt, um sie an den Ort des Geschehens zu binden. Diese Zytokine werden u.a. als makrophagenaktivierende bzw. migrationsinhibierende Faktoren bezeichnet.

Der gesamte Vorgang dient der raschen Beseitigung der Zellen, die quasi in Form von Müll nach ihrem Untergang noch vorhanden sind. Gleichzeitig unterstützen die phagozytierenden Elemente der unspezifischen Abwehr das Immunsystem bei der Elimination der virusinfizierten Zellen. Dies alles ist ein ganz normaler Vorgang, wie man ihn bei jeder Virusinfektion antrifft.

Ein weiteres Element der zellvermittelten Immunreaktion ist die DTH-Zelle, die eine verzögerte Reaktion bewirkt (DTH = delayed type of hypersensitivity). Im Grunde genommen werden auch hier die Antigene von der entsprechenden T-Zelle erkannt und attackiert. Hier sind HLA-Gruppen des Gewebes offenbar mitbeteiligt. Klassisches Beispiel ist das Kontaktekzem oder die Dermatitis. Über die abgegebenen Faktoren ist in diesem Zusammenhang wenig bekannt. ‚Verzögert' wird die Reaktion deswegen genannt, weil zwischen dem Antigenkontakt und erkennbaren Veränderungen im Gewebe mindestens 48 Stunden vergehen. Dies liegt an der Trägheit, mit der die von den Immunzellen zusätzlich aktivierten Zellen mobilisiert werden. Klassisches Beispiel ist die Tuberkulinreaktion; möglicherweise werden auch Transplantatreaktionen hierdurch mitgetragen. Wiederum ist das Ziel eine beschleunigte Beseitigung anfallenden antigenen Materials, wozu neben den Immunzellen auch andere Freßzellen engagiert werden. Analog der Tuberkulinreaktion sind manche granulomatösen Veränderungen durch Pilze und Mykobakterien einzustufen.

Bei der Betrachtung von Antigen-Eliminationsmechanismen, die von B-Lymphozyten und Plasmazellen ausgehen, können diese Zellen selbst außer acht gelassen werden, weil sie das Antigen nicht beseitigen, sondern die dafür geeigneten Antikörper produzieren und sezernieren. Der Antikörper selbst ist ein totes Molekül, das in allen Bereichen des Organismus verteilt wird und dabei gegebenenfalls noch gewisse Veränderungen erfährt. Die Effizienz am Ort des Antigens ist nicht mit einer Bindung desselben erschöpft; die biologische Aktivität geht vielmehr darüber hinaus durch die Einbeziehung weiterer Mechanismen, die zur beschleunigten Abräumung des so entstandenen Immunkomplexes gedacht sind. Da dies von der Immunglobulinklasse, dem Ort der Begegnung von Antigen und Antikörper sowie von dem Ort abhängt, an dem dieser Komplex im Organismus strandet, ergeben sich verschiedene Varianten, die im einzelnen dargestellt werden. Was ist also Besonderes an diesen Dingen, wo doch letztlich die Bindung des Antigens jeweils an der hierfür vorgesehenen Stelle des Antikörpers stattfindet und wie geht es dann weiter?

Wo ist der berühmte kleine Unterschied?

IgD ist ein aus klinischer Sicht wenig bedeutendes Immunprotein. Zumindest ist keine Erkrankung bekannt, die durch Antikörper dieser Immunglobulinklasse ausgelöst wird. IgD ist nur wichtig, wenn es von einem bösartigen Immuntumor, dem Plasmozytom, produziert wird, so daß es unter den Eiweißkörpern des Blutes hervortritt und als Paraprotein erkennbar wird. IgD ist vor allem in der Membran und im Zytoplasma ganz junger B-Lymphozyten zu finden. Da diese Zellen noch keine antigene Stimulation erfahren haben und sozusagen ihrem Partner noch nicht begegnet sind, werden sie auch als ‚virgin lymphocytes' bezeichnet.

Die Antikörperklasse IgA weist wenig pathogenes Potential auf. Gemessen an dem Schaden, der durch diese Immunglobulinklasse bedingt wird, steht es im Zusammenhang mit Immunkrankheiten an letzter Stelle. Dies liegt u.a. an der mangelnden Fähigkeit, Komplement in nennenswertem Maße zu binden und zu aktivieren. So wurde lediglich bei blasenbildenden Hautkrankheiten und bei der IgA-Nephritis dieser Antikörpertyp mit der Erkrankung identifiziert. Eine wichtige Aufgabe von IgA ist der Schutz der Oberflächen. In großen Mengen wird es vor allem in drüsigen Organen abgesondert, in deren Sekreten es enthalten ist. IgA kommt vor allem in den Speicheldrüsen, den Tränendrüsen aber auch in vergleichbaren Gebilden der Atemwege und des Magen-Darm-Kanales vor. Zu finden ist es aber auch im Urogenitalsystem; die ableitenden Harnwege benötigen aufgrund des permanenten Spüleffektes durch den ausfließenden Harn jedoch weniger immunologischen Schutz und weisen deshalb weniger IgA auf als die Genitalien, die externen schädlichen Faktoren stärker ausgesetzt sind. Ein besonders hoher IgA-Anteil ist auch in der Muttermilch zu finden, so daß die laktierende Mama einem immunologischen Sekretionsorgan entspricht. Der trinkende Säugling übernimmt zunächst das IgA von der Mutter und erfährt auf diesem Wege einen Schutz seines eigenen Magen-Darm-Kanals. Auch aus diesem Grund wird für eine möglichst lange Brustmilchernährung plädiert, zumal Antikörper sich nicht vermehren können und verlorengehen. Deshalb sollte die Leihimmunität möglichst lange aufrecht erhalten werden, bis das Immunsystem des Säuglings diese Aufgaben übernehmen kann.

Damit möglichst viel IgA in die Oberflächensekrete übertritt, befinden sich sehr viele IgA-bildende Plasmazellen an der Oberfläche. So wird vermieden, daß ein größerer Anteil des IgA, das sich nach der Ausschleusung aus der Zelle nicht aktiv bewegen kann, sondern durch Diffusionsdruck oder in der Zirkulation verteilt wird, nur zu einem kleinen Anteil ins Blut und zu einem großen in die Ausführungsgänge der Drüsen gelangt. Freilich ist sicherzustellen, daß die etwa in den Magen-Darm-Kanal übertretenden Antikörper nicht verdaut und damit wertlos werden. Bei der Diffusion und Exkretion durch die Epithelverbände wird IgA deshalb mit einem Protein versehen, das die an der Oberfläche gelegenen Zellen produzieren. Es wird als Sekret- oder Transportstück („secretory piece" oder „transport piece") bezeichnet. Das nunmehr vorliegende IgA heißt ‚sekretorisches IgA'. Es kann nicht mehr von den Verdauungsenzymen zerlegt werden. Die übrigen Immunglobuline indes werden verdaut. Dies ist der entscheidende Grund dafür, daß in den Sekreten IgA dominiert. In der Muttermilch ist es das einzige Protein, welches nicht verdaut wird und zum Schutz des kindlichen Darmes erhalten bleibt. Das sekretorische IgA kann also sogar extrakorporal Antigene binden. Wer auf den Boden spuckt, kann die dort vorhandenen Antigene komplexieren. Auch das Belecken der Wunden von Tieren bildet einen vielfältigen Schutz, der teilweise dem sekretorischen IgA zu verdanken ist.

IgE ist ein Antikörper, der anaphylaktische Reaktionen vermittelt. Dazu gehören Asthma bronchiale, Urtikaria und die sogenannten klassischen allergischen Formen der Rhinitis, Konjunktivitis und Gastroenteritis sowie der anaphylaktische Schock. Diese dramatischen Ereignisse werden von Mediatorsubstanzen ausgelöst. Zunächst fixiert sich das IgE an Oberflächen von Mastzellen und Basophilen so, daß die antigenbindenden Arme hinaus ins Freie ragen. Die Zellen gleichen Polypen mit Fangarmen, bereit, das Antigen zu greifen. Wenn nun eine Antigenbindung derart eintritt, daß zwei benachbarte IgE-Moleküle gleichzeitig vom selben Antigen besetzt werden und dadurch eine Art Brückenschlag entsteht, dient dies als Signal für die Freisetzung der in der Zelle enthaltenen Mediatoren. Wichtigste Substanz ist hier das Histamin, gefolgt von Leukotrienen und Serotonin. Sie bedingen eine Kontraktion der glatten Muskulatur, insbesondere der der Bronchien und des Darmes, eine Weitstellung der Kapillaren und eine Vermehrung von besonders zähem Schleim. Da die Mediatorsubstanzen schon in der Zelle enthalten sind und die Ausschüttung sofort eintritt, setzt die Symptomatik nach Antigenkontakt blitzartig ein. Hiervon leitet sich die Bezeichnung Soforttyp (immediate type of hypersensitivity) ab. Bekannteste Beispiele sind etwa Auftreten von Asthma unmittelbar nach Kontakt mit den entsprechenden Antigenen oder der anaphylaktische Schock nach Injektion eines Arzneimittels oder nach einem Bienenstich. Dank zahlreicher abbauender Enzyme klingen die entsprechenden Symptome rasch wieder ab. IgE-bildende Plasmazellen sind an Oberflächen in besonders dichter Anordnung vorhanden, da IgE die von außen eindringenden Antigene schon an der ersten Front im Organismus binden soll. Damit dies nicht schon bei einer vielleicht zufälligen Berührung erfolgt, ist auch hier als Sicherheitseinrichtung eine gleichzeitige Bindung zweier verschiedener benachbarter IgE-Moleküle notwendig. Die entspeicherten Mastzellen und Basophilen gehen nicht zugrunde, sondern füllen sich erneut mit Mediatorsubstanzen bis zur nächsten Entspeicherung.

IgG ist ein fast überall funktionstüchtiger Antikörper, der den Großteil der Antigenbindung übernimmt. Dementsprechend vielfältig sind die Eliminationsmechanismen. IgG wird sogar durch die Plazenta in den Kreislauf des Föten transportiert, wozu ein aktiver Mechanismus in der reifen Plazenta beiträgt, der den intravasalen und ubiquitären Immunschutz für das Neugeborene gewährleistet. Die Reaktionsabläufe unter dem Einfluß des IgG werden von der Fähigkeit zur Komplementbindung- und Aktivierung bestimmt. Komplement ist ein den Gerinnungsfaktoren vergleichbares System, das kaskadenförmig aktiviert wird. Entscheidend ist die Initialzündung. Sie kann nur dann erfolgen, wenn das IgG-Molekül Antigen gebunden hat, wodurch eine Aktivierung durch freie Antikörper vermieden wird. Auch hier sind weitere Sicherungen eingebaut (s. S. 17 f.).

Begegnen sich Antigen und IgG in den Geweben, so werden Granulozyten und Makrophagen angelockt, die einen Rezeptor für solche antigentragenden Antikörper und das Komplement aufweisen. Die Folge ist eine Anschoppung von Zellen, eine Entzündung. Dadurch wird das Antigen rasch beseitigt. Dieser Prozeß beginnt einige Stunden nach der Antigenbindung durch den Antikörper und ist nach einigen Tagen wieder abgeschlossen. Beispiele hierfür sind die Alveolitis oder der sterile Abszeß nach Injektion von Arzneimitteln.

Bindet der Antikörper an Membranen von Zellen, so durchlöchert die enzymatische Aktivität des Komplements die Zellwand mit der Folge des Zelltodes. Auf diese Weise werden Zellverbände zerstört, etwa Membranen in Lunge und Niere beim Goodpasture-Syndrom. Häufigstes Beispiel sind Hämozytopenien, wenn etwa an der Oberfläche Antigene von Antikörpern besetzt werden. Hämolytische Anämie, Leukopenien und Thrombopenien sind weitere Beispiele.

IgG kann auch Rezeptoren besetzen und irritieren, was zu Hyperaktivität oder zu Reaktionslosigkeit führen kann. Dadurch vermögen Antikörper andere Substanzen zu imitieren. So ist die Hyperthyreose dadurch bedingt, daß der Antikörper an einen Rezeptor bindet, an welchem sonst das schilddrüsenstimulierende Hormon fixiert. Bei der Zuckerkrankheit erreicht das Insulin den vom Antikörper besetzten Rezeptor möglicherweise nicht mehr. Ein Blockieren von Rezeptoren mit einer konsekutiven Phagozytose durch die über Komplement angelockten Phagozyten ist etwa bei Myasthenia gravis der Fall. Hier blockieren und zerstören IgG-Antikörper die Rezeptoren für das Azetylcholin. Blokkieren und Neutralisieren des Intrinsic factor führt zur perniziösen Anämie.

Am verzwicktesten wird die Situation, wenn IgG und Antigen sich im freien Raum begegnen und binden. Solang die daraus entstehenden Komplexe nicht an der Wand anstoßen, geschieht nichts. Erst nach deren Strandung an beliebiger Stelle kommt es zur Aktivierung großer Komplementmengen, zur Anlockung phagozytierender Elemente und damit zu einer Entzündung. In größeren Körperhöhlen folgt daraus eine Serositis, wie sie die Pleuritis oder Perikarditis darstellen. Formieren sich solche Immunkomplexe in den Blutgefäßen, so kommt es nach Eindringen der Immunkomplexe in die Gefäßwand zur Vaskulitis. Dies ereignet sich am häufigsten in Bereichen, in denen die Blutstrombahn sehr eng wird. d.h. meist im kapillaren Bereich. Dabei wird eine Erkrankung von Organen vorgetäuscht, obgleich lediglich die Gefäße, nicht aber das Parenchym betroffen sind. Häufigste Beispiele hierfür sind Glomerulonephritis, Dermatitis und Iridozyklitis, aber auch Synovitis und Erythema nodosum sind hier zu nennen. Die beschriebenen Vorgänge dienen alle der beschleunigten Elimination des Antigens. Da hier auch noch phagozytierende Zellen hinzutreten müssen, verzögert sich der gesamte Ablauf. Solche Reaktionen werden gewöhnlich einige Stunden nach Antigenbindung manifest und bilden sich einige Tage später wieder zurück.

IgM ist ein Antikörper mit ähnlichen Eigenschaften wie IgG. Er findet sich vergleichsweise früh bei der Immunreaktion und geht der Produktion der anderen Immunglobuline voraus. Er kann grundsätzlich die gleiche Leistung wie IgG erbringen, abgesehen davon, daß er aufgrund seiner Größe kaum die Kapillaren verläßt und auch die Plazentaschranke nicht zu überwinden vermag. Weiterhin hat IgM die Fähigkeit zur Agglutination, da es als Makromolekül auch große Partikel zu binden vermag. IgM als früher Antikörper zeigt übrigens auch an, ob eine Immunreaktion frisch ist oder schon längst abgelaufen: Findet sich der IgM-Antikörper, so ist der Antigenkontakt noch jung, bei IgG-, IgA- und IgE-Antikörpern liegt der Antigenkontakt schon länger zurück. Auch bei der Infektion im Uterus bildet der Föt zunächst IgM, was an einem erhöhten Spiegel im Blut der Nabelschnur nachweisbar ist, die derzeit häufigst geübte Diagnostik intrauteriner Infektionen.

Was ist eine Immunkrankheit?

Immunkrankheiten			
Reaktion	Ziel	Folge	Krankheitstyp
Überschießend Unnötig	harmlose Antigene = Allergene (Fremde und eigene)	Zerstörung Funktionsstörung	Hypersensitivitäts- Syndrome Klassische Allergie Abstoßungs- reaktion Infertilität Autoallergie / Autoaggression
Unzureichend primär = interne Störung sekundär = externe Störung	krankmachende Antigene belebte unbelebte	Ausbruch von Infektionskrank- heiten Tumorwachstum	Abwehrschwäche mit unzureichen- dem Infektions- schutz Krebskrankheit
ungezügelt	selten definierbar	Verdrängung und Behinderung protektiver Reak- tionen	Maligne Immun- proliferation Lymphome Plasmozytom u.a.m.

Das Immunsystem ist eines von zahlreichen Organen in unserem Organismus. Manche ihrer Erkrankungen lassen sich quantitativ bestimmen durch Messen oder Wiegen der für die jeweilige Funktion entscheidenden Parameter, bei anderen, beispielsweise den Gemütskrankheiten, ist ein solches Vorgehen kaum möglich. Zu welcher Gruppe gehört das Immunsystem?

Wie schon so oft, wird auch hier die Antwort nicht unmittelbar zu finden sein. Zunächst sei an die üblichen Fragen nach dem jeweiligen Befinden und somit nach den verschiedensten Organfunktionen erinnert, die sowohl oberflächlich als auch differenziert beantwortet werden können. So ist etwa die Erkundigung, wie es mit dem Herzen oder auch dem Laufen stehe, rasch zu beantworten. Gegebenenfalls sind die entsprechenden Funktionen auch an Ort und Stelle zu überprüfen, so durch Fühlen des Pulses, der beispielsweise kräftig und regelmäßig ist. Auch Äußerungen über Stuhlgang oder Seh- und Hörvermögen sind möglich. Die Frage nach dem Ergehen unseres Immunsystems ist freilich nicht zu beantworten, da wir es nicht bemerken. Allerdings trifft das auch auf die Schilddrüse zu, deren Aktivität ebenfalls nicht zu spüren ist.

Im Falle unserer Schilddrüsenfunktion sind wir jedoch sicher, daß die Unauffälligkeit der Tätigkeit dieses Organs auf lange Sicht nur als vollkommen harmonisches Arbeiten zu werten ist, wogegen die fehlende Möglichkeit, sich über den Zustand des Immunsystems augenblicklich einen Eindruck zu verschaffen, in gewisser Weise verunsichert.

Dieses Empfinden ist durchaus begründet. Wiederum ist der Vergleich zwischen Feuerwehr und Immunsystem heranzuziehen. Ein Ort oder ein Land, in dem man nie einer Feuerwehr begegnet, erlaubt zwei gänzlich entgegengesetzte Deutungen: zum einen kann überhaupt keine Feuerwehr vorhanden sein, zum anderen die Feuerwehr so dicht gestaffelt, daß sich größere Einsätze erübrigen. Diese Doppeldeutigkeit findet sich sehr häufig in der Immunologie, zumal das Immunsystem selbst mit den protektiven und den pathogenen Immunreaktionen zwei ganz konträre Tätigkeiten vereinigt.

Ursache dafür, daß eine Schilddrüsenerkrankung zwangsläufig zu Symptomen führt, eine Fehlreaktion des Immunsystems jedoch nicht, ist, daß die Schilddrüse unmittelbar auf Körperfunktionen einwirkt, das Immunsystem aber nur Reaktionen nach sich zieht, wenn es auf ein Antigen trifft. Die Manifestation einer Immunkrankheit hängt von der Antigenpräsenz ab. Eine Fehlreaktion des Immunsystems muß somit nicht zur Manifestation einer Erkrankung führen.

Die Anzahl der verschiedenen Immunkrankheiten ist nicht bekannt. Dies liegt sowohl an Überschneidungen zwischen unterschiedlichen Krankheitsgruppen als auch daran, daß manche hypothetische Immunkrankheit bislang bei noch niemandem gefunden wurde. Um entsprechende Gedankenspielereien zu konkretisieren, sei der Vergleich mit der Schilddrüse wieder aufgegriffen. Erkrankungen dieses Organs, die es in großer Zahl gibt, sind funktionell auf wenige Varianten zurückzuführen: Erkrankungen mit einer Überfunktion, solche mit einer Unterfunktion und schließlich eine bösartige Entwicklung in der Drüse selbst. Läßt sich dieser Ansatz auf das Immunsystem übertragen?

Tatsächlich gibt es bei funktioneller Betrachtungsweise nur zwei Erkrankungsvarianten, zu denen sich eine dritte gesellt. Ausgehend von der Tatsache, daß ein wohlreguliertes Immunsystem uns überhaupt nicht bewußt wird und auch nicht krank macht, geben nur zwei Varianten zu Befindensstörungen Anlaß. Im einen Fall wird die Erkrankung durch ein übermäßig arbeitendes, hyperreaktives und hypersensitives Immunsystem verursacht, das sich hier unnötigerweise engagiert, im anderen Falle durch ein nur unzureichend arbeitendes Immunsystem. All diese Fehlreaktionen des Immunsystems bedingen an sich freilich keine Erkrankung, sondern wirken vorbereitend für den Fall eines Antigenkontaktes. Derartige Immunkrankheiten stellen somit potentielle Krankheitszustände dar, deren Manifestation immer eine Antigenpräsenz voraussetzt. Damit steht das Immunsystem im krassen Gegensatz zu allen anderen Organen, bei denen Fehlverhalten über kurz oder lang zwangsläufig zu Symptomen und zu Krankheiten führen.

Eine weitere Gruppe wird durch maligne immunproliferative Prozesse konstituiert. Paradoxerweise vermag das Immunsystem seiner eigenen Kontrolle zu entkommen und proliferiert ungehemmt. Diese maligne Immunproliferation,

Hypersensitivität			
Mechanismus	Ziel und Folge xenogen	 allogen	 autolog
Tc = Zytotoxische Lymphozyten	Zerstörung von Zellen nach Infektion mit apathogenen Viren (z.B. Hepatitis B)	Transplantatabstoßung Allogene Infertilität Graft versus host disease	Autoaggression (autoimmune Hepatitis)
TDTH = verzögerte zellvermittelte Reaktion	Ekzem	Transplantatabstoßung Allogene Infertilität	Autoaggression (Multiple Sklerose)
IgD	Ø	Ø	Ø
IgA	Ø	Ø	IgA-Nephropathie IgA-Dermatitis
IgE Anaphylaxie	Klassische Anaphylaxie (Urticaria, Asthma, Akute Gastroenteritis, Schock)	Anaphylaktischer Schock nach Intimverkehr oder Applikation von Blutprodukten	Zyklische hormonabhängige Anaphylaxie
IgM Agglutination	Ø	Spermagglutination (allogene Infert.)	Spermagglutination (autoimmune Inf.) Kälteagglutinin-Krankheit
IgM/IgG humorale Zytotoxizität			
– im Gewebe	Ø	perakute Transplantatabstoßung	Pemphigus vulgaris Goodpasture-Syndrom
– isolierte Zellen	induzierte Hämozytopenien (Agranulozytose u.a.m.)	Fehltransfusionsreaktion Rhesus-Krankheit	Hämozytopenien (hämolyt. Anämie, M. Werlhof u.a.m.)
Immunkomplex-Krankheit			
– im Gewebe	Alveolitis Steriler Spritzenabszeß	Ø	Ø
– an Oberflächenbezügen			
– Serosa (Pleuritis, Perikarditis)	induzierte Formen (postinfektiös, Serumkrankheit)	„rheumatischer Formenkreis“	Postinfarkt-Syndrom SLE u.ä.
– Endothel (Kapillaritis)	induzierte Formen (postinfektiös, Serumkrankheit)		SLE u.ä.
IgG Blockierung	Insulinresistenz	Ø	Perniciosa Hemmkörperhämophilie
Rezeptorbindung	Ø	Ø	Thyreotoxikose Myasthenia gravis Intrinsic Asthma

Immunkrebs, führt ebenfalls nicht unmittelbar zum Tod, sondern schafft lediglich Verhältnisse, die mit dem Leben nicht mehr vereinbar sind.

Als ‚Immunkrankheit' wäre somit jede im Zusammenhang mit einer fälligen oder eingetretenen Reaktion des Immunsystems stehende Befindensstörung zu definieren. Entscheidend ist allerdings, ob der einzelne unter den veränderten Verhältnissen leidet; dann gilt er als Patient. Immunreaktionen, die mangels einer Antigenpräsenz keinen Schaden anrichten können, sind nicht als Krankheit zu bewerten. Für manche Immunologen stellt dies immer noch einen Streitpunkt dar, wobei die klinisch orientierten zu der hier vertretenen Meinung neigen. Würde man alle Individuen, die sensibilisiert sind und jederzeit Reaktionen zeigen könnten, sowie die mit einem schwächlich ausgeprägten Immunsystem Ausgestatteten grundsätzlich als ‚immunkrank' bezeichnen, so wäre ein Drittel der Bevölkerung als immunologisch krank zu betrachten. Werden jedoch die Kranken auf solche Individuen reduziert, die tatsächlich von Symptomen betroffen sind, so reduziert sich die Zahl auf etwa zehn bis 20% der Bevölkerung; dies scheint angemessen.

Die genannten drei Varianten einer Immunkrankheit sind zahlenmäßig nicht gleich verteilt. Den größten Anteil nehmen überschießende und unnötige Immunreaktionen ein, wogegen Immunmangelzustände und bösartige Prozesse deutlich in den Hintergrund treten.

Die hinsichtlich einer Systematik der Immunkrankheiten wichtigste Gruppe umfaßt die hypersensitiven Immunopathien. Darauf folgen Immunmangel und Defektzustände, schließlich ist die maligne Immunproliferation zu nennen. Jede dieser Gruppen läßt sich nochmals nach der Natur des Antigens, der Art der Immunreaktion oder der verantwortlichen Immunzellfamilie unterteilen. Da alle beliebigen Zellen des Immunsystems ursächlich beteiligt sein können, sind Symptomatik und Krankheitsbilder äußerst vielfältig, selbst wenn sich der Prozeß am gleichen Organ abspielt. Weiterhin können sämtliche Organe unseres Körpers von Immunkrankheiten betroffen sein, woraus sich wiederum gänzlich verschiedene Krankheitsbilder ergeben, auch wenn es sich um ein- und dieselbe Form der Immunreaktion handeln sollte. Da beliebige Kombinationen und Mischformen möglich sind, ist die genaue Zahl von Immunkrankheiten unbekannt – es mögen Tausende oder noch mehr sein. Viele wurden zunächst nach dem Erstbeschreiber, so beispielsweise das Sjögren-Syndrom oder die Werlhof-Krankheit, benannt. Aus alter Gewohnheit und Bequemlichkeit werden diese Bezeichnungen auch heute noch verwendet. In Zukunft wird sich sicherlich die exakte Definition des zugrundeliegenden krankmachenden Prinzips durchsetzen. Wie sollten die Schubladen beschriftet werden, worin künftig einmal die Immunkrankheiten einzuordnen sind?

Hypersensitive Immunkrankheiten

Ursache der hypersensitiven Immunkrankheiten ist, wie erwähnt, eine überschießende, ja insgesamt unnötige Aktion, die nicht schützt, weil das Antigen ohnedies keine Bedrohung darstellt, und daher ausschließlich schadet. Nur diese Immunreaktionen wirken unmittelbar krankmachend! Wegen der in diesem Bereich besonders störenden Schwächen der traditionellen Definitionen ist die Einteilung nach der Natur des Antigens für das grobe Verständnis günstig. Dies kann aber nur aus der Sicht des Immunsystems erfolgen, so daß in gewisser Weise die Histokompatibilität, d.h. der Verwandtschaftsgrad zwischen Herkunft des Antigens und dem erkrankten Organismus zugrunde gelegt wird. So betrachtet gibt es speziesfremde, speziesgleiche, aber individualfremde, und die körpereigenen Antigene. Speziesfremde Antigene wurden früher als ‚heterolog' bezeichnet, heute wird der Ausdruck ‚xenogen' bevorzugt. Es handelt sich dabei um künstliche Stoffe oder Naturstoffe. Hierunter fallen Pflanzen, Tiere, Pilze, Bakterien, Viren, Chemikalien im weitesten Sinne, also beispielsweise Medikamente, Farbstoffe und Kunststoffe. Die Anzahl der Antigene ist unbegrenzt.

Bei den Antigenen aus dem Bereich der Pflanzen- und Tierwelt kann das Immunsystem in beliebiger Weise aktiv werden – muß es aber nicht. Die im Gefolge einer überschießenden Immunreaktion auftretenden Krankheiten stellen hier die klassischen Allergien dar. Heuschnupfen, Pferdeasthma oder Nikkelekzem sind häufige und allgemein bekannte Beispiele. Seltener sind eine Zerstörung des Blutes im Rahmen einer Allergie gegen Medikamente oder eine Darmkrankheit bei Hypersensitivität gegen Bestandteile der Nahrung. Wiederum gibt es verschiedene Möglichkeiten und Krankheiten.

Bakterien, Pilze und Viren sind nach unserer landläufigen Meinung nicht ungefährlich, sie stellen tatsächlich bedrohliche Elemente dar, freilich nicht alle und nicht in jedem Fall. Häufig werden Bakterien durch unsere Abwehrelemente zerstört, so daß nur noch deren Trümmer längere Zeit im Organismus vorhanden sind. Stürzt sich eine überschießende Immunreaktion auf diese dann apathogenen Antigene, kann es jedoch ebenfalls zu Erkrankungen kommen, die Folgekrankheiten nach bereits abgelaufenen Infekten darstellen. Zu nennen sind hier die nicht seltenen Entzündungsreaktionen am Auge, am Herzen oder im Gelenk; häufigstes und klassisches Beispiel ist das akute rheumatische Fieber. Diese infektinduzierten Immunopathien, die den klassischen Allergien gleichstehen, selbst wenn sie im Moment nicht allgemein als solche gelten, werden erweitert durch analoge Immunopathien, die sich durch eine Immunreaktion gegen harmlose Vertreter richtet. Zahlreiche Bakterien, insbesondere solche, die unsere Haut und Schleimhäute besiedeln und mit denen wir gut leben, können bei einer auftretenden Immunreaktion Anlaß für entsprechende Erkrankungen wie infektinduziertes Asthma bronchiale sein.

	Ausmaß der Immunantwort und Folgen			
	Reaktionsstärke, Antigenbeseitigung			
Ziel/Antigen	keine	geringe	starke	sehr starke
pathogene vermehrungsfähige Faktoren (Mykobakterien, Masern u.a.m.)	Schutzlosigkeit mit tödlichem Ausgang	chronische Progredienz auf Dauer mit tödlichem Ende	zunehmender Schutz mit begrenzter Erkrankung Immunität	rascher Schutz keine Symptome Immunität (stille Feiung)
apathogene vermehrungsfähige Faktoren (Hepatitis B)	symptomloser Trägerstatus („Carrier“)	inkomplette Elimination und permanente Präsenz der Antigene chronisch, subakute Erkrankung	baldige und komplette Elimination des Antigens mit akuter, passagerer Erkrankung → verspätet, überstürzt = fulminant, letal → rasch, heftig = üblicher Verlauf Immunität	symptomlose Elimination des Antigens (stille Feiung) Immunität
apathogene anfallende Faktoren (Autoantigene)	Toleranz = Normalfall	Sensibilisierung ohne Symptome und Organschaden	Autoallergie Autoaggression	Maligne Autoaggression
apathogene vermehrungsunfähige Faktoren (Proteine, Medikamente)	Toleranz Gesundheit = Normalfall	Sensibilisierung ohne Symptome und Organschaden	Sensibilisierung mit faßbaren Folgen (Hypersensitivität, Allergie)	Fatale Elimination (Schock)

Seit sich gezeigt hat, daß wir mit einer Reihe von Viren ebenfalls gut leben können, ohne zu erkranken, und daß es in diesen Fällen nur dann zu Organstörungen kommt, wenn das Immunsystem fehlreagiert, sind auch solche Situationen als ‚hypersensitive Immunopathien‘ zu bezeichnen, die den Allergien gleichgestellt sind. Solches Denken ist ungewohnt und vielen fremd, entspricht aber der funktionellen Betrachtungsweise in der Immunologie und ist durch die vollkommene Übereinstimmung der Gesetzmäßigkeiten wie auch der therapeutischen Möglichkeiten – hier kann Hemmung der Immunreaktion paradoxerweise sogar helfen – bestätigt.

Bei den individualfremden, speziesgleichen Antigenen handelt es sich um Produkte oder Stoffe, die vom Menschen stammen. Hinsichtlich der Nomenklatur war in diesem Zusammenhang früher der Begriff ‚isolog‘ üblich; er ist heute durch ‚allogen‘ ersetzt. Allogen induzierte Immunopathien sind nahezu ausschließlich Folge einer künstlichen Situation, d.h., sie kommen nicht in der Natur vor und sind im Alltag Folge einer ärztlichen Maßnahme. Häufigstes und bekanntestes Beispiel ist die Bluttransfusion. Liegt nach vorheriger Austestung eine Übereinstimmung zwischen den Blutgruppen des Spenders und Empfängers vor, so daß dem Immunsystem das fremde Blut nicht als fremd erscheint, wird sie anstandslos toleriert. Bestehende Differenzen können jedoch zu Immunreaktionen führen mit Erscheinungsformen wie Nesselsucht, Asthma, Gelenkbeschwerden, Nierenversagen bis hin zum tödlich verlaufenden Schock. Bei Knochenmarkstransplantationen können umgekehrte Reaktionen auftreten, weil das übertragene Knochenmark als Matrix des Immunsystems sich gegen mögliche individualfremde Antigene des Empfängers richtet und ihn zerstört. Schließlich gehören zu den allogenen Immunopathien auch Abstoßungsreaktionen, die den Untergang übertragener Organe wie Nieren, Herz oder Leber bewirken. Diesen durch die moderne Medizin möglich gewordenen Sondersituationen stehen die natürlichen allogenen Irritationen des Immunsystems gegenüber. Wichtigstes und häufigstes Beispiel ist die Schwangerschaft, während der sich ein Individuum einnistet, das bei der Mutter aufgrund der vom Vater stammenden Merkmale eine Immunreaktion auslösen müßte, gäbe es hier nicht einige Besonderheiten zu bedenken. Doch finden wir gerade bei der Schwangerschaft eine exportierte allogene Immunopathie in Form der Zerstörung von Blutzellen des Föten auf der Basis von Antikörpern, die durch die Plazenta übergetreten sind; die Rhesuskrankheit ist hier der häufigste Fall. Sehr selten sind allogene Immunkrankheiten aufgrund einer Sensibilisierung des weiblichen Immunsystems gegenüber Spermien; nicht selten sind aber solche Interaktionen Ursache für Unfruchtbarkeit, die beim Zusammenleben mit einem anderen Partner somit möglicherweise nicht mehr gegeben ist.

Die beschriebenen allogenen Elemente sollen freilich alle dem Organismus nutzen und helfen: Blut und Blutprodukte sollen körpereigene Defizite ausgleichen, ein Transplantat den Verlust des eigenen Organes wettmachen. Aggressive Züge gewinnt allenfalls die Knochenmarkstransplantation bei reverser Reaktion. Obwohl das wachsende Kind vom Immunsystem der Mutter gegebenenfalls als bedrohlicher Faktor, einem Tumor gleich, angesehen wird, ist die Schwangerschaft für den Fortbestand der Art unabdingbar.

Die letzte Gruppe der hypersensitiven Immunopathien bilden diejenigen, welche auf einer Immunreaktion gegen körpereigene Bestandteile beruhen. Es handelt sich um eine Sensibilisierung gegenüber autologen Strukturen, die mit den Begriffen ‚Autosensibilisierung‘ und ‚Autoimmunität‘ bezeichnet wird; letztere ist nicht angemessen, da Immunität grundsätzlich positiv zu bewerten ist, im vorliegenden Zusammenhang das Konzept der Selbstzerstörung belegt. Sinngemäßer ist der Terminus ‚Autoallergie‘, zumal diese Immunreaktionen die Merkmale der Allergie aufweisen: Ziel sind jeweils harmlose, weil zum Organismus gehörende Strukturen. Wiederum können sämtliche Organe betroffen sein, wiederum alle Varianten der Immunreaktion dem Geschehen zugrunde liegen.

Immunmangel und Defektzustände

Auch diese zweite große Gruppe läßt sich gut gliedern und ist am besten aus der Sicht des Immunsystems zu bewerten. Abgesehen davon, daß verschiedene Schenkel der Immunantwort betroffen sein können, wie etwa die zellvermittelte oder die humorale Immunantwort, ist der entscheidende Gesichtspunkt, wovon die Störung ausgeht. Liegt die Ursache im Immunsystem selbst, so handelt es sich um primäre Erkrankungen. Sofern das Immunsystem per se funktionstüchtig ist, jedoch nur ungünstige Umstände die Immunantwort behindern, handelt es sich um sekundäre Formen. Auch Immunmangel und Immundefektzustände verursachen eine Erkrankung nicht unmittelbar, sondern bereiten allenfalls den Boden für Erkrankungen vor, die es bei intakter Immunantwort nicht gäbe. Sie können lebenslang unbemerkt bleiben, wenn die entsprechende Lücke des Immunsystems nie durch ein pathogenes Antigen in Anspruch genommen wird. So bleibt beispielsweise das Unvermögen, gegen Masernviren zu reagieren, verborgen, solange man nicht mit diesen Viren in Berührung kommt.

Maligne Immunproliferation

Sie weist die schlechteste Prognose auf. Hierbei handelt es sich um das ungezügelte und dadurch auch bösartige Wachstum einzelner Zellfamilien. Der monoklonale Charakter bleibt erkennbar, wenn es sich um antikörperbildende Zellfamilien handelt, indem dann monoklonale Produkte im Sinne von Paraproteinen in die Zirkulation gelangen. In den anderen Fällen kann sich dahinter ein Lymphom oder eine lymphatische Leukämie verstecken; auch so seltene Erkrankungen wie Mucosis fungoides oder das Sézary-Syndrom sind hier zu nennen. Selbst diese maligne Immunproliferation stellen kein tödliches Leiden dar, sondern bereiten den Boden für Störungen anderer Organsysteme, die dann zum Tode führen.

Festzuhalten ist, daß lediglich eine Betrachtung des Immunsystems unter funktionellem Aspekt ein der angewandten Immunologie angemessenes Verfahren darstellt. Auf diese Weise ist das vermeintliche Chaos der Immunkrankheiten zu systematisieren. Vor allen Dingen ist zu bedenken, daß, abgesehen von den malignen Formen, die Störungen der Immunreaktion sich nur dann als Krankheit äußern, wenn auch das entsprechende Antigen präsent ist. Die Dunkelziffer der Störungen ist schwer abschätzbar, wie es auch kaum möglich ist, die Zahl der Individuen mit Immunkrankheiten festzulegen. Nach Umfragen und den Diagnosestatistiken von Krankenhäusern und niedergelassenen Ärzten dürfte jeder Fünfte in Mitteleuropa eine Immunkrankheit aufweisen, zumindest potentiell immunkrank sein.

Im Alltag werden Immunkrankheiten nicht selten verkannt. Nur Allergien, die als Sofortreaktion imponieren, werden als solche erkannt. Viele Hypersensitivitätssyndrome werden übersehen oder in anderem Zusammenhang falsch eingeordnet. Ein weiterer Grund ist der Querschnittscharakter solcher Störungen, weil sich hier an unterschiedlichen Organen Schäden einstellen können, die nicht synoptisch bewertet werden. Schließlich fehlen typische Symptome für eine Immunkrankheit. Da alle Organe betroffen sein können, können die vielfältigsten Symptome, vom Juckreiz über Übelkeit bis zu Migräne oder Gelenkbeschwerden, aus einer Störung der Immunantwort resultieren. Dies bestätigt die Aussage: „In der Immunologie ist nichts unmöglich."

Gut gemeint mit schlimmen Folgen

Allergie / Hypersensitivität: Möglichkeiten einer Einteilung

nach Organbeteiligung:	Haut-, Darm-, Nasen-Allergie u.s.f.
nach Auslösefaktor:	Pollen-, Tierhaar-, Nahrungsmittel-Allergie u.s.f.
nach Mechanismus:	Antikörpervermittelte (IgE; IgG/IgM) Allergie Zellvermittelte Allergie
nach Histokompatibilität:	Fremd-Allergie (speziesfremd/xenogen; individualfremd/allogen) Eigen-Allergie (Autoallergie; Autoaggression)

Grundsätzlich erzeugt kein Organ durch Bereitstellung höherer physiologischen Leistung Schaden. Liegt dennoch eine derartige Situation vor, so beruht sie auf dem Einfluß eines anderen Faktors. Tritt beispielsweise eine Tachykardie bis zur Dekompensation auf, so ist sie stets Ausdruck einer anderen Störung, die diese Irritation auslöst; bei sportlicher Betätigung vorkommende Muskel- und Sehnenabrisse beruhen auf übermäßiger Anstrengung. Die paradoxe Situation, daß ein übermäßig ausgebildetes Organ eher von Nachteil ist, beschreibt der Volksmund, indem er meint, der Muskelprotz könne „vor Kraft nicht laufen“. Wie verhält sich dies beim Immunsystem?

Alle Immunreaktionen dienen prinzipiell der Aufrechterhaltung von Individualität und Integrität des Individuums, sind also lebenserhaltend. Dies zeigt sich in Situationen, in denen das Immunsystem weniger aktiv ist und so den Boden für das Auftreten maligner Zellen oder das Eindringen bösartiger Krankheitserreger bereitet. Ausnahmen finden sich nur, wenn die aktivierte Immunzellfamilie bösartig ist, d.h. bei Immunreaktionen im Rahmen maligner Prozesse. Alle anderen Immunreaktionen, die sich den physiologischen Gesetzen unterwerfen, sind sinnvoll. Lediglich das Ausmaß der Reaktion bestimmt den eventuellen Schaden: Ein aktives Immunsystem ist positiv zu bewerten, kann aber auch zu intensiv agieren. Auch die Feuerwehr, auf die wir keinesfalls verzichten dürfen, muß bei jedem Brand einschreiten, damit der Schaden möglichst begrenzt bleibt, kann dabei aber im Eifer der Löschaktion beispielsweise Wasserschaden verursachen. Übertragen auf das Immunsystem, kann im Verlauf der Immunreaktion ein. Immunschaden entstehen, der körpereigenes Gewebe betrifft. Dies ist gelegentlich nicht zu vermeiden und entspricht der Bemerkung Friedrichs II., man müsse, um den Feind zu schlagen, gegebenenfalls sogar eigenes Terrain opfern!

Würde nun die Feuerwehr wegen eines Flammen darstellenden Bildes gerufen und begänne mit ihren Löscharbeiten, so läge freilich eine komplette

Fehleinschätzung der Situation vor; die positiv zu bewertende Ausgangsposition würde vollkommen aufgehoben durch die im Rahmen einer solchen Aktion gesetzten Schäden. Gibt es auch so etwas im Immunsystem?

Überschießende Reaktionen des Immunsystems, die häufigste Form der Immunkrankheit, stellen in vielen Fällen eine rein graduelle Übersteuerung, d.h. eine heftige Immunreaktion dar, wo eine schwächere Reaktion ausgereicht hätte oder – wie häufig der Fall – aufgrund der ungefährlichen Situation keine Reaktion erforderlich gewesen wäre. Eine an sich überflüssige und unnötige Immunreaktion löst dann Symptome aus und verursacht damit eine Erkrankung. Bei Allergie und Hypersensitivität ist somit jeweils eine Immunreaktion gegen ungefährliche Antigene mit nachteiligen Folgen bzw. eine krankmachende Immunreaktion im Gange. Allergene sind somit harmlose Antigene.

Diese Definition beinhaltet alle entscheidenden Kriterien. Natur des Antigens oder der ablaufenden Immunreaktion sind dabei nicht erwähnt. Dies bedeutet zum einen, daß beliebige Antigene ursächlich in Frage kommen, sofern sie harmlos sind, zum anderen, daß Hypersensitivität und Allergie sowohl durch Lymphozyten als auch durch Antikörper vermittelt werden können. Die Definition besagt nicht, in welchen Organen die Reaktion abläuft und verweist nicht auf fernab des Krankheitsgeschehens zu findende Immunphänomene. Letzteres ist außerordentlich wichtig: Es geht nicht um die Immunreaktion an sich, sondern nur darum, ob sie krank macht. So ist niemand Allergiker, nur weil er Antikörper gegen ein Allergen im Blut aufweist, solange er nicht bei natürlicher Berührung mit diesem Allergen Beschwerden empfindet. Letztere sind nicht nur an Empfindungen des Berührungsorgans gebunden: Allergiker ist man beispielsweise dann, wenn beim Essen eines bestimmten Nahrungsmittels Zunge und Lippen anschwellen, aber auch, wenn später Nase und Zahnfleisch bluten, weil es zu einer hypersensitiven Thrombozytopenie gekommen ist.

Hypersensitivitätssyndrome und Allergien stellen also ein riesiges Feld dar, weil ungemein viele Kombinationen von Allergenen, Immunreaktionen und schließlich Manifestationsorganen möglich sind.

Wie lassen sich Hypersensitivitätssyndrome und Allergien systematisieren?

Bereits bei der Behandlung der Frage nach dem Wesen einer Immunkrankheit wurden die Hypersensitivitätskrankheiten aus der Sicht des Immunsystems eingeteilt. Demnach gibt es drei große Gruppen von Antigenen oder Allergenen: xenogene, die speziesfremder Natur sind (Pflanzen, Tiere, Chemikalien, ungefährliche Viren, Pilze, Bakterien und Bakterientrümmer); allogene aus dem humanen Bereich, jedoch individualfremd (Blut und Blutprodukte, Knochenmark, Spermien, Plazenta und weitere fötale Antigene) sowie autologe aus dem eigenen Körper.

Überempfindlichkeitsreaktionen – Definitionen

Symptome der Überempfindlichkeit beruhen auf unnötigen und überschießenden Reaktionen gegen harmlose Substanzen:

- Allergie/Hypersensitivität unter Beteiligung des Immunsystems
- Pseudoallergie ohne Beteiligung des Immunsystems unter dem Einfluß von der Immunreaktion zugeordneten Mediatoren
- Intoleranz auf dem Boden unzureichender Verarbeitung zugeführter oder freigesetzter Substanzen

Die positiv intendierte, aber schlimme Folgen provozierende Immunreaktion ist vielleicht am ehesten am Beispiel des Heuschnupfens zu verstehen. Hier will das Immunsystem durch die Allergie verhindern, daß die Pollen auskeimen und die Gräser aus der Nase wachsen. Auch Tierhaare und Tierschuppen repräsentieren Organismen, die dem Menschen durchaus gefährlich werden können. Dies gilt ganz besonders für Bruchstücke von Bakterien und Pilzen sowie für apathogene Viren. Obwohl es sich hier nicht um todbringende Elemente handelt, zögert das Immunsystem nicht lange und schlägt mit seinen Mitteln zurück, meist an den Organen, an denen die Antigene in den Organismus eindringen. Somit wird an Ort und Stelle auch das entsprechende Gewebe in Mitleidenschaft gezogen; dies ist dem bekannten Wasserschaden beim Feuerwehreinsatz vergleichbar. Selbstverständlich kann das Immunsystem nicht exakt zwischen ungefährlichen und schädlichen Faktoren unterscheiden, zumal es sich dabei auf kleinste Strukturen am Antigenrezeptor beschränken muß.

Mit Bezug auf Chemikalien ist es besonders schwierig, das Vorgehen des Immunsystems nachzuvollziehen. Welcher Sinn liegt etwa einer Jodallergie zugrunde, wo doch Jod für uns lebensnotwendig ist? Hier handelt es sich jedoch nicht um eine Allergie gegen das Jodatom, sondern gegen Jod, das in körperfremde Strukturen eingebaut ist. Noch schwieriger wird es für das Immunsystem, wenn es sich Bakterienbruchstücken gegenübersieht oder gar harmlosen Viren, weil keine Merkmale zur Diskriminierung von ‚harmlos' und ‚gefährlich' gegeben sind. Es ist im Grunde genommen sehr erstaunlich, daß unser Immunsystem dennoch die meisten harmlosen Antigene unbeachtet läßt. Allerdings muß die Entscheidung zwischen ‚gut' und ‚böse' schon im Vorfeld von den antigenpräsentierenden Zellen getroffen werden. Noch schwerer zu verstehen wird das Prinzip „gutgemeint mit schlimmen Folgen" bei den allogenen Allergien und Hypersensitivitätskrankheiten, zumal die Reaktion auf Blut und Blutprodukte, die Abstoßung von transplantierten Organen und die Vernichtung von Spermien oder der Plazenta keineswegs eine Abwehr gegen bedrohliche Elemente darstellt. Das könnte allenfalls für die Schwangerschaft gelten, während der quasi ein Tumor heranwächst. Die Reaktionen gegen diese individualfremden, aber speziesgleichen Antigene sind ungewöhnlich heftig, obgleich sie dem eigenen Organismus näherstehen als die speziesfremden; im menschlichen Alltag kommt es meist eher in der eigenen Familie zu Zwistigkeiten als mit dem Nachbarn.

Geradezu widernatürlich wirkt die autologe Hypersensitivität, weil hier harmloses körpereigenes Gewebe attackiert und zerstört wird. Dies erinnert an die häßlichste Form des Bürgerkriegs, wenn die Ordnungshüter harmlose Bürger liquidieren. Daher wird auch häufig der Begriff ‚Autoaggression‘ angewandt, der die Situation treffend beschreibt. Der ebenfalls eingeführte Begriff ‚Autoimmunität‘ ist hier nicht angemessen, weil ‚immun‘ grundsätzlich positiv zu bewerten ist. Neutral und sinngemäß korrekt ist hingegen die Bezeichnung ‚Autoallergie‘, weil auch hier ungefährliche Phänomene mit unangenehmen Folgen attackiert werden.

Da Hypersensitivitätssyndrome und Allergien derart unterschiedliche Bereiche umfassen, fällt es schwer, eine Einheitlichkeit zu konstatieren, insbesondere auch mit Bezug auf die schützenden Immunreaktionen. Unterscheidet sich denn die Allergie nicht von den anderen Immunreaktionen?

Die Antwort auf diese Frage lautet: nein. Bei Allergien arbeitet das Immunsystem ebenso konsequent wie bei der protektiven Immunantwort, von der Erkennung des Antigens durch die Präsentation von den dafür ausgebildeten Zellen über die Generation von Gedächtnis-, Regulations- und Effektorzellen. Eine Allergie ist eine normale Immunreaktion, allerdings mit falschem Ziel und unangemessener Reaktionsweise, was der Terminus ‚Hypersensitivität‘ verdeutlicht. Im folgenden werden die ursächlich verantwortlichen Formen der Immunreaktion dargestellt; zum Reaktionsablauf *vgl. S.* 67 f. u. 73 f.

Erkrankungen aufgrund zellvermittelter Immunreaktionen

Durch *zellvermittelte* Immunreaktion werden wenige Hypersensitivitätssyndrome ausgelöst. Am bekanntesten sind Ekzem und Kontaktdermatitis. Es handelt sich um eine xenogene Immunreaktion, wie bei den zytotoxischen Reaktionen, die virusinfizierte Zellen eliminieren. Im Zusammenhang mit Hypersensitivitätssyndromen gilt als typisches Beispiel nur die Hepatitis B, weil nicht dieses Virus selbst, sondern die Immunreaktion krank macht. Somit ist die Hepatitis B im Einklang mit der Definition als Infektallergie einzustufen. Hypersensitivitätssyndrom auf dem Boden der Zytotoxizität wie auch möglicherweise der verzögerten Immunreaktion ist die Transplantatabstoßung. Sie läuft in der einen Richtung ab bei der Zerstörung übertragener Nieren, Herzen oder der Leber, in der anderen Richtung nach Knochenmarkübertragung, wenn das darin eingebettete Immunsystem des Spenders den Empfänger zerstört. Autoaggressionsprozesse auf der Basis zellulärer Reaktion sind bei der Form der chronisch aggressiven Hepatitis bekannt und liegen möglicherweise auch bei anderen, durch T-Lymphozyten bedingten Autoallergien vor; hier wird aber in zunehmenden Maße ein der Hepatitis B vergleichbarer Mechanismus vermutet, so vor allem bei juvenilem Diabetes sowie bei demyelinisierenden Krankheitsprozessen wie Multipler Sklerose und wesensverwandten Erkrankungen.

Antikörperbedingte Immunerkrankungen

Die *antikörperbedingten* Immunreaktionen sind am dramatischsten, wenn sie durch IgE vermittelt sind. Sie laufen unmittelbar nach Antigenkontakt rasch und heftig ab. Die schwersten Folgen bewirkt der anaphylaktische Schock. Der Begriff ‚Anaphylaxie‘ geht auf eine Fehldeutung zurück: Der Tod von mit Seeanemonen traktierten Hunde wurde auf Schutzlosigkeit (Anaphylaxie) zurückgeführt, in Wirklichkeit handelt es sich jedoch um eine übermäßige und überstürzte Immunreaktion, so daß der Begriff ‚Hyperphylaxie‘ eher gerechtfertigt wäre. Doch werden heute alle von IgE ausgehenden Reaktionen als ‚anaphylaktisch‘ bezeichnet. Zu ihnen zählen Nesselsucht, Asthma bronchiale, Quincke-Ödem, Rhinitis, Konjunktivitis und anaphylaktische Gastroenteropathie sowie der anaphylaktische Schock.

Bei der IgE-vermittelten Reaktion stammen die Antigene am häufigsten aus der Pflanzen- und der Tierwelt; Reaktionen wie Heuschnupfen, Pferdeasthma und der anaphylaktische Schock nach Bienen- und Wespenstich sind hier anzuführen. Auch Nahrungs- und Arzneimittel sind häufige Allergene, die das Immunsystem in Richtung einer IgE-Antwort aktivieren. Allogene anaphylaktische Reaktionen sind selten; Schock nach Blutübertragung beruht auf einem anderen Mechanismus.

IgM und IgG lösen weitgehend identische Reaktionen aus. Am häufigsten sind sie vertreten bei Immunkomplexreaktionen, bei denen sich Konglomerate aus Antigen und Antikörper im Organismus verteilen und vor allem im kapillären Bereich zu Entzündungsreaktionen der Gefäße führen. Dies bedingt eine Funktionsstörung des versorgten Organes, so daß es zu Erkrankungen wie Nephritis, Dermatitis, Iridozyklitis oder Chorioiditis sowie zu Serositisformen wie Pleuritis, Endokarditis, Perikarditis und Arthritis bzw. Synovitis kommt. Erkrankungen auf dem Boden von Immunkomplexreaktionen, die zu Vaskulitis und Serositis führen, sind aus dem xenogenen Bereich die Serumkrankheit und wesensverwandte Prozesse sowie die sogenannten reaktiven Arthritisformen, die besser als ‚infektinduziert‘ bezeichnet würden. Sie beruhen auf einer Hypersensitivitätsreaktion gegenüber vermehrungsunfähigen Kapselsubstanzen und Stoffwechselprodukten der Keime. Hierzu zählen Erkrankungen, die nach bereits abgeklungenem Infekt aufflammen, so das klassische akute rheumatische Fieber. Infektionskrankheiten durch Yersinienbefall oder Gonokokkeninvasion, bei M. Whipple sowie, allerdings selten, nach einer Infektion der Zahnwurzel können solche Erkrankungen auftreten. Überdurchschnittlich häufig betroffen sind Individuen mit dem Merkmal HLA-B 27, die außer zu Arthritis auch zu Iridozyklitis neigen.

Aus dem autologen Bereich sind systemischer Lupus erythematodes und wesensverwandte Prozesse zu erwähnen, die Hypersensitivitätssyndrome sind, auch wenn dies ungewöhnlich klingt. Weitere Immunkomplexkrankheiten spielen sich in Geweben ab, so die hypersensitive Alveolitis, bestimmte Formen der interstitiellen Nephritis und der sterile Spritzenabszeß. Autologe Immunkomplexreaktionen, die im Gewebe ablaufen, sind bislang noch nicht gefunden worden.

Bedeutsam sind auch die zytotoxischen Reaktionen auf dem Boden einer antikörpervermittelten Zellyse oder Phagozytose. Hierzu zählen bei xenogener Hypersensitivität die arzneimittelinduzierten Hämozytopenien, d.h. Anämie, Leukopenie bis zur Agranulozytose und Thrombopenie nach Einnahme von gewissen Medikamenten oder – in seltenen Fällen – auch Sensibilisierung gegen Nahrungsmittel sowie im Rahmen von Infektionskrankheiten. Allogene Hypersensitivitätssyndrome betreffen Zytopenien nach Bluttransfusionen. Diese Form der Allergie kann auch exportiert werden; wenn in der Schwangerschaft das mütterliche Immunsystem gegen fremde Blutgruppenmerkmale der fötalen Erythrozyten sensibilisiert wird, gelangen Antikörper der IgG-Klasse durch die Plazenta in den Föt und zerstören dort die Blutzellen, so daß es zu schweren Schäden des Neugeborenen bis hin zum intrauterinen Fruchttod kommen kann. Klassische autologe Hypersensitivitätssyndrome der humoralen Zytotoxizität sind die autoimmune hämolytische Anämie und die autoimmune Immunthrombozytopenie. Eine besondere Form der antikörpervermittelten Zytotoxizität ist das Goodpasture-Syndrom, bei dem die Basalmembranen von Lungen und Nieren zerstört werden, so daß es zu Bluthusten, blutigem Harn, Fieber und Atemnot kommt. Beim Pemphigus entstehen die Blasen durch Zerstörung der Interzellularbrücken.

Durch IgM vermittelte hypersensitive Syndrome sind nicht häufig. Auf dem Boden einer xenogenen Sensibilisierung gibt es keine nennenswerten schädlichen Folgen, wohl aber bei allogener Sensibilisierung. So kommt es bei der Transfusionsreaktion nach Übertragung von inkompatiblem Blut zur sofortigen intravasalen Agglutination mit Hämolyse und durch die Vermaschung der verschiedenen Mediatorsysteme zu anaphylaktoiden Phänomenen wie Asthma, Urtikaria und Schock. Allogene Agglutination ist auch bei einer Sensibilisierung der Frau gegen Merkmale der Spermien festzustellen, einer seltenen Variante auf dem Boden von Antikörpern im Genitalsekret mit darauf folgender Infertilität. Autologe Agglutinationsreaktionen sind die Kälteagglutininkrankheit und die Spermaagglutination, was eine männliche autologe Infertilität zur Folge hat.

IgG-vermittelte Immunopathien sind schließlich durch Rezeptorirritation und Neutralisierung ausgelöst. Hier sind nur autologe Varianten bekannt. Irritation von Rezeptoren an Zelloberflächen sind bei der immunthyreotoxischen Krise gegeben, wenn ein Antikörper den Rezeptor für TSH besetzt, oder bei einer bestimmten Form des endogenen Asthma bronchiale, wo Antikörper die bronchokonstruktorischen Rezeptoren besetzen. Hinzu kommt die Myasthenia gravis, bei welcher Antikörper den Acetylcholinrezeptor besetzen und so eine Übertragung der nervösen Impulse auf die Muskulatur unterbinden. Eine hypersensitive autologe Erkrankung auf dem Boden einer Blockierung von löslichen Faktoren sind die Hemmkörper-Hämophilie als Sonderform der Bluterkrankheit und die perniziöse Anämie nach Blockierung des Intrinsic factor.

Die Immunglobulinklasse IgD ist bislang noch nicht als ursächlich für Hypersensitivitätssyndrome oder Allergien identifiziert.

Bei IgA handelt es sich um einen Antikörper, der vorzugsweise durch Sekrete abgegeben wird und nach außen hin den Organismus schützt. Erkrankungen, die auf IgA-Antikörpern beruhen und allergischer Natur sind, gibt es nur in wenigen Varianten. Zu nennen sind die IgA-Nephritis, eine gegenwärtig noch als Autoimmunkrankheit eingestufte, gutartige Nierenerkrankung, und gewisse Formen der blasenbildenden Hautkrankheiten.

Aus dem Geschilderten geht hervor, wie vielfältig die entscheidenden Mechanismen und die sich daraus ergebenden Erkrankungen sind. Dabei ist zu betonen, daß bei einer Reihe von Erkrankungen verschiedene Mechanismen nebeneinander ablaufen und Veränderungen, Organzerstörungen und Symptome auslösen. So ist beispielsweise bei der Glutenenteropathie ein Zusammenwirken verschiedener Mechanismen anzunehmen, bei der Aspergillose ein Nebeneinander von IgE-vermittelten und zellulären Reaktionen wahrscheinlich. In anderen Fällen ist die hypersensitive Natur der Erkrankung eindeutig, aber der Mechanismus noch nicht bekannt. Dies gilt insbesondere für die verschiedenen Varianten der Vaskulitis, wenn mittlere und große Gefäße erfaßt sind, wie etwa bei der Panarteriitis oder der Wegener-Granulomatose.

Wo und wann treten Allergien auf?

Da hypersensitive Immunkrankheiten und damit auch die Allergien den allgemeinen Regeln der Immunologie unterliegen, ist auf ihre Besonderheiten nochmals verwiesen. Allergien treten nur auf, *wenn* bzw. *wo* das Antigen präsent ist, unter den der *Immunreaktion* typischen Erscheinungen und jeweils nur an *Grenzflächen*. Das Beispiel des Heuschnupfens belegt dies: Man ist nur krank, solange das Heu fliegt; erster Berührpunkt der Antigene ist die Nasenschleimhaut, entsprechend der IgE-Antikörper kommt es zu anaphylaktischen Phänomenen mit Schleimhautschwellung, Hypersekretion und Niesreiz. Der Sinn dieses Vorganges ist die sofortige Entfernung der Pollen, wodurch ein Anwachsen von Gräsern oder Bäumen unmöglich wird – zumindest aus der Sicht des Immunsystems!

In vielen Fällen wird diese Regel scheinbar durchbrochen, so, wenn jemand auch unter dem Weihnachtsbaum Beschwerden durch Heuschnupfen bekommt. Dies liegt ganz einfach daran, daß die Pollen am Harz der Nadeln festgeklebt sind, nach Austrocknung des Baumes aber freigesetzt werden und wieder in die

Nase des Patienten gelangen können. Die Tatsache schließlich, daß der eine von Heuschnupfen, der andere von Heuasthma betroffen ist, liegt im Ausmaß der Sensibilisierung und den puffernden Möglichkeiten der Schleimhaut begründet: Übersteigen die Folgen der Hypersensitivität die Möglichkeiten der Schleimhaut, diese zu kompensieren, kommt es zur Krankheit. Ein weiteres Beispiel sind die Nahrungsmittelallergien, die sich an der Haut oder im Bronchialsystem, jedoch nicht am Darm abspielen. Auch wenn die Nahrungsmittel zunächst über den Darm aufgenommen werden, erfolgt zum Teil erst nach der Resorption ein Umbau, der die Antigene hervorbringt und somit die ursprüngliche Kontaktfläche der Darmschleimhaut symptomfrei beläßt. Weil die veränderten Nahrungsmittelantigene häufig an Antikörper gebunden und als Immunkomplex durch den gesamten Organismus zirkulieren, können sie dann an der Haut, im Respirationstrakt oder da, wo die entsprechenden Vorbedingungen erfüllt sind, zu Symptomen führen.

Auch die zeitliche Dehnung der allergischen Erscheinungen läßt sich erklären. Wenn ein Patient nach einmaliger Verabreichung eines Medikamentes wochenlang allergische Symptome zeigt, so belegt dies nur, daß das Medikament nicht binnen kurzer Zeit ausgeschieden ist, sondern Metaboliten über längere Zeit im Organismus enthalten sind, manchmal in phagozytierenden Zellen, die auf einen beliebigen Reiz hin wieder etwas von dem Antigen freigeben und zum Schub neuer Symptome beitragen. Dies mag die Erklärung dafür sein, daß sich ein Ekzem auf mechanischen Reiz hin über lange Zeit auch ohne neuen Antigenkontakt immer wieder auslösen läßt.

Einen weiteren Anlaß zur Verwunderung geben unterschiedliche Reaktionen nach Manipulationen am Antigen. So können manche Patienten Eier in rohem Zustand nicht vertragen, wohl aber, wenn sie gekocht oder gebacken sind. Dagegen bleibt die im Penicillin entscheidende antigene Gruppe auch nach Erhitzen erhalten, so daß ein Penicillin-Allergiker Symptome entwickelt, wenn er ein Grillhähnchen verzehrt, dem man vorneweg Penicillin gegeben hat. Ähnlich verblüffend ist auch die Tatsache, daß ein Fisch-Allergiker eine scheinbare Allergie gegen Hühnereier entwickelt, wenn die Hühner Fischmehl als Futter bekommen haben. Ein sehr weites Feld sind in einem analogen Zusammenhang auch die Photoallergien, wenn eine Sensibilisierung gegen ein Antigen vorliegt, das erst unter dem Einfluß von Ultraviolettstrahlen seine sensibilisierende Struktur erfahren hat.

Diese willkürlich herausgegriffenen Beispiele mögen zeigen, daß uns selbst da, wo die Gesetze der Immunologie und damit auch der Hypersensitivität und Allergie scheinbar durchbrochen sind, lediglich der Zusammenhang nicht sofort erkennbar ist.

Pseudoallergien

Nun gibt es noch Dinge, die es nicht geben darf! Wie soll etwa eine „Sonnenallergie“ oder eine „Kälteurtikaria“ eingeordnet werden, wo es doch keine Antikörper gegen Photonen oder Kälte gibt. Hier handelt es sich um „Pseudo-Allergien“. Ihnen liegt keine Immunreaktion zugrunde. Die von der „echten“ immunologischen Allergie nicht zu unterscheidenden Symptome sind durch identische Mechanismen bedingt, also etwa durch Histamin. Um bei diesem Beispiel zu bleiben – Mastzellen werden durch Hitze, Kälte oder auch über Rezeptoren, die mit der Immunreaktion nichts zu tun haben, irritiert und setzen Mediatoren frei. Ähnliches spielt sich auch beim Belastungsasthma ab: durch forciertes Atmen kommt es zur Austrocknung und Abkühlung der Schleimhaut, so daß dann empfindliche Mastzellen Histamin freisetzen.

Eine andere Situation findet sich bei der „Intoleranz“, wo ein Enzymmangel die anfallenden Stoffe nicht rasch genug abbauen läßt und dadurch Beschwerden entstehen. Die häufigste Variante ist wohl die Laktoseintoleranz auf dem Boden eines Laktasemangels. Aber auch ein Glukose-6-Dehydrogenase-Mangel kann eine Pseudoimmunopathie auslösen, wie das Beispiel des „Favismus“ zeigt, bei welchem Genuß von Saubohnen zur Hämolyse führt – selbstverständlich ohne entsprechende Antikörper. Schließlich wäre noch die „Histaminose“ zu nennen. Hier kommt es nach Genuß von histaminreicher Nahrung – Rotwein und Käse sind Spitzenreiter – zu anaphylaktoiden Symptomen wie Abdomilakoliken, Diarrhö, generalisierter Juckreiz, Herzrasen, Migräne, weil ein Mangel an Diaminooxydase vorliegt und Histamin in großen Mengen resorbiert wird.

Hypersensitive Erkrankungen nehmen erwiesenermaßen den größten Raum in der medizinischen Immunologie ein. Freilich pflegen selbst Ärzte auf die Frage, was eine Allergie sei, zunächst nur die bekanntesten Beispiele zu nennen, d.h. sie verweisen auf Asthma, Nesselsucht, Ekzem und Schock, ohne Erkrankungen wie chronisch-atrophische Gastritis oder Colitis ulcerosa zu nennen.

Gutgemeint mit schlimmen Folgen: Das gilt für all diese Erkrankungen. Stets will das Immunsystem positiv wirken, attackiert aber ungefährliche Antigene und schädigt dadurch den Organismus. Im Blick auf die Vielzahl der Antigene, die auf uns einstürmen und die wir in uns tragen, staunen wir nicht mehr über die Fülle der dadurch bedingten Immunkrankheiten und wundern uns allenfalls, daß vergleichsweise wenig Individuen von solchen Erkrankungen geplagt sind. Die Zunahme solcher Erkrankungen beruht allein schon auf der zunehmenden Reizüberflutung aus der Umwelt aufgrund der permanenten Aufnahme von Beimengungen, Verunreinigungen oder Schadstoffen über die Nahrung, die Luft oder über die Haut.

Wie werden wir vor Schlimmem bewahrt?

Tatsächlich haben wir in uns eine Vielzahl von Systemen, die nur dazu da sind, kleine Schäden sofort auszubessern, noch ehe sie bemerkt werden können. Diese enzymähnlichen Systeme sorgen für eine rasche Beseitigung der verantwortlichen Mediatoren und steuern so zusammen mit den Reserven unserer Organe den gesamten Prozeß aus, so daß keine Symptome mehr auftreten. Wo jedoch die Immunreaktion zu heftig ist, wird sie uns bewußt und damit zur allergischen oder hypersensitiven Krankheit. Anders ausgedrückt: Wir alle sind ein wenig allergisch, spüren es aber nicht, und nur wenige sind so stark sensibilisiert, daß es zur Krankheit kommt. So rufen wir auch nicht schon die Feuerwehr, wenn am Weihnachtsbaum elektrische Kerzen brennen; die Feuerwehr selbst richtet beispielsweise nicht von sich aus einen kräftigen Wasserstrahl auf einen brennenden Autoscheinwerfer, nur weil er hell leuchtet und heiß ist. Auch die Tatsache, daß wir alle ein wenig allergisch sind, ohne Schaden davon zu tragen, findet einen Vergleich: Kerzen und Zigaretten als potentielle Auslöser von Großbränden werden doch in den allermeisten Fällen rechtzeitig gelöscht, und die Asche wird fachgerecht entsorgt, so daß kein Schaden entsteht.

Die schmerzhafte Volkskrankheit

Der mittels der Merkmale ‚häufig', ‚schmerzhaft' und ‚verstümmelnd' zu beschreibende Rheumatismus ist wie die Allergie eine der wenigen medizinischen Begriffe, die allgemein geläufig sind. Sicherlich kennt jeder in Familie oder Freundeskreis jemanden, den Rheuma plagt. Rheuma ist schon deshalb eine ‚Allerweltskrankheit', weil alle schmerzhaften Erscheinungen unserer Glieder bzw. des Bewegungsapparates darunter subsumiert werden. Daher werden auch banale Phänomene wie ein steifer Hals nach einer Autofahrt am offenen Fenster oder ein schmerzhafter Rücken nach einer Nacht auf unbequemer Ruhestätte als rheumatisches Geschehen bezeichnet. Somit ist es nicht er-

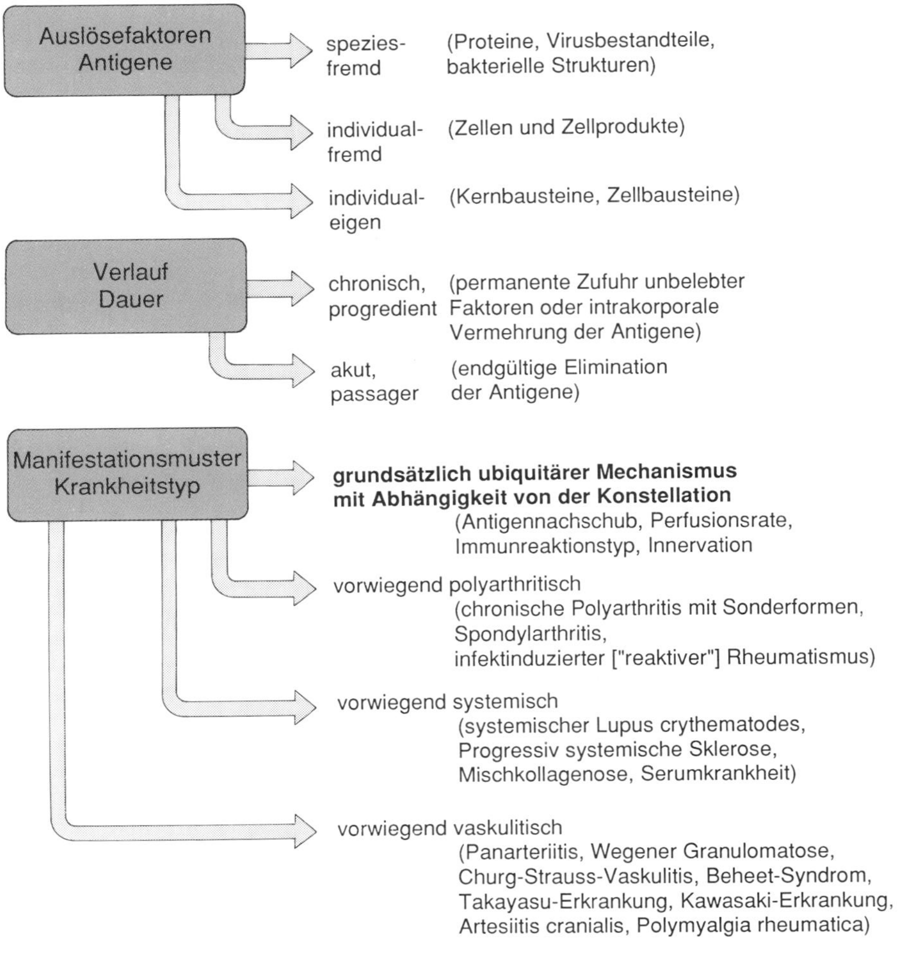

staunlich, wenn jeder Dritte Rheuma haben soll. Läßt sich keine bessere Differenzierung vornehmen?

Das aus dem Griechischen stammende Fremdwort ‚Rheumatismus' bedeutet ‚fließender Schmerz', und hat sich seit dem Mittelalter bis in die heutige Zeit erhalten. Aus medizinischer Sicht lassen sich zunächst die degenerativen, durch Überbeanspruchung und Überforderung auf Verschleiß beruhenden Erkrankungen von den entzündlichen Prozessen abgrenzen. Immunologisch bedingte Erkrankungen des Rheumatismus sind stets entzündlicher Natur. Dabei entfallen allerdings alle Arthritis-Formen auf dem Boden von Stoffwechselstörungen wie Gicht, Ochronose und Hämochromatose sowie inflammatorische Prozesse nach wiederholten Einblutungen im Rahmen einer Hämophilie und im Gefolge bösartiger Prozesse. Der entzündliche, immunologisch bedingte Rheumatismus umfaßt eine Fülle unterschiedlichster Erkrankungen, von der Monoarthritis bis zur Polyarthritis, von akut passageren bis zu chronisch progredienten Prozessen. Bei zahlreichen Erkrankungen sind außer den Gelenken Organe betroffen, bei anderen wiederum sind die Gelenke zunächst unbeteiligt, werden aber im Laufe der Zeit in die Krankheit einbezogen.

Voraussetzungen für eine Immunkrankheit im Gelenk

Immunkrankheiten, so auch der Rheumatismus, beruhen immer auf einer Begegnung von Immunsystem und Antigen. Das Immunsystem muß somit in irgendeiner Form im Gelenk vertreten sein und gleichzeitig, zumindest während der Erkrankung, auch der antigene Partner. Die Präsenz des Immunsystems im Gelenk zu akzeptieren, fällt nicht schwer. Selbstverständlich vermögen die Lymphozyten auf ihrer Wanderschaft über die Gewebe oder mit dem Blutstrom auch in das Gelenk einzudringen. Gleiches gilt für die Antikörper, die durch die Zirkulation in das Gelenk eingespült werden und sich aus den Kapillaren in die bindegewebigen Areale vorarbeiten können. Dies ist übrigens schon im gesunden Gelenk der Fall, wo man regelmäßig Elemente des Immunsystems findet. Wie aber kommt das Antigen ins Gelenk?

Hier gibt es grundsätzlich drei Möglichkeiten: Das Gelenk selbst kann das Antigen sein, ferner kann das Gelenk eine dem Antigen so ähnliche Struktur aufweisen, daß es vom Immunsystem in Unkenntnis der Situation ebenfalls attackiert wird. Schließlich kann das Gelenk völlig unbeteiligt sein und das Antigen nach der Invasion dort haften bleiben und zur Matrix der Immunreaktion werden. Wie auch immer: Eine Anhäufung von Immunzellen führt jenseits einer gewissen Schwelle nahezu zwangsläufig zu Entzündungserscheinungen. Bei der histologischen Aufarbeitung findet man eine typische Anhäufung von Immunzellen und Plasmazellen sowie zahlreiche andere phagozytierende Elemente. Sie alle sind mitverantwortlich für die deletären Veränderungen, die sich als Wucherungen der Gelenkinnenhaut und der Unterminierung und Zerstörung des Knorpels bis zur Arrodierung des Knochens manifestieren. Das histologische Bild bietet keine allzu deutlichen diskriminierenden Kriterien. Im Laufe der Zeit nehmen die Veränderungen freilich zu, so daß schon an den Zerstörungen mit Fehlstellung anhand der eingewanderten Zellen die Diagnose eines immunologisch bedingten Leidens gestellt werden kann. Viel aufschlußreicher ist die immunzytologische Diagnostik der befallenen Gelenke, weil hier die Aktivität der Immunzellen bestätigt und die Gelenkerkrankung als Immunopathie eingestuft werden kann. Wenn nun schon hier wesentliche Unterschiede nicht herauszuarbeiten sind, wo zeigen sich denn dann die Differenzen?

Hier ist es sinnvoll, die schon vorgegebene Gliederung aufzugreifen. Wären im Gelenk selbst Strukturen als Antigen präsent, bedeutete dies eine echte Autoaggression und Autoallergie. Da die Gelenke in unserem Organismus alle nach dem gleichen Bauprinzip gestaltet sind, würde sich ein solches Antigen in allen Gelenken wiederfinden. Somit wären gleichzeitig viele, wenn nicht sogar alle Gelenke entzündet. Ein solcher Patient ist stets ein Polyarthritiker. Aufgrund der lebenslänglichen Antigenpräsenz, d.h. der zwangsläufigen Verselbständigung des Prozesses bis zum Lebensende, sind somit alle Patienten mit chronischer Polyarthritis verdächtig auf den skizzierten Immunpathomechanismus.

Die Frage, wie im Gelenk plötzlich eine entsprechende Reaktion induziert werden kann, ist nicht verbindlich zu beantworten. Keinesfalls beruht dies auf einer Veränderung von Strukturen: Dies würde bedeuten, daß man nicht guten Gewissens Sport treiben bzw. sich anderen Belastungen aussetzen darf, weil dadurch die Gefahr der Freisetzung von Autoantigenen und damit der Entwicklung eines chronischen Gelenkrheumatismus gegeben wäre. Wahrscheinlicher ist, daß Viren ins Gelenk eindringen und dort Veränderungen vornehmen, die dem Immunsystem Anlaß zur Aggression bieten. Dabei ist es letztlich unerheblich, ob diese Elemente nur durch ihre Apposition an den Strukturen des Gelenkes diese quasi verändern und so das Immunsystem auf den Plan rufen oder ob sie die Zellen nach ihrer Besetzung verändern und dadurch das Immunsystem auf sich aufmerksam machen.

Eine weitere Form der immunologischen Attacke auf Gelenke beruht auf einer Antigenverwandtschaft. Ursache für die dann entstehende, sogenannte Kreuzreaktion sind strukturelle Ähnlichkeiten, wenn nicht sogar Übereinstimmungen, zwischen Bausteinen des Gelenkes und beliebigen anderen Antigenen im Organismus. Kommt es zur Invasion solcher strukturell verwandter Antigene und beteiligt sich das Immunsystem mit der Eliminiation dieser Substanzen, so reagiert es in angemessener Form. Weist aber das Immunsystem nach der Eliminiation des initiierenden Antigens noch immer Aktivitäten auf und wird es auf der Wanderschaft und Suche nach anderen analogen Antigenen im Gelenk fündig, so wird dort eine kreuzreaktive immunpathogene Handlung vollzogen.

Kreuzreaktionen sind nicht häufig; bekannt sind einzelne Streptokokkentypen, die in ihrer Zellwand mit Bausteinen des Gelenkes sehr gut übereinstimmende Bestandteile aufweisen. Bei Infektion mit solchen Streptokokken wird das Immunsystem zunächst zu einer regulären Antwort animiert; weiterhin kommt es meist auch zu entsprechenden Immunreaktionen an den Gelenken, selbst wenn das ursprünglich induzierende Agens den Organismus schon längst verlassen hat.

Am häufigsten findet sich eine pathogene Immunreaktion gegenüber Antigenen, die in völlig unbeteiligten Gelenken haften bleiben, in welche sie sogar mit Hilfe des Immunsystems gelangen. Nach Bildung von Antikörpern und deren Bindung an das Antigen forcieren sich Immunkomplexe, die in Abhängigkeit von ihrer Gestalt heftige Entzündungsreaktionen auslösen können, wenn sie an Oberflächenbezügen haften. Da jede Substanz zum Antigen werden kann, gibt es entzündlichen Rheumatismus in beliebigem Zusammenhang. Im Alltag sind die als Autoaggression eingestufte chronische Polyarthritis mit ihren Sonderformen und die infektinduzierten Prozesse am häufigsten. Die Ursache der Autoaggression ist noch nicht bekannt; es mehren sich Hinweise auf eine Begleiterscheinung eines chronischen Infektes viraler Genese. Diese Erkrankungen sind stets progredient, verlaufen in Schüben und sind von der Antigenbereitstellung wie auch von der Aktivität des Immunsystems abhängig. Spontanheilungen kommen nicht vor. Beim infektinduzierten entzündlichen Rheumatismus hat der Patient eine Chance, seine Krankheit zu überwinden, wenn der Infekt vorbei ist. Klassisches Beispiel ist das akute rheumatische Fieber, eine hypersensitive Reaktion gegenüber Bruchstücken von Streptokokken. Da diese noch lange Zeit im Organismus vorhanden sind, kann es Wochen bis Monate dauern, bis die Gelenkbeschwerden endgültig verschwinden – lange nach Ausheilen des Infektes. Gleichermaßen verhält es sich nach Infektion beispielsweise mit Yersinien oder Gonokokken. Selbst bei M. Whipple kann es zu Gelenkbeschwerden kommen. Manchmal scheinen die Gelenkbeschwerden sogar der Infektionskrankheit vorauszueilen, wie dies bei der Hepatitis B nicht selten der Fall ist, wo eine Polyarthritis noch vor der Leberentzündung manifest wird; hier ist jedoch die Invasion der Viren schon längst vorbei und die Immunantwort erfolgte rascher im Gelenk als an der Leber.

Gibt es jenseits dieser autoaggressiven und infektinduzierten Formen des entzündlichen Gelenkrheumatismus noch andere, die zu berücksichtigen sind? Nach Fehltransfusionen kommt es nicht selten im Rahmen der akut einsetzenden Immunreaktion neben Asthma, Utikaria und Schock auch zu Gelenkbeschwerden. Weiterhin finden sich immer wieder Menschen, bei denen nach Genuß bestimmter Speisen Gelenkbeschwerden auftreten. Auch im Rahmen ärztlicher Maßnahmen wie Schutzimpfungen und Hyposensibilisierungstherapie können jeweils passagere arthritische Zustände auftreten. Sie alle beweisen ein weiteres Mal, daß Antigene entweder solitär, oder, was hier häufiger der Fall ist, als Immunkomplex bis ins Gelenk verschleppt werden.

An dieser Stelle ist der Einwand berechtigt, warum ausgerechnet im Gelenk eine immunologisch bedingte Entzündungsreaktion ausgelöst wird, zumal es dem Zufallsprinzip obliegt, wohin diese Immunkomplexe im Blut gespült werden. Tatsächlich sind die meisten immunologisch bedingten entzündlichen Gelenkerkrankungen keineswegs auf den Bewegungsapparat beschränkt. Die Immunkomplexe können überallhin gelangen und führen insbesondere in den Kapillaren zu Schäden. Da Kapillaren vorzugsweise in Organen zu finden sind, sind bei solchen rheumatischen Prozessen grundsätzlich auch alle Organe in geringerem oder größerem Ausmaß entzündlich erkrankt. Extraartikuläre Manifestationen finden sich am Auge, Herz, Niere, Lunge, Haut und anderenorts. Sie bleiben häufig unbemerkt, weil sie der Patient nicht spürt und nicht intensiv danach gesucht wird. Sie zu kennen ist aber außerordentlich wichtig, weil die Aussage: „An Rheuma stirbt man nicht“ bei solchen Patienten nicht zutrifft: Sie sterben an Herz- oder Nierenversagen oder auch an einer Lungenerkrankung. Im Rahmen einer rheumatischen Erkrankung kann auch der Verlust des Augenlichtes erfolgen. Mit Fug und Recht muß daher betont werden, daß der immunologische Rheumatismus eine Erkrankung des gesamten Menschen ist.

Die Verknüpfung insbesondere chronisch fortschreitender entzündlicher Gelenkerkrankungen mit Prozessen des gesamten Bindegewebes ist seit langem gemeinhin bekannt. Als gemeinsame Matrix wurde ehedem das Kollagen vermutet, worauf die Bezeichnung ‚Kollagenose‘ zurückgeht. Dies ist jedoch unzutreffend, da das Kollagen selbst keineswegs die Ursache für die Immunreaktion darstellt, sondern nur im Feuer dieses Entzündungsprozesses mit verbrennt. Daher ist es sinnvoller, von ‚systemischen Immunkrankheiten‘ oder von ‚Immunopathien des Bindegewebes und Gefäßapparates‘ zu sprechen. Häufig ist auch ganz allgemein vom ‚rheumatischen Formenkreis‘ die Rede.

Was versteht man unter ‚rheumatischem Formenkreis‘?

Eine jedermann zufriedenstellende Systematik der rheumatischen Erkrankungen gibt es nicht. Da sich weder auf histologischer noch auf immunologischer Basis eine Differenzierung ergibt, scheint gegenwärtig die Orientierung an Organbefall und Symptomen am sinnvollsten. Hier lassen sich drei große Gruppe unterscheiden: Erkrankungen mit vorzugsweise arthritischem Charakter, solche mit dominierend systemischem Einschlag und schließlich die vaskulitischen Syndrome. Freilich sind alle diese Erkrankungen in irgendeiner Form vaskulitisch; auch die serösen Häute sind davon betroffen. Systemische und primär arthritische Erkrankungen haben jedoch eine Manifestation an kleinsten Gefäßen, wogegen bei der Vaskulitis vorzugsweise große Gefäße außerhalb von den Endstrecken in den Organen betroffen sind. Diese rein klinisch orientierte Einteilung läßt die Natur des auslösenden Antigens völlig unberücksichtigt, weil unabhängig davon die Beschwerden und Erscheinungen stets identisch sind. Unter diesem Aspekt sind als primär polyarthritisch erscheinende Erkrankungen die infektinduzierten Formen und die chronische Polyarthritis sowie der M. Bechterew einzustufen, den als primär systemische Erkrankungen der Lupus erythematodes disseminatus, die gemischte Kollagenkrankheit, die progressiv systemische Sklerose, die Serumkrankheit und die Kawasaki-Erkrankung. Vaskulitische Syndrome sind die Panarteriitis, Churg-Strauß-Vaskulitis, Wegener-Granulomatose und Takayasu-Erkrankung. Nicht selten ändert sich die Zuordnung zu einer Krankheitsgruppe, wenn etwa der systemische Lupus erythematodes zunächst polyarthritisch beginnt und später andere Organe einbezogen werden. Darüber hinaus gibt es weitere Verknüpfungen, bei denen teilweise die Krankheitsbezeichnung auf die Zusammenhänge hinweist, wie etwa Enteroarthritis die Kombination von Polyarthritis und entzündlicher Darmkrankheit, gegebenenfalls auch eine Beteiligung des Achsenskeletts und der Regenbogenhaut umschreibt. Da diese nicht scharf voneinander zu trennen sind, kommt es immer wieder vor, daß gerade zu Beginn der Beschwerden eine „falsche" Diagnose gestellt wird, die der späteren Korrektur bedarf.

Besonderheiten

Bis hierher wurden diese entzündlichen rheumatischen Erkrankungen als Immunkrankheit definiert; der Beweis hierfür soll jetzt erbracht werden. Tatsächlich war es lange umstritten, ob all diese Erkrankungen durch die Immunreaktion ausgelöst werden. Die besten Argumente sind hier die bei solchen Erkrankungen auftretenden Immunphänomene in Form zirkulierender Antikörper, die Infiltration der erkrankten Organe mit Elementen des Immunsystems und der Erfolg von Therapiemaßnahmen, die das Immunsystem in seiner Aktivität reduzieren. Hinsichtlich der Bedeutung von Erbgut und Umwelt, also Konstitution und Exposition wurde man lediglich bei den infektinduzierten Erkrankungen fündig. Wer das Merkmal HLA-B 27 trägt, ist bis zu fünfzigmal häufiger betroffen als Individuen ohne dieses Merkmal. So bekam eine große Gesellschaft nach dem Genuß von verdorbenem Kartoffelsalat einen Darminfekt; dabei wiesen nur diejenigen, welche HLA-B 27-Merkmalsträger waren, zugleich eine Gelenkerkrankung auf. Besonders eng ist diese Korrelation bei M. Bechterew, woraus mit einiger Kühnheit geschlossen werden könnte, daß auch dies ein infektinduzierter Prozeß ist. Trotz dieser hohen Assoziation wird keineswegs jeder Merkmalsträger krank, sondern nur etwa jeder vierzigste, wogegen von den HLA-B 27-freien Individuen nur jeder tausendste diese Erkrankung entwickelt. Aus dieser Tatsache resultierten manche unangenehmen Überlegungen und Entscheidungsansätze. So wollten Versicherungen bei HLA-B 27-Merkmalsträgern rheumatische Erkrankungen total ausschließen, und es wurde erwogen, HLA-B 27-Träger bei der Anstellung als Beamte vom nassen und kalten Forstdienst auszuschließen und dem trockenen und warmen Bibliotheksdienst zuzuführen. Die bei M. Bechterew und infektinduzierte Erkrankungen aufschlußreiche Immungenetik erbrachte bei den übrigen Immunkrankheiten aus dem rheumatischen Formenkreis keine für Prognose und Diagnose essentiellen Erkenntnisse. Gibt es überhaupt noch interessierende Fragen und Probleme in der Rheumatologie?

Es sind die Varianten von den Symptomen zu trennenden Erkrankungen. Bemerkenswert ist der Unterschied zwischen der chronischen Polyarthritis, die, an den kleinen Gelenken beginnend, symmetrischen Charakter aufweist, wogegen die infektinduzierten Prozesse die großen Gelenke wie Schulter, Knie und Ellenbogen betreffen und springender Natur sind. Offenbar kommt es hier zur schubweisen Aussaat von antigenem Material in einzelne Gelenke, wobei immer wieder neue einen deutlichen Entzündungsprozeß durchmachen. Die bei der chronischen Polyarthritis auffallende Symmetrie geht verloren, wenn eine Extremität gelähmt ist: Nach Schlaganfall, Verletzung oder Kinderlähmung tritt an der gelähmten Extremität die rheumatische Erkrankung der Gegenseite nicht auf. Dies hat zur Spekulation Anlaß gegeben, daß die Symmetrie über eine neurale Komponente und das Segment im Rückenmark aufrechterhalten wird.

Eine weitere auffallende Besonderheit ist die Nosomorphose, d.h. die Änderung des Charakters der Erkrankung in Abhängigkeit von den Lebensumständen. So verläuft die rheumatische Erkrankung im Kindesalter ungleich stürmischer. Bekannt ist die Still-Variante mit hohem Fieber, Schwellung von Milz, Leber und Lymphknoten, Beteiligung von Augen und Haut sowie Unterhaut als Erythema nodosum und erheblichen Leukozytenzahlen, so daß auch an einen Infekt oder in seltenen Fällen an eine Leukämie gedacht werden muß. Da diese Kinder eine gute Chance haben, wieder gesund zu werden, wenngleich bleibende Gelenkschäden zu verzeichnen sind, liegt der Verdacht nahe, daß auch hier ein Infekt möglicherweise viraler Genese die Erkrankung unterhält, so daß die Beseitigung der Erreger auch zu einer Gesundung führt. Im hohen Alter sind dann die entzündlichen Gelenkprozesse deutlich milder, akuter Beginn ist bei 70jährigen und älteren eine große Rarität. Phasen, in denen die Erkrankung hauptsächlich auftritt oder ihren Charakter ändert, sind Pubertät, Schwangerschaft und Klimakterium. Hier kommt es zu einer erheblichen Änderung des hormonellen Status; da die Hormone einen Einfluß auf die Immunreaktion ausüben, verwundert eine Änderung des Krankheitsverlaufes keineswegs. Häufig ist ein Rückgang der Beschwerden während der Schwangerschaft, was zu einem großen Teil auf den erhöhten Kortisolspiegel während dieser Zeit zurückzuführen ist.

Unter Würdigung all dieser Gesichtspunkte erweist sich der rheumatische Formenkreis als eine sehr große geschlossene Krankheitsgruppe, die aufgrund der ursächlich gegebenen überschießenden Immunreaktion sinngemäß den Hypersensitivitätssyndromen zuzuordnen ist. Die mit all diesen Erkrankungen verbundene erhebliche Schmerzhaftigkeit und Funktionseinbuße berechtigt in hohem Maße zu der eingangs vorgenommenen Einstufung des Rheumatismus als einer schmerzhaften Volkskrankheit.

Fehlanzeige des Immunsystems

Zu wenig aktive Immunzellen

Fehlanlage:	genetische Ursache
Zerstörung:	Bestrahlung, Infektion, Antiseren
Behinderung:	Verdrängung (Tumorinfiltration), Intoxikation (Chemotherapie, Organfunktionsstörung)

Zu hohe Verluste an Immunzellen und ihren Produkten

Antikörper-verlust:	Niere, Darm, Blutung, Plasmaseparation
Zellverlust:	Blutung, Zellseparation

In den Anfängen der funktionellen Immunologie kam dem Fehlen des Immunsystems keine große Bedeutung zu. Dieser Gedanke trat völlig in den Hintergrund gegenüber anderen Phänomenen, welche – so die vorherrschende Meinung – die verschiedensten Erkrankungen auslösten. Daraus folgte die Überlegung, daß eine ausbleibende Immunreaktion sogar vorteilhaft wäre, da Immunreaktionen Krankheiten verursachen. Ein weiterer Grund für die Negierung eines Immundefektes war die Schwierigkeit der Beschreibung dieses Mangelzustandes. Das Fehlen einzelner Finger, ganzer Gliedmaßen oder von Zähnen beispielsweise läßt sich zweifelsfrei und eindeutig festlegen. Jenseits der somatischen Defekte ist eine Beschreibung jedoch außerordentlich schwierig. So gibt es beispielsweise keine exakten Kriterien für die Definition eines minderen Verstandes oder eines gestörten Erinnerungsvermögens. Schwieriger noch ist die Situation beim Immunsystem, dessen Fehlen keineswegs zwangsläufig auffallen muß. Zieht man die Feuerwehr zum Vergleich heran, so kann niemand beurteilen, ob eine solche Einrichtung fehlt, wenn bei einem zufälligen Blick aus dem Fenster gerade kein Feuerwehrauto vor dem Haus steht. Allerdings ist anzunehmen, daß mittels der modernen Möglichkeiten, das Immunsystem auszumessen, eine Definition des Immundefektes ohne Schwierigkeiten zu leisten wäre.

Abwehrschwache klinische Erscheinungsformen:

		"Unspezifische Abwehr" Epithelien, Freßzellen, Komplement, Enzyme	
		intakt	*defizient*
"Spezifische Abwehr" Lymphozyten Antikörper	*intakt*	Normalfall = gesund	Chronische Granulomatose Abszesse
	defizient	multilokuläre Infektionen	fatale bunte Infektionen

Was ist ein Immundefekt?

Hinsichtlich der Kriterien für einen solchen Zustand ist zunächst festzuhalten, daß ein Defekt grundsätzlich dann vorliegt, wenn etwas fehlt. Man müßte also ganz einfach einen Soll-Wert vorgeben und den Ist-Wert damit vergleichen; in Fällen, in denen der Ist-Wert den Soll-Wert nicht erreicht, läge eine Immundefizienz vor. Hinsichtlich der Frage nach dem Soll-Wert ist daran zu erinnern, daß das Immunsystem im Zusammenhang mit Aufbau und Organisation zwar gut zu beschreiben ist, aber individuelle Variationen in großer Menge vorliegen können. Auch das Immunsystem ist Ergebnis eines Kompromisses, indem es von der Natur aus größer, aber auch kleiner hätte werden können. Weiterhin erlaubt eine genetische Komponente in Einzelfällen Abweichungen von der Norm, soweit es diese überhaupt gibt. Geht man von der begrenzten Zahl der Immunzellen und Antikörpermoleküle aus, so weist kein Mensch gegen *alle* in Betracht kommenden Antigene einen passenden Klon auf; jeder hat diesbezüglich Defizite, die jedoch sicherlich nicht als Immundefekte zu betrachten sind. Um bei dem Vergleich mit der Feuerwehr zu bleiben: Es ist nicht Ausdruck einer Vernachlässigung dieser Einrichtung, wenn nicht an jedem Haus ein zentraler Feuermelder angebracht ist. Sind nur einzelne Klone gegen ganz bestimmte Antigene nicht verfügbar, handelt es sich somit nicht um einen Immunmangel. Ein solcher besteht, wenn sehr viele im übertragenen Sinne benachbarte Klone fehlen, so daß eben nicht nur kleine Lücken, sondern breite Breschen vorliegen. Wie es keinen nennenswerten Mangel darstellt, wenn an einer Stelle die Installation eines Feuermelders vergessen wurde, wohl aber, wenn ein ganzes Stadtviertel darauf verzichten muß, bleiben kleinste Lücken im Immunsystem oftmals unbemerkt, wogegen breite Breschen immer auffallen.

Wie macht sich ein Immundefekt bemerkbar?

Da das Immunsystem für die Abwehr und Beseitigung von Schadensfaktoren zuständig ist, zeigt sich ein Immundefekt durch ungewöhnliche Invasion und Expression solcher Schadensfaktoren im Organismus. Im Alltag orientiert man sich an Infektionen. Fehlt die Immunabwehr, so ist die Barriere gegenüber Krankheitserregern vermindert, und die Infektanfälligkeit zieht sich wie ein roter Faden durch das Leben des Patienten. Freilich verbergen sich hinter chronischen Infekten die unterschiedlichsten Situationen. So könnten im weitesten Sinne ein hartnäckiger Fußpilz, der sich zeitlebens zeigt, oder eine immer wiederkehrende Nasennebenhöhlenentzündung bereits Kriterien für einen Immundefekt darstellen. Dies ist jedoch unhaltbar. Auch die Fehltage, an denen jemand den Arbeitsplatz oder die Schule nicht besuchen kann, stellen kein Kriterium für eine Bewertung des Immunsystems dar. Schließlich sind Höhe und Heftigkeit von Fieberattacken für die Abschätzung der Abwehrfähigkeit des Immunsystems ebenfalls wenig geeignet.

Auf dem Hintergrund einer pragmatischen Denkweise besteht das entscheidende Kriterium für einen Immundefekt in einer Häufung von Infekten über lange Perioden und in unterschiedlichen Bereichen des Organismus. Im Gegensatz zu den genannten dauerhaften Situationen des Fußpilzes und der Nasennebenhöhlenentzündung haben Individuen mit Immundefekten unterschiedlichste Infektionskrankheiten. Sie leiden lebenslang an Erkrankungen des Nasen-Rachen-Raumes, der Ohren, des Magen-Darm-Kanales, der Lungen und der Haut. Sinusitis, Pharyngitis, Otitis, Pneumonitis, Dermatitis und Gastroenteritis lösen sich dabei ab.

Freilich handelt es sich in den meisten Fällen nicht um solche handfesten und in allen Bereichen des Immunsystems nachweisbaren Defekte. Wie aus der Darstellung der Organisation erkennbar, weist unsere Immunabwehr verschiedene Elemente auf, so die T- bzw. die B-Zellen. Zu erwähnen sind hier auch die verschiedenen Immunglobulinklassen sowie die Kompartimente, von denen das MALT eine Sonderstellung einnimmt. Immundefekte können alle diese Einzelbereiche gesondert betreffen. Dies wäre vergleichbar mit der Tatsache, daß die Feuerwehr vorhanden ist und auch ausrückt, aber bestimmte Gerätschaften und Löschmittel fehlen. Dadurch wird die Brandbekämpfung eingeschränkt. Wie ist das am Patienten umzusetzen?

Hinsichtlich der Zuordnung einzelner Immundefekte zu bestimmten Erkrankungen ist klarzustellen, wofür die Bereiche des Immunsystems jeweils zuständig sind. Da den T-Lymphozyten die Beseitigung virusinfizierter Zellen und der Pilze und Mykobakterien obliegt, wird sich die mangelhafte Abwehrfähigkeit durch entsprechende Infekte und deren verzögerte Überwindung äußern. Tuberkulose und Pilzinfektionen insbesondere der Schleimhäute und der Lunge sind ein charakteristisches Merkmal von T-Zell-Defekten. Da die B-Zelle und die sich aus ihnen entwickelnden Plasmazellen mit ihrer Antikörpersynthese an der Bekämpfung von bakteriellen Infekten insbesondere durch Neutralisierung der Toxine beteiligt sind, müssen sich bei B-Zell-Defekten Bakterien ungehindert verbreiten und deren Toxine ihre Wirkung voll entfalten. Im Rahmen der humoralen antikörpervermittelten Abwehr kann nochmals eine Differenzierung vorgenommen werden. So ist das MALT als mukosa-schützendes Immunsystem durch das sekretorische IgA repräsentiert. Fehlt dieser Bereich, so sind die Patienten von wiederkehrenden Infekten von Mundschleimhaut, Nase, Lunge, Innenohr und Urogenitalbereich geplagt.

Gibt es noch weitere Hinweise für Immunmangelzustände?

Bekanntlich wird der Immunabwehr auch die Beseitigung bösartiger Zellen zugeschrieben. Daher müßte bei Immundefekten ein erhöhtes Tumorrisiko vorliegen. Dies ist nicht so eindeutig erkennbar wie die Infektanfälligkeit. Vielleicht liegt es daran, daß im Rahmen von fieberhaften Infekten auch immer Tumorzellen in Mitleidenschaft gezogen werden und dabei quasi mitverbrennen. Doch sind einzelne Situationen im Sinne der gehäuften Tumorrate bei Immundefekten durchaus bekannt. So bedeutet eine insuffiziente Beseitigung von Hepatitis-B-Viren ein gesteigertes Risiko, ein primäres Hepatom zu bekommen. Auch bei Aids finden sich vergleichsweise häufig Tumoren. Schließlich ist auch die Tumorrate bei scharfer Immunsuppression erhöht.

Nicht zu vergessen ist die Sondersituation des Immundefektes auch bei Schutzimpfungen: Wird aktiv immunisiert, so bedeutet dies bei Lebendimpfstoffen ein ungezügeltes Wachstum. Somit kann jemand schon durch die Schutzimpfung in akute Gefahr gebracht werden. Dies wäre besonders dramatisch bei zytopathogenen Elementen, etwa den Pocken oder der Poliomyelitis. Ohne unmittelbare Bedeutung ist dies für die Schutzimpfung gegenüber ungefährlichen Vakzinen wie Tetanus, Diphtherie oder sogar Hepatitis B. Hier besteht allerdings die Gefahr, daß der Betroffene nach einer gut vertragenen Schutzimpfung sich gefeit fühlt, dies aber nicht ist!

Einteilung der Immundefekte

Der Immundefekt kann – wie bisher dargestellt – nach der Breite des Ausfalls innerhalb des Immunsystems bewertet werden sowie mittels einer Differenzierung nach der entsprechenden Ebene. Aus funktioneller Sicht ist freilich der ausbleibende Effekt von Bedeutung. Dennoch ist wichtig, den eigentlichen Schaden zu kennen. Auch bei der Feuerwehr genügt es nicht, ein Versagen festzustellen: Waren keine Löscharbeiten möglich, möchte man doch wissen, ob etwa die Feuerwehrleute unfähig bzw. die Löschfahrzeuge nicht betankt waren oder ob das Löschmittel fehlte. Wie kann man dies auf das Immunsystem übertragen?

Die Elimination des Antigens im Rahmen der Immunreaktion ist das letzte Glied einer Reaktionskette. An welcher Stelle auch immer ein Glied fehlen mag, die Kette wird dann reißen. Aus diesem Grund kommen die verschiedensten Ebenen als Ort der Störung in Betracht. So kann bereits im Rahmen der Stammzelldifferenzierung ein Defekt vorliegen, der eine reife Immunzelle nicht mehr ermöglicht. Dies mag wiederum entweder an der weiteren Differenzierung und Fortentwicklung der Zellen selbst liegen oder an fehlenden Impulsen, wenn etwa Thymus oder Bursaäquivalent nicht angelegt sind. Selbst in den letzten Stufen können Defekte auftreten, wie dies etwa solche Plasmazellen beweisen, in denen Antikörper in großer Menge gespeichert sind, die allerdings nicht ausgeschleust werden. Ein fehlendes MALT mag bedingt sein durch die Unfähigkeit der Zellen, zu IgA produzierenden Plasmazellen auszudifferenzieren und ihre Wirkstätte innerhalb der Schleimhäute zu erkennen und aufzusuchen. Gibt es jenseits der aufgeführten Einteilungsmöglichkeiten noch weitere Kriterien?

Immundefekte lassen sich danach einteilen, ob die Störung durch das Immunsystem selbst bedingt ist oder ob sie aus der Umgebung hineingetragen wird. Alle Erkrankungen auf dem Boden einer Fehlleistung der Immunzellen werden als *primäre Immundefekte* bezeichnet. Dabei ist es unerheblich, in welcher Ebene bzw. Breite der Defekt manifest wird. Die betroffenen Individuen werden bereits mit der entsprechenden Störung geboren. Zudem lassen sich, wie bei anderen kongenitalen Defekten, bestimmte Erbgänge nachweisen. Primäre Immundefekte kommen somit in Familien gehäuft vor, wobei der Erbgang gelegentlich schwer zu definieren ist, und fallen zunächst insbesondere dem Kinderarzt auf. Leitsymptom ist auch hier die Infektanfälligkeit. Während zelluläre Immundefekte bereits in den ersten Lebenswochen manifest werden, zeigen sich humorale Immundefekte erst gegen Ende des ersten Lebensjahres. Dies liegt ganz einfach an der Tatsache, daß alle Kinder – mit Ausnahme von Frühgeburten – über die Plazenta und die Muttermilch Antikörper aus dem mütterlichen Organismus erhalten. Sie bieten einen gewissen Schutz, der allerdings nach einigen Monaten nicht mehr vorhanden ist.

Einen Sonderfall stellt Aids dar. Diese Erkrankung ist im Normalfalle nicht angeboren. Sie entwickelt sich aus einem völlig intakten Immunsystem heraus. Die Ursache sind Retroviren, die in ausgewählten Fällen zu Aids und anderen markanten Erkrankungen führen. Im Rahmen des Virusinfekts gehen dann die Zellen zugrunde. Dabei wird eine unmittelbare Zytotoxizität vermutet. Rein spekulativ käme aber auch eine Beseitigung der infizierten und veränderten Lymphzellen durch noch nicht befallene in Betracht. Dies würde bedeuten, daß aufmerksame heile Brüder ihre bereits veränderten Geschwister zerstören, bis zur totalen Auslöschung des Immunsystems.

Bemerkenswert ist, daß Defekte des Immunsystems nicht selten vergesellschaftet sind mit anderen somatischen Defekten. So sind Immunstörungen in Kombination mit Zwergwuchs bekannt oder etwa ein IgA-Defekt in Kombination mit multiplen Gefäßstörungen insbesondere des Kopfbereiches bei der Ataxia teleangiectatica.

Die genannten Erkrankungen sind im Immunsystem selbst begründet. Der übrige Organismus kann dabei in allen Organsystemen völlig normal sein. Wenn dagegen Organe erkranken und das Immunsystem *primär* angemessen funktioniert, können durchaus Rückwirkungen im Sinne einer Hemmung des Immunsystems eintreten und *sekundäre Immundefekte* hervorrufen. Sie treten erst im Laufe des Lebens auf, weil von der Anlage her das Immunsystem vollkommen ausgebildet ist und vorzüglich funktioniert, die störenden Einflüsse aber erst später eintreten. Die Folge ist wiederum eine herabgesetzte Abwehrfähigkeit. Je nachdem, ob die T-Zellachse oder die B-Zellachse und damit die Antikörperbildung weniger funktionstüchtig sind, resultieren daraus unterschiedliche Krankheitsmuster, die an diejenigen der primären Immunstörungen erinnern. Was kann nun eine solche sekundäre Immunstörung bedingen?

Wie bei der Feuerwehr ein Mangel an Gerät und Mannschaft eintreten kann, weil zu wenig neue Mitglieder hinzustoßen und nichts mehr erworben wird oder weil die Verluste zu hoch sind und die Männer sich einer anderen Tätigkeit zuwenden, gibt es bei sekundären Immundefekten grundsätzlich einerseits den Modus der verminderten Generation und Produktion, andererseits erhöhte Verluste bei ungestörter Produktivität.

Eine verminderte Neubildung der Elemente des Immunsystems und der von ihnen produzierten Immunproteine beruht auf Regulationsstörungen, teilweise auf Verdrängung und Inhibition der Zellteilung. Regulationsstörung und Verdrängung sind wohl am häufigsten Ursache eines sekundären Immundefektes im Rahmen maligner Prozesse. Hier wirken sich naturgemäß Erkrankungen aus dem hämatologischen Bereich deutlicher aus als solide Tumoren, weil sie in Konkurrenz treten mit den gesunden Elementen und Lebensraum beanspruchen, der dem unbelasteten Immunsystem verloren geht. Auch werden Substanzen mit Hormon- und Zytokincharakter ausgeschieden, die eine Ruhigstellung bedingen. Aufgrund dieser Tatsache sind eher die zellulären Immunreaktionen beeinträchtigt als die humoralen, so daß herabgesetzte zelluläre Aktivität, abzulesen etwa an einem negativ gewordenen Tuberkulintest, häufiger erkennbar ist als ein Absinken der Immunglobulinspiegel. Eine Hemmung der Neubildung von zellulären Elementen des Immunsystems und von Antikörpern wird durch vergiftungsähnliche Zustände unterhalten. Dies kann allein durch Funktionsstörungen mehrerer Organe wie der Leber, der Niere und des Endokrinium der Fall sein. Erkennbar wird auch dies an einer minderen funktionellen Aktivität. Dabei gibt es kuriose Unterschiede in den einzelnen Kompartimenten des Immunsystems: Bei Lebererkrankungen werden nicht selten zelluläre Elemente in ihrer Aktivität erheblich eingeschränkt, wogegen die Immunglobulinspiegel noch ansteigen. Vergleichbar mit diesen eher endogenen Vergiftungssituationen gibt es auch solche exogener Art. Hier ist weniger an die Umweltgifte oder ähnliche Belastungen – auch Zigarettenrauch und Sonneneinstrahlung hemmen die Immunreaktivität – zu denken als vielmehr an die iatrogenen Situationen: Zahlreiche Medikamente üben einen hemmenden Einfluß auf das Immunsystem aus, was sich auch unangenehm bemerkbar macht, beispielsweise im Zusammenhang mit der Verabreichung von Antibiotika.

Den schwerstwiegenden Einfluß üben naturgemäß Zellgifte aus. Sie werden vorzugsweise in der Onkologie angewandt. Daher ist bei der herkömmlichen Chemotherapie zur Krebsbehandlung regelmäßig ein sekundärer Immundefektzustand unvermeidlich. Eine gewisse Abstufung bedeuten hier die verschiedenen Substanzen und Wirkprinzipien, indem Antimetabolite weniger nachhaltig eingreifen als Alkylanzien. Durch die modernen Verfahren mehrerer voneinander abgesetzter Kurse ist dem Immunsystem Gelegenheit gegeben, sich zwischendurch wieder zu erholen. Anders ist es bei der Strahlentherapie, wo insbesondere bei Belastung von Knochenmark und Lymphknoten eine zeitlich nachhaltige und bis mehr als ein Jahr nachweisbare Schwächung des Immunsystems eintritt. Dies alles hängt natürlich von Dosis, Häufigkeit und der Art der Therapiegestaltung ab. Die diesbezüglich härtesten Drogen wie Antilymphozytenglobulin oder monoklonale Antikörper gegen Oberflächendeterminanten sind den Immuntherapeutika zuzuordnen und sollen hier nicht weiter besprochen werden.

Verlustsyndrome stellen sich nicht ganz so vielfältig dar. Hier sind die häufigsten und am besten überschaubaren Erkrankungen mit erheblichen Eiweißverlusten, in deren Rahmen auch Antikörper ausgeschieden werden. So ist bei der Nephrose und bei der exsudativen Gastroenteropathie regelmäßig der Gamma-Globulinspiegel erniedrigt. Hier kann sogar noch weitergehend differenziert werden, weil bei dem Nierenschaden zunächst die niedermolekularen Eiweiße ausgeschieden werden, d.h. Albumine, später höhermolekulare vom Typ IgG und IgA und erst im weiteren Verlauf hochmolekulare wie IgM. Vergleichbare Erkrankungen mit zellulären Verlusten gibt es nicht. Dagegen sind Blutverluste als generelle Quelle von Lymphozyten- und Antikörpermangel zu erwähnen, was allerdings nur selten zu Buche schlägt. Trauma, Operation und Blutspenden stellen einen ähnlichen aber graduell unterschiedlichen Zustand dar. Tiefstgreifend sind die Verlustsyndrome im Rahmen von immuntherapeutischen Maßnahmen wie Plasmapherese und Lymphapherese, die im Zusammenhang mit der Manipulation des Immunsystems eigens besprochen werden.

Zu erwähnen sind hier noch Fragen, die sich im Zusammenhang mit Tonsillektomie, Thymektomie, Splenektomie und Appendektomie ergeben. In allen Fällen werden im gewissen Sinne Immunorgane entfernt. Sie haben keinen signifikanten nachhaltigen Effekt, können aber im Einzelfall durchaus vorübergehend zu Defizienzen führen. Immerhin wäre eine sehr frühe Thymektomie mit dem Risiko einer weniger guten Expansion des Immunsystems belastet, und auch die Splenektomie zeitigt einen gewissen Abfall der Immunglobulinspiegel. Daher wird die letztgenannte Maßnahme mit einer Minderung von 15% bewertet, wenn es um Begutachtungsfragen geht.

Immer wieder ist festzustellen, daß Patienten mit eindeutiger Infektanfälligkeit ein unauffälliges Immunsystem aufweisen. Die Ursache dieser scheinbaren

Diskrepanz liegt in der simplen Tatsache begründet, daß sich unsere Abwehr nicht allein auf das Immunsystem stützt. Vielmehr sind noch unspezifische Mechanismen und auch anatomische Barrieren geeignet, exogene Faktoren fernzuhalten. Makrophagen und Granulozyten waren längst von der Natur erfunden, ehe sich das Immunsystem entwickelte. Ohne sie und ohne Schleimhäute mit den Zilien und den Enzymen könnte auch das beste Immunsystem keinen ausreichenden Schutz gewähren. Daher ist in solchen Fällen auch nach der Funktionstüchtigkeit der nicht-immunologischen Elemente zu forschen. Die Symptome liefern hierbei insofern Anhaltspunkte, als beispielsweise Enzymdefekte von Granulozyten zu chronischen granulomatösen Prozessen führen. Auch sind die Granulozyten gelegentlich zu ‚faul', um sich zu ihrem Bestimmungsort zu bewegen. Dieses Krankheitsbild ist schon in der Bibel beschrieben und wird als ‚*Hiob*'sche Erkrankung' („Job's Disease") bezeichnet.

Aufgrund der eben erwähnten Tatsache ist es nicht verwunderlich, daß gelegentlich primäre Immundefektzustände nicht bereits im Kleinkindesalter erkennbar werden, sondern erst in späteren Jahrzehnten. In solchen Fällen konnte eine vorzüglich arbeitende, unspezifische Abwehr die Schwäche des Immunsystems ausgleichen. Wenn aber im Laufe des Lebens die Reserven dieser unspezifischen Mechanismen einschließlich der Schleimhäute nachlassen, so macht sich ein Mangel des Immunsystems bemerkbar.

Die Prognose der verschiedenen Immundefekte ist unterschiedlich. Primäre Immundefekte, bei denen die Störung im Immunsystem selbst liegt, bleiben meist zeitlebens bestehen. Sekundäre Immundefekte, ausgelöst durch Erkrankungen außerhalb des Immunsystems, haben dagegen die Chance der Rückbildung: Nach Behandlung und Beseitigung der auslösenden Erkrankung wird sich auch das Immunsystem, befreit von den verschiedenen Belastungen, erholen und angemessene Werte aufweisen.

Einbürgerung mit Schwierigkeiten

Transplantationen werden von der Presse nur noch selten erwähnt, da sie zum alltäglichen Vorgang geworden sind. Lediglich spektakuläre Fälle werden aufgegriffen; dabei werden häufig nicht mehr Grundsatzprobleme, sondern die grotesken Auswüchse sophistischer Klügelei angesprochen, die an die Grenzen des ethisch Vertretbaren gehen. Vor noch nicht allzu langer Zeit war es von großer Bedeutung, daß die Transplantation in wenigen ausgewählten Fällen in Betracht gezogen werden konnte und – in zumindest einigen Fällen – gelang.

Transplantation – Allogene Variante

Organtransplantation		Knochenmarkstransplantation
Abstoßung des Transplantates durch Immunsystem des Empfängers ←	Hauptproblem	→ Zerstörung des Empfängers durch Immunsystem
Organversagen ←	Indikation	→ Kongenitale Immundefekte Deletion des Immunsystems
HLA-Gruppen, Blutgruppen Ausschluß zytotoxischer Antikörper Ausschluß Tumor und Infektion ←	Voruntersuchung von Spender und Empfänger	→ HLA-Gruppen, Blutgruppen Ausschluß von Tumoren oder Infektionen
entfallen ←	Immunologische Funktionsteste	→ Gemischte Lymphozytenkultur
Hirntote/eben Verstorbene ←	Bevorzugte Spender	→ Lebendspender, möglichst Geschwister

Wer sich nicht mit dem Bereich der Immunologie beschäftigt, wird auch im Zusammenhang mit Transplantationen nicht an dieses Gebiet der Medizin denken, sondern eher über die handwerklichen Fertigkeiten der Transplanteure staunen, mit der sie Organe aus dem Körper herauslösen und in einen anderen einpflanzen. Der Unkundige sieht nur den technischen Teil der Problematik, der eigentlich viel bedeutungsvollere immunologische bleibt verborgen. Und auch hierin wird er durch Zeitungsnotizen bestärkt: Häufiger als von Transplantationen wird davon berichtet, daß abgetrennte Gliedmaßen mit Erfolg wieder angefügt worden sind. Wenn dies eher erwähnt wird als eine Nierentransplantation, so scheint die Fingerfertigkeit des Operateurs sehr wichtig zu sein. Wo bleibt da das Immunsystem?

Wird in der Presse über Einbürgerung berichtet, so erfährt der Leser von Vorbedingungen, Maßnahmen und den Aussichten des einzelnen, möglicherweise wird er auch auf die Gefahr der Diskriminierung hingewiesen, die in der Immunologie einen sehr hohen Stellenwert einnimmt. Dort kennzeichnet dieser Begriff die Tatsache, daß alles Fremde vom Eigenen unterschieden und abgestoßen wird. Mit welchen Kniffen oder Tricks muß gearbeitet werden, um Transplantationen überhaupt zu ermöglichen?

Immunologische Voraussetzungen

Der Versuch, Organe zu übertragen, ist offenbar uralt. Berühmt ist eine Darstellung aus dem Mittelalter, wo unter dem Beistand zweier Heiliger einem hellhäutigen Patienten ein dunkelhäutiges Bein angesetzt werden soll; leider wird nichts über den Ausgang des Unternehmens berichtet. Im Mittelalter wurden auch häufig Zähne eingesetzt, die sich Landstreicher reißen ließen; zahlungskräfte Herren benötigten sie zum Schließen ihrer Zahnlücken. Bis in die neuere Zeit wurde jedoch nie ernsthaft transplantiert, weil ganz einfach das Handwerkszeug dazu fehlte.

Vergleichbar damit, und wegen der einfacheren Handhabung auch mehrfach versucht, ist die Transfusion von Blut. Hier führten die Anstrengungen, Tierblut zu übertragen, zunächst zu katastrophalen Folgen. Spätere Übertragungen von Mensch zu Mensch waren zum Teil erfolgreich, zum Teil scheiterten sie. Hier zeigte sich ganz eindeutig der individuelle Charakter des übertragenen Gutes. Weil das Hauptsystem des Blutes übersichtlich gegliedert ist, wurden die Blutgruppen rasch gefunden. Dies stimulierte die Transplantationsbemühungen ungemein, zumal auch die chirurgische Technik inzwischen weit fortgeschritten war und die nötigen Fertigkeiten bereithielt.

Da alle Transplantationsversuche beim Menschen – sie wurden der Einfachheit halber mit Haut vorgenommen – fehlschlugen, wurden Tierversuche unternommen. Auch dort gelang es nicht, übertragene Organe lebensfähig zu erhalten. Mittlerweile war es aber gelungen, durch permanentes Kreuzen zwischen Tieren einer Familie eine genetisch homogene Population hervorzubringen, sogenannte Inzuchtstämme. Sie sind aus genetischer und damit auch aus immungenetischer Sicht soweit identisch, daß Organe beliebig ausgetauscht werden können, ohne eine Immunreaktion auszulösen. Durch Transplantationen zwischen den verschiedenen Inzuchtstämmen konnten nun die entsprechenden Gesetzmäßigkeiten erforscht werden. Als Ausdruck einer Sensibilisierung und der Etablierung eines Gedächtnisses zeigte sich das Phänomen der beschleunigten Abstoßung, wenn vom gleichen Inzuchtstamm auf dasselbe Tier wiederholt Organe übertragen wurden. Dies belegte zugleich die Spezifität der Immunreaktion, weil Transplantate von anderen Inzuchtstämmen beim ersten Mal nicht beschleunigt zerstört wurden. Da diese Gesetzmäßigkeiten mit beliebigen Organen nachvollziehbar waren, mußte der Individualspezifität die höchste Rangordnung zugeteilt werden. Offenbar haben also alle Organe dieselben immungenetischen Marker. Das Ganze gelang auch mit gewaschenen Leukozyten, weil auch sie die entsprechenden Oberflächenmerkmale als Antigene tragen.

Die für die Transplantation entscheidenden genetischen Merkmale werden auf dem Haupthistokompatibilitätskomplex (major histocompatibility complex, MCH) programmiert (*s. S.* 33 ff). Sie sind grundsätzlich auf allen kernhaltigen Körperzellen vorhanden. Die Thrombozyten besitzen nur einen Teil davon, die Erythrozyten haben keine. Die Dichte ihrer Präsenz auf der Zelloberfläche ist unterschiedlich. Dies ist einer der Gründe, weshalb die einzelnen Organe unterschiedlich heftig abgestoßen werden. Die Größe des übertragenen Organes ist dabei weniger bedeutsam. So werden Herz und Leber vergleichsweise gut toleriert, wogegen Niere und vor allem die Haut heftigsten Abstoßungsreaktionen ausgeliefert sind.

Als Besonderheit ist zu vermerken, daß sich Hornhaut vorzüglich übertragen läßt, und, sofern die Operation einwandfrei gelingt, einer Immunantwort im allgemeinen nicht zum Opfer fällt. Dies beruht auf ihrer besonderen anatomischen Situation; die Ernährung erfolgt per Diffusionen und nicht über den Gefäßapparat. Das Immunsystem erhält also keine Information über die Präsenz eines fremden Gewebes; daß es dennoch zur Abstoßung kommen kann, gilt es noch zu erörtern (*siehe unten*). Ein zweiter Sonderfall ist die Übertragung von Knochenmark, weil es sich hierbei um die Einpflanzung eines Immunsystems handelt. Dieses erkennt den Wirt als fremd und zerstört ihn, was auch als ‚reverse Transplantatreaktion‘ oder ‚Transplant-Gegen-Wirt-Reaktion‘ (graft versus host, GVH) bezeichnet wird.

Die besten Aussichten haben Transplantationen, wenn Spender und Empfänger immungenetisch identisch sind. In solchen Fällen wird der Wechsel des verpflanzten Organes sozusagen nicht bemerkt und die Immunantwort bleibt aus. Derart günstige Verhältnisse bestehen nur bei eineiigen Zwillingen. In allen anderen Fällen muß mühsam gesucht werden, ob für den Empfänger ein identischer oder nahezu gleichartiger Spender gefunden werden kann. Unter der Normalbevölkerung ist dies nur mit großem Aufwand erreichbar, was bei den Milliarden unterschiedlicher Kombinationen des genetischen Materials nicht verwundert. Nach den Vererbungsregeln ist die Suche bei Geschwistern erfolgreich, weil es hier nur vier verschiedene Kombinationen der Haplotypen gibt. Obgleich die Aussichten der Transplantation in solchen Fällen sehr günstig sind, kann nur vergleichsweise selten darauf zurückgegriffen werden: Zum einen gibt es nur wenige Familien, die Kinder in ausreichender Zahl haben, zum anderen handelt es sich dann um Lebendspender, die heute nur für Knochenmarkstransplantation und allenfalls in Ausnahmefällen für die Organspende herangezogen werden.

Wo also in der Verwandtschaft kein Spender aufzufinden ist, muß anderweitig Ausschau gehalten werden. Wegen der extrem hohen Vielfalt muß die Zahl der zu Untersuchenden sehr groß sein. Rein rechnerisch sollte es auf der gesamten Erde keine zwei HLA-identischen Individuen geben. Doch die Chancen sind günstiger, weil die Verteilung in der Natur nicht gleichmäßig erfolgt ist. Da manche Merkmale häufiger als andere zu finden sind, kann in vielen Fällen gewährleistet werden, daß zumindest in den wesentlichen immungenetischen Merkmalen Übereinstimmung besteht.

Heute wird die Suche nach geeigneten Spendern und Empfängerkombinationen professionell betrieben. Eine internationale Organisation sammelt und verwertet die Daten. Für Europa ist dies die Organisation ‚Eurotransplant', mit Sitz in Leiden/Holland. Ein Organaustausch ist weltweit möglich, wenn die raschen Transportmöglichkeiten genutzt und die Organe konserviert werden.

Im Regelfall wird der Empfänger Arzt oder Labor aufsuchen, um seine HLA-Merkmale feststellen zu lassen. Sie werden in einer Kartei geführt. Bietet sich ein Spender an, so wird er typisiert und die Ergebnisse werden mit den Daten der Kartei verglichen. Auf diesem Wege läßt sich die ideale Spender-Empfänger-Kombination ausfindig machen. Da die Untersuchungen etwa sechs Stunden in Anspruch nehmen, müssen die zu transplantierenden Organe in einer Nährlösung und niedriger Temperatur aufbewahrt werden. Weitere Zeit vergeht durch den Organtransport, weil Spender und Empfänger nur sehr selten am gleichen Ort leben.

Zu beachten ist, daß aufgrund früherer Organtransplantationen, Transfusionen und Maßnahmen, bei denen fremdes menschliches Material in den Organismus gelangt ist, sich bereits eine Sensibilisierung gegen fremde HLA-Merkmale im Empfänger eingestellt haben kann. Das eingepflanzte Organ wird dann sehr rasch zerstört, meist durch präformierte zytotoxische zirkulierende Antikörper, die auch in der Lage sind, eine überpflanzte Hornhaut zu zerstören, weil sie durch Diffusion in das Gewebe eingeschleust und dort wirksam werden. Demzufolge müssen bei Transplantationen vor dem Eingriff nicht nur die HLA-Merkmale ermittelt, sondern auch zytotoxische Antikörper ausgeschlossen werden. Um keine Zeit zu verlieren, lagert daher jedes Labor kleine Serumproben der jeweiligen Empfänger und verwahrt somit viele Tausende davon, die regelmäßig zur Aktualisierung ausgetauscht werden müssen.

Ein besonderes Vorgehen erfordert die Knochenmarkstransplantation. Hier sind die immungenetischen Differenzen besonders bedenklich, so daß genaueste Untersuchungen notwendig sind. Hierzu werden die Immunzellen von Spender und Empfänger in einer gemischten Kultur gehalten und die gegenseitige Aggressivität gemessen. Entscheidend ist in diesem Falle, wie die Spenderimmunzellen auf das Gewebe des Empfängers reagieren. Eine solche gemischte Lymphozytenkultur bedarf etwa einer Woche bis zur Auswertung.

Weitere immunologisch relevante Kriterien, die zu berücksichtigen sind, stellen die Blutgruppen dar. Sie sind bei der Transfusion von ganz entscheidender Bedeutung, wenn es um die Erythrozyten geht, was meist der Fall ist. Blutgruppenmerkmale finden sich auch in vielen Geweben, etwa im Magen-Darm-Kanal. Auch andere Polymorphismen, wie sie in den Serum-Eiweißkörpern verankert sind, können dem Immunsystem Anlaß zur Reaktion bieten. Allerdings sind diese Faktoren weniger wichtig als die vom MHC geprägten Merkmale. Sogar bei der Knochenmarkstransplantation können Blutgruppenbarrieren überwunden werden, indem gewissermaßen ein langsamer Austausch der Blutsorten erfolgt: die alte verschwindet zugunsten der neuen und für eine gewisse Zeit liegt sogar ein Chimärismus vor, d.h., zwei unterschiedliche Blutgruppen existieren nebeneinander.

Wichtige Aspekte bei der Durchführung

Nach Klärung der immunologischen Verhältnisse kann die Transplantation eingeleitet werden. Organentnahme, Konservierung zum Transport und Implantation sind heute technisch gelöst. Nur noch wenige Bereiche unseres Organismus sind von den Möglichkeiten der Transplantation ausgeschlossen, beispielsweise das Gehirn. Das Knochenmark wird dem Spender in Vollnarkose mittels zahlreicher Bohrungen entnommen und wie eine Transfusion in die Zirkulation des Empfängers eingebracht, von wo aus es den künftigen Wirkungsort besiedelt.

Auch wenn die immunologischen Voraussetzungen gegeben sind, kann es zum Versagen des übertragenen Organes kommen. Gerade beim Knochenmark gehen mit zunehmenden Alter des Empfängers und in Abhängigkeit von der Vorbehandlung die inokulierten Zellen nicht mehr an, das Transplantat stirbt also. Sogar bei autologer Knochenmarkstransplantation erfolgt nicht selten eine derartige Reaktion, wenn von einem Individuum entnommenes Knochenmark während der Chemotherapie aufbewahrt und anschließend zurückgegeben wird.

Da bei den meisten Transplantationen Abstoßungsreaktionen erfolgen, muß Immunsuppression betrieben werden, um das Organ zu retten. Hierfür stehen verschiedene Präparate zur Verfügung. Früher war man auf Zellgifte vom Typ der Proliferationshemmer und Krebsmittel alleine angewiesen, heute ist es möglich, sogar die Induktion der Immunantwort zu unterdrücken. Dies gelingt durch Cyclosporin A in vorzüglicher Weise, so daß die Ergebnisse neuerdings erheblich verbessert sind. Ein weiterer Schritt ist der Einsatz monoklonaler Antikörper, die, um ein Beispiel zu nennen, an den Rezeptoren der T-Lymphozyten angreifen und hier die Erkennung des Antigens unterbinden.

Die genannten Möglichkeiten haben dennoch keine grundsätzlich neuen Ansätze erbracht. Immunsuppression muß als Dauertherapie konzipiert werden, was permanent erhöhte Anfälligkeit gegenüber Infekten und Tumoren bedeutet. Es wird spekuliert, daß die Ursache vielfach im Transplantat liegt und von hier aus pathogene Viren aktiv sind. Gelegentlich kann die Immunsuppression im Laufe langer Jahre erfolgreicher Transplantatfunktion deutlich reduziert werden. In anderen Fällen kommt es auch nach Wochen, Monaten oder sogar Jahren zu einer vermehrten Attacke gegenüber dem Transplantat, wodurch die Immunsuppression verstärkt werden muß. Dies zu erkennen, ist eine der wichtigsten Aufgaben des betreuenden Arztes. Solche Krisen kündigen sich durch erhöhte immunologische Aktivität und Einschränkung der Organfunktion an. Übrigens bedeutet die Abstoßung eines Organes nicht das endgültige Aus: Es kann durchaus ein weiteres Organ wieder eingepflanzt werden, wenngleich die Erfolgsaussichten geringer werden.

Ziele der Transplantationsimmunologie

Auf vielfachem Wege wurde versucht, die Ergebnisse zu verbessern. So wurden bei Pankreas die insulinbildenden Zellen isoliert und als Kolonie inokuliert, was jedoch nicht zu grundsätzlichen neuen Verhältnissen führte.

Ein echter und grundlegender Fortschritt wäre die Konditionierung des Immunsystems selbst. Es müßte erreicht werden, daß die Reaktion selektiv gegen das Transplantat unterdrückt wird und im übrigen erhalten bleibt. Im Tierversuch ist eine solche Toleranzinduktion möglich und gelingt am besten bei Neugeborenen.

Toleranzinduktion beim Menschen wäre ein absolutes Novum. Sie sollte unmittelbar nach der Geburt möglich sein. Da Toleranz stets nur gegen einzelne Antigene induziert werden kann und ohne regelmäßige Antigenapplikation verloren geht, bedürfte es schon zum Zeitpunkt der Geburt der Festlegung späterer möglicher Spender. Dazu müßten mehrere Neugeborene zu einer Art Transplantations-Interessengemeinschaft zusammengefaßt und gegenseitig tolerant gemacht werden. Im späteren Leben könnten sie dann einander gegebenenfalls Organe spenden. Dies wäre bei Knochenmark sicher ohne Schwierigkeiten möglich, bei soliden Organen käme es eher im außerimmunologischen Bereich zu Komplikationen. So müßte diese Interessengemeinschaft darauf achten, daß keines der Mitglieder mutwillig durch falsche Lebensweise Funktionen einzelner Organe gefährdet, weil diese dann nicht mehr für die Transplantation taugten.

Ein weiterer Gedanke wäre, die Familienplanung soweit auszudehnen, daß jeweils nur Geschwister mit identischen immungenetischen Merkmalen geboren würden. Dazu bedürfte es einer frühzeitigen Bestimmung des MHC, was grundsätzlich möglich wäre; mittels neuer Methoden kann die genetische Kodierung im Zellkern festgestellt werden, noch ehe die Merkmale an der Zelloberfläche ausgeprägt sind. Dann müßte aber auch jede Schwangerschaft abgebrochen werden, wenn das immungenetische Muster nicht wunschgemäß ausgefallen ist.

Ein anderer gedanklicher Ansatz stützt sich auf die Schwangerschaft als natürliches Modell einer Transplantation. Föt und Embryo werden trotz fremder immungenetischer Merkmale, die vom Vater stammen, toleriert. Offenbar gibt es innerhalb des Immunsystems einen Regelmechanismus, der dazu beiträgt. Wäre er bekannt und beliebig übertragbar, so könnten auch Organe wie die Leibesfrucht vor dem Immunsystem geschützt werden. Ein interessanter Aspekt ist, daß sich immunologisch bedingte Infertilität in Einzelfällen durch hohe Immunglobulingaben beheben läßt. Dies könnte sich als ein hinsichtlich des Schutzes von Transplantaten wichtiger Ansatz erweisen, für den bereits klinische Anhaltspunkte existieren.

Zweifellos sind die Wünsche der Transplantationsimmunologie noch längst nicht erfüllt. Die Erfolge sind jedoch deutlich besser als noch vor kurzer Zeit, und die Fortschritte werden auch in Zukunft nicht auf sich warten lassen. Vermutlich wird zunächst die medikamentöse Therapie noch differenzierter werden und bessere Ergebnisse gestatten, bevor spektakuläre immunologische Verfahren realisierbar sind. Manche Möglichkeiten werden mit ethischen Grundsätzen nicht vereinbar sein. Aber selbst, wenn die immunologische Barriere eines Tages kein Problem mehr darstellt und auch die chirurgischen Techniken bislang utopisch scheinende Vorgänge möglich machen, wird ein Defizit bestehen. Schon jetzt wächst die Warteliste aufgrund der zu geringen Anzahl von Spenderorganen. Hier könnte nur die Züchtung von Organen unabhängig von vitalen Individuen helfen, zumal gegenwärtig – mit Ausnahme des Knochenmarks – jede Organverpflanzung mit Nachteilen für den Spender verbunden ist.

Nicht mehr allein

Die Schwangerschaft ist aus immunologischer Sicht ein überaus interessantes Experiment der Natur: Im schwangeren Organismus wächst etwas heran, das sich von der werdenden Mutter unterscheidet und somit als ein vom Kindsvater stammendes Transplantat betrachtet werden könnte. Deshalb wurde früher angenommen, daß sich zwischen Immunsystem und Föt Interaktionen abspielen, die zwangsläufig zu dessen Zerstörung und Elimination führen müßten. Auch wurde gemutmaßt, die Immunreaktion des mütterlichen Organismus wäre dem wachsenden Föt als einer übermächtigen Antigenquelle nicht gewachsen, es käme dadurch sogar zu einer Toleranz. Diese Spekulationen gipfelten in der Annahme, das Immunsystem der werdenden Mutter würde schließlich doch die Oberhand gewinnen und eine vernichtende Aktion gegen den Föt einleiten. Dies wäre dann das auslösende Signal für die Geburt, die entweder als Folge einer Immunreaktion zu betrachten sei oder als die eben noch geglückte Flucht vor dem vernichtenden Schlag. Die Geburt wäre somit durch eine Immunreaktion bedingt.

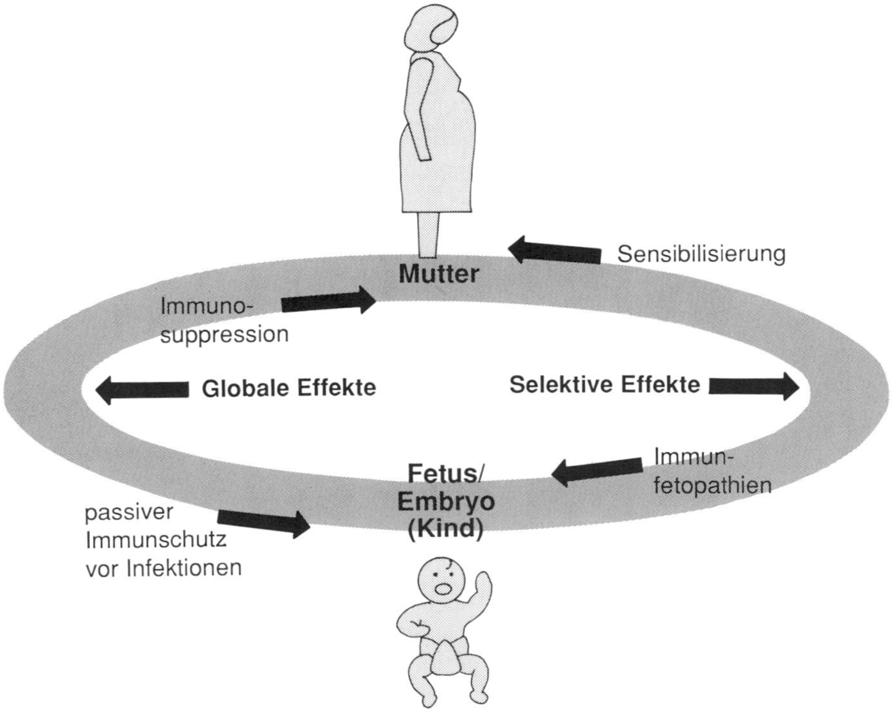

Eine derart verblüffende Hypothese fordert zu einigen Überlegungen heraus. Müßte dann nicht bei allen weiteren Schwangerschaften die Immunreaktion um so heftiger einsetzen und eine Geburt immer früher eingeleitet werden – vorausgesetzt, die Kinder würden stets von ein- und demselben Mann gezeugt?

Gegen die Betrachtungsweise, daß der Schwangerschaft auf immunologischem Wege ein Ende gesetzt wird, spricht auch eine simple Beobachtung aus experimentellen Tierversuchen. Bei sogenannten Inzuchtstämmen ist die immungenetische Ausstattung bei sämtlichen Exemplaren soweit angeglichen, daß zwischen verschiedenen Individuen eines Inzuchtstammes beliebig Organe ausgetauscht werden können, ohne das Immunsystem auf den Plan zu rufen. Eine Immunreaktion gegen den Föt könnte hier auch gar nicht induziert werden, und so müßte die Schwangerschaft gewissermaßen bis ins Unendliche verlängert werden – weil eben die Immunreaktion fehlt. Dennoch kommt es auch hier innerhalb des normalen Zeitraums zur Geburt. Mithin ist die Hypothese einer Beendigung der Schwangerschaft auf immunologischem Wege widerlegt. Gibt es also doch eine Immunreaktion gegen die embryonalen und fötalen Antigene?

Immunreaktion gegen embryonale und fötale Antigene?

Anlaß für die Reaktion des mütterlichen Immunsystems müßten zweifellos Elemente sein, die im eigenen Organismus nicht vorhanden sind. Hierzu können alle genetisch determinierten Strukturen und Substanzen zählen, die vom väterlichen Erbgut bestimmt werden, d.h. Blutgruppen, Isotypien und Allotypien von Proteinen wie Haptoglobin oder auch Antikörper und die vom MHC gesteuerten Merkmale der Zellmembranen, insbesondere die des HLA-Systems. Dabei mußten sie allerdings mit dem mütterlichen Immunsystem in Berührung kommen, um eine entsprechende Reaktion auszulösen. Dies ist aber keinesfalls bei allen zwangsläufig der Fall, sondern stellt eher die Ausnahme dar. Einzige große Berührungsfläche ist zunächst die Oberfläche des befruchteten Eis, sodann die Membranen der Morula; der Trophoblast stellt schließlich die Grenze zum mütterlichen Organismus großflächig dar.

Wenn all diese Antigene tatsächlich ein Stimulus sind, muß sich auch eine entsprechende Immunreaktion nachweisen lassen, entweder auf zellulärer Ebene oder auf humoraler Basis. Was wäre da zu erwarten?

Eine recht übersichtliche Situation ist bei den Blutgruppen gegeben. Wenn die Mutter Blutgruppe 0 aufweist und das keimende Kind die Blutgruppe A oder B vom Vater ererbt hat, so wäre nach Antikörpern gegen diese fremden Merkmale zu fahnden. Tatsächlich findet man bei werdenden Müttern solche Antikörper. Diese stammen jedoch nicht vom Kontakt mit kindlichen Erythrozyten, was sich schon allein daraus ergibt, daß Isoagglutinine auch bei Nichtschwangeren und sogar bei Männern vorkommen: Die Induktion von Antikörpern gegen fremde Blutgruppen-Merkmale wird von Bakterien des Darmes induziert und resultiert nicht aus einer Fehltransfusion oder der Berührung fremder Erythrozyten während der Schwangerschaft. Es tritt auch keine Veränderung des Titers dieser Isoagglutinine als Zeichen einer verstärkten Sensibilisierung während der Schwangerschaft ein.

Die Suche nach Antikörpern gegen fremde Proteinmerkmale auf Transportproteinen und Antikörpern ist im allgemeinen erfolglos zufolge der anatomischen Trennung durch anatomische Barrieren. Wo eine Begegnung unterbleibt, kann auch eine Immunreaktion nicht induziert werden. Somit verbleibt nur noch die Frage nach möglichen Antikörpern gegen Oberflächen-Merkmale des Trophoblasten, der Plazenta. Hier bestünden genügend Möglichkeiten, eine Immunreaktion zu induzieren. Als antigener Stimulus kämen fremde HLA-Merkmale sowie Strukturproteine der Plazenta in Betracht, die dem mütterlichen Organismus fremd sein müssen.

Tatsächlich finden sich Antikörper gegen fremde HLA-Merkmale bei einem hohen Anteil der Mütter. Die Induktion erfolgt eindeutig während der Schwangerschaft. Daß es hier zu einer Art Auffrischung der Immunreaktion kommt, belegt die Tatsache steigender Titer bei jeder weiteren Schwangerschaft. Voraussetzung hierfür ist jedoch, daß die verschiedenen Kinder jeweils vom gleichen Mann gezeugt worden sind. Bestehen die Differenzen im HLA-System zu den Kindern auf nur einem Lokus, kommt es zu den wertvollen monospezifischen Antiseren, die nur gegen ein einziges HLA-Merkmal gerichtete Antikörper enthalten und deshalb außerordentlich begehrt sind. So wird versucht, den jungen Müttern, solange sie noch hohe Titer aufweisen, in großen Mengen Plasma zu entnehmen, um Antiseren für diagnostische Zwecke zu gewinnen.

Haben diese Antikörper nun eine Bedeutung?

Die beschriebenen Antikörper sind während der Schwangerschaft sicherlich pathogenetisch kaum relevant, da eine Schwangerschaft unabhängig vom Titer unbeschadet ausgetragen wird. Ist der Embryo einmal gewachsen, dann können solche Antikörper keine Fehlgeburten mehr auslösen. Es wird sogar über ihre protektive Natur spekuliert, indem angenommen wird, daß sie die Plazenta besetzen und so vor dem Zugriff zytotoxischer sensibilisierter Lymphozyten bewahren. Aufgrund der in diesem Bereich bestehenden Unklarheiten, wurden diese Antikörper schließlich als eigenes System mit der Bezeichnung ‚trophoplast related unknown‘ (TRX) postuliert. Doch auch diesbezüglich sind noch längst nicht alle Untersuchungen abgeschlossen. Würde sich hier ein System aufzeigen lassen, welches sogar den Schutz des ungeborenen Lebens übernimmt, gäbe es eine echte immunotrophe Reaktion, die das exakte Gegenteil zur pathogenen Form darstellen würde. Gibt es jenseits dieser Spekulationen Hinweise auf eine vielleicht verminderte Immunreaktion während der Schwangerschaft?

Änderung der Immunreaktivität

In der Tat kann während der Schwangerschaft eine merkliche Minderung der Immunreaktivität beobachtet werden. Dies ist auch sinnvoll, weil dadurch die Plazenta weniger gefährdet ist. Freilich erfolgt darüberhinaus ein vollständiges Blockieren jedweder Immunreaktion, da dadurch wiederum die Widerstandskräftigkeit der Mutter gänzlich aufgehoben und Infektionen begünstigt würden. Werden bestimmte Reaktionen abgerufen, etwa durch einen Hauttest oder durch Einpflanzen eines kleinen Hautstückchens, so zeigt sich eine verminderte Immunreaktivität, die sich nicht nur gegenüber Elementen des Kindsvaters, sondern ganz allgemein erweist.

Was steckt hinter dieser milden Immunsuppression während der Schwangerschaft?

Die einfachste Erklärung ergibt sich aus dem Anstieg körpereigenen Kortisols während der Gravidität. Steroide sind ein potentes Mittel, Immunreaktionen und deren Folgen zu unterdrücken. Wird also naturgemäß während der Schwangerschaft der Kortisolspiegel im Organismus der werdenden Mutter angehoben, so entspricht die Wirkung der Einnahme von Corticosteroiden. Da der Anstieg nicht ausreichend ist, werden zusätzlich andere Einrichtungen der Immundämpfung wirksam. Hierzu zählt in erster Linie das ‚human chorionic gonadotropine' (HCG). Nach der Entbindung werden die veränderten Größen wieder auf ihr Normalmaß zurückgeführt, die Immunreaktivität der jungen Mutter normalisiert sich ebenfalls.

Welche Krankheiten werden durch die Schwangerschaft modifiziert?

Da die Schwangerschaft die Immunreaktivität mindert, ist zu fragen, welche Krankheiten der Mutter sich in diesem Zusammenhang modifizieren und in welcher Form diese dann in Erscheinung treten. Ein Zugang zur Antwort ergibt sich aus der Überlegung, welche Krankheiten durch eine bewußte Hemmung des Immunsystems behandelt werden. Hier sind die Prozesse zu nennen, deren Ursache ein überschießend reagierendes Immunsystem erkannt ist. Daher ist zunächst anzunehmen, daß sämtliche Hypersensitivitätssyndrome während der Schwangerschaft eine Besserung erfahren. Die klassischen Allergien etwa vom Typ des Heuschnupfens sowie allogene Sensibilisierungsfolgen wie Abstoßungsreaktionen von Transplantaten und schließlich Autoaggressionskrankheiten, müßten somit einen milderen Verlauf aufweisen. Insgesamt ist eine deutliche Besserung solcher Erkrankungen während der Schwangerschaft bei den meisten Patienten nur selten, jedoch erfährt die Erkrankung tatsächlich in vielen Fällen eine gewisse Beruhigung. Es ist auch keineswegs davon auszugehen, daß mit der Schwangerschaft die Symptome verschwinden, weil die Kortisolerhöhung im Organismus der werdenden Mutter keinen Umfang annimmt, der etwa einer hohen Kortisongabe entspricht. Für das System wäre es fatal, eine derart starke Immunsuppression durch die Schwangerschaft zu induzieren, da die entsprechende Abwehrschwäche dann mit ganz neuen Risiken verbunden wäre.

Somit bleibt auch hier festzuhalten, daß die durch die Schwangerschaft eintretende Hemmung der Abwehr sich sinnvollerweise in erster Linie an der Plazenta erweist und im übrigen Organismus weniger zum Tragen kommt. Dennoch kann man die Patientinnen beruhigen, weil das Risiko einer Verschlimmerung der Erkrankung sehr viel geringer ist als der mögliche Vorteil schwächerer Symptome. Verschlimmerungen sind vornehmlich dort zu befürchten, wo die Schwangerschaft eine zusätzliche Belastung für den gesamten Organismus darstellt, etwa mit Bezug auf den Stoffwechsel.

Was geschieht nach der Entbindung?

Die beschriebene Hemmung des Immunsystems entfällt mit der Entbindung. Es kommt dann zu einer Reaktivierung der Immunantwort, d.h. zu einer Verstärkung der Symptome der bereits vor der Schwangerschaft bestehenden Immunkrankheit. Darauf müssen Patientinnen hingewiesen werden; der betreuende Arzt muß entsprechend vorbereitet sein. Gelegentlich kann es nach der Schwangerschaft sogar zur Erstmanifestation von Autoimmunkrankheiten kommen. In solchen Fällen ist davon auszugehen, daß die Erkrankung sich ohne Schwangerschaft wahrscheinlich früher gezeigt hätte, so aber gewissermaßen unterdrückt wurde, bis dann dieser Hemmechanismus entfiel und der Prozeß zur Manifestation kam.

Diese Situation kann auch die Medikation der Patientinnen beeinflussen. So ist es häufig möglich, während der Schwangerschaft Medikamente, die einen Immunprozeß mit seinen Folgen unterdrücken sollen, in ihrer Menge zu reduzieren. Dies ist ohnehin erwünscht, da während der embryonalen Entwicklung Medikamente möglichst nicht gegeben werden sollen. Umgekehrt muß dann die herabgesetzte Dosis nach der Entbindung bei ersten Anzeichen einer Reaktivierung rasch heraufgesetzt werden.

Wieweit können die Neugeborenen durch die Immunkrankheit der Mutter belastet werden?

Auf den ersten Blick scheint kein entscheidenes Risiko gegeben, ist doch das Immunsystem der Mutter Ursache der Erkrankung und die Entwicklung des kindlichen Immunsystems davon unbeeinflußt. Auch stellt die Plazenta eine Barriere dar, die die Immunozyten des mütterlichen Organismus ruhigstellt und somit einen weiteren Schutz vor einer Schädigung kindlicher Strukturen bietet. Allerdings wird während des letzten Trimenon IgG durch die Plazenta in den kindlichen Kreislauf überführt, um dem Neugeborenen einen ersten immunologischen Schutz auf den Weg zu geben. Diese faszinierende ‚Leih-Immunität' hilft dem Kind einige Monate lang bei der Abwehr von Schadensfaktoren. Da die mütterlichen Antikörper als tote Moleküle sich nicht vermehren können, gehen sie im Lauf der ersten Lebensmonate allmählich verloren und müssen von den eigenen Antikörpern des Säuglings ersetzt werden.

Nun kann freilich die Plazenta nicht unterscheiden zwischen ‚guten' und ‚schlechten' Antikörpern; sie schleust wahllos und unabhängig von deren Spezifität IgG-Moleküle in den fötalen Kreislauf. Somit gelangen auch krankmachende Immunproteine ins Kind und richten Schaden an. Naturgemäß beschränkt sich dies auf solche Immunkrankheiten, die durch IgG-Antikörper bedingt sind. Tatsächlich wurden beispielsweise eine immunologisch ausgelöste Hyperthyreose, hämolytische Anämie, Myasthenia gravis und ein systemischer Lupus erythematodes bei den neugeborenen Kindern von Müttern mit derartigen Erkrankungen beobachtet. Dabei gleichen sich mütterliche und kindliche Symptome bzw. Organschäden weitgehend, was nicht verwundert, da doch derselbe Antikörper im Hintergrund steht. Manchmal sind auch Besonderheiten erkennbar, wie etwa beim Auftreten des antinukleären Faktors mit der Spezifität SS-A oder RO, der beim Kind zu Herzrhythmusstörungen führt. Die Schäden bei den Kindern sind im allgemeinen weniger ausgeprägt: Zum einen wird nach der Entbindung der Nachschub an Antikörpern unterbrochen, und der transferierte Vorrat ist dann rasch aufgebraucht; zum anderen passieren Immunglobuline erst gegen Ende der Schwangerschaft die Plazenta, so daß sie während einer vergleichsweise kurzen Zeitdauer einwirken können – wie auch bei der Mutter die Erkrankung wenige Wochen nach Auftreten der Antikörper im allgemeinen noch nicht zu ausgeprägten Organschäden geführt hat.

Da zirkulierende Immunkomplexe die Plazenta nicht passieren können, sind Immunkomplexkrankheiten für die Kinder weniger gefährlich; hier kann nur der freie Antikörper Schaden anrichten. Schübe der Mutter, die einem vermehrten Auftreten von Immunkomplexen zuzuschreiben sind, wirken sich daher auf den Föt nicht aus. Dieser kann jedoch dann mittelbar geschädigt werden, wenn diese Immunkomplexe eine Entzündung von Gefäßen auslösen, die zur Plazenta führen. Dann kommt es zu einer Unterbrechung der Blutzufuhr, und das werdende Leben ist in Gefahr.

Die Sonderform der Hämolyse beim Kind ist dadurch gekennzeichnet, daß das mütterliche Immunsystem ausschließlich Elemente des kindlichen Blutes zerstört. In der überwiegenden Mehrzahl der Fälle liegt die Ursache in einer Sensibilisierung des mütterlichen Immunsystems durch fremde Oberflächenmerkmale insbesondere der Erythrozyten. Normalerweise sind die kindlichen Blutzellen von denen der Mutter durch die Barriere der Plazenta getrennt. Wenn diese durch Veränderungen entweder im Rahmen der Alterung oder durch Verletzung während der Entbindung diese Schrankenfunktion nicht mehr komplett ausübt und so kindliche Erythrozyten in den mütterlichen Kreislauf gelangen, muß mit einer Sensibilisierung gerechnet werden. Die Folge ist das Auftreten von IgG-Antikörpern, die durch die Plazenta hindurch in den kindlichen Organismus übertreten und dort die Zielzellen, d.h. die Erythrozyten, zerstören. Daraus resultiert eine hochgradige Anämie, eine allogene transferierte Immunkrankheit.

Ausgehend von der mitteleuropäischen Verteilung von Hauptblutgruppen und Rhesusdeterminanten, müßte es viel häuiger zu derartigen Reaktionen und Erkrankungen kommen. Wieso ist dies nicht der Fall?

Nicht immer reagiert das Immunsystem mit der unmittelbaren Elimination des Antigens. Es ist bekannt, daß der Heuschnupfen häufig erst in der 20. Saison auftritt. Wenn dementsprechend erst bei der 20. Schwangerschaft eine Sensibilisierung erfolgt, wird dieser Effekt so gut wie nie zum Tragen kommen. Da es aber andererseits Individuen gibt, die bereits im Kleinkindesalter einen Heuschnupfen entwickeln, ist analog bei der zweiten oder vielleicht auch dritten Schwangerschaft mit einer solchen Sensibilisierung und daraus abzuleitenden immunhämolytischen Anämie des Kindes zu rechnen.

Einen weiteren entscheidenden und interessanten Hinweis liefern die Isoagglutinine. Diese gegen fremde Hauptblutgruppen gerichteten Antikörper der IgM-Klasse bilden sich fast bei jedem Individuum im Lauf der Jugend aus. Da dies nicht im Zusammenhang mit einer Transfusion falschen Blutes erfolgt, muß eine andere Antigenquelle vorhanden sein. Sie findet sich im Darm in Form von Bakterien. Jeder Mensch weist eine Darmflora auf, deren Oberflächenmerkmale denen der Blutgruppen ähnlich sind. Wer nun die Blutgruppe A hat, wird lediglich gegen Strukturen der Blutgruppe B Antikörper entwickeln – und umgekehrt. Es ist ein Wunder der Natur, daß hier stets die IgM-Klasse beibehalten wird. Diese Antikörper können nicht durch die Plazenta gelangen und das kindliche Blut schädigen, fangen aber alle fötalen Erythrozyten ab, wenn die Hauptblutgruppen unterschiedlich sind. Hat also der Föt eine von der Mutter abweichende Hauptblutgruppe A oder B, so werden eindringende kindliche Erythrozyten sofort von den Isoagglutininen beseitigt und eine Sensibilisierung gegenüber Rhesusdeterminanten kann nicht mehr erfolgen. Weisen jedoch die kindlichen Erythrozyten die gleiche Hauptblutgruppen-Konstellation auf wie die der Mutter, so werden sie nicht durch Isoagglutinine eliminiert; das Immunsystem kann in aller Ruhe die Rhesusdeterminanten erkennen und die Antikörperproduktion einleiten.

Vergleichbare Verhältnisse gibt es offenbar auch bei Leukozyten und Thrombozyten. Hier sind jedoch die Zusammenhänge wegen der bunten Oberflächenstrukturen ungleich komplexer und weniger überschaubar.

Schutzimpfung und Hyposensibilisierung während der Schwangerschaft?

Gibt es noch etwas in der Schwangerschaft zu bedenken? Liegt aufgrund der geschilderten Verhältnisse etwas Immunologisches vor, das mit Erkrankungen nicht unmittelbar zu tun hat? Einen eigenen Aspekt liefern in diesem Zusammenhang die Schutzimpfungen während der Schwangerschaft. Dabei geht es nicht um die passive Immunisierung, da sie für die werdende Mutter von gleicher Bedeutung wäre wie der Antikörpertransfer für den kindlichen Kreislauf im letzten Trimenon. Auch das Kind würde im übrigen von einer passiven Immunisierung der Mutter profitieren, sogar nach der Geburt. Diese Maßnahme kann problemlos bei großzügiger Indikation, also etwa der Gefahr der Viruskontamination und gleichzeitig fehlendem eigenen Schutz, vorgenommen werden, sofern nicht bei früherer Gelegenheit Immunglobuline Nebenwirkungen gezeitigt haben. Dagegen stellt sich die Frage, ob und inwieweit eine aktive Immunisierung gestattet ist. Naturgemäß verbietet sich jede Applikation eines Lebendimpfstoffes. Auch solche Impfstoffe, die ansonsten durch Nebenwirkungen und Unverträglichkeiten auffallen, müssen ausscheiden. Risikolos sind dagegen Vakzine der Hepatitis-B Schutzimpfung, die absolut ungefährlich ist und daher auch während der Schwangerschaft vorgenommen werden kann. Aufgrund der erwähnten Minderung der Reaktionsfreude des Immunsystems ist nicht gewährleistet, daß die gleiche Titerhöhe erreicht wird wie außerhalb der Gravidität. Dies gilt für die Erstimpfung in viel größerem Maße als für die Auffrischimpfung. Daher sollten solche Impfungen bereits vor einer Schwangerschaft etabliert sein. Wird – weil dies versäumt wurde – aktuell rascher Immunschutz benötigt, kann auf humane Hyperimmunseren zurückgegriffen werden. Auf diesem Wege ist die Schwangerschaft sehr gut zu überbrücken.

Aus den gleichen Gründen soll die Hyposensibilisierungstherapie nicht während der Schwangerschaft begonnen werden: Zum einen gewährleistet das ohnehin modulierte Immunsystem keineswegs den gewünschten Erfolg, zum anderen kann es zu anaphylaktischen Zwischenfällen kommen, ein für Mutter und Kind gleichermaßen gefährliches Ereignis. Da selbst nach zahlreichen gutvertragenen Injektionen Zwischenfälle nicht ausgeschlossen sind, ist auch die Fortsetzung einer bislang erfolgreich durchgeführten Hyposensibilisierung besser zu unterlassen.

Die Schwangerschaft ist ein faszinierendes Geschehen, weil sie ein Naturexperiment darstellt, das auf anderem Wege aus ethischen Gründen nicht erlaubt werden könnte. Dem Immunsystem wird in dieser Phase vieles abverlangt, wobei die Natur in vielerlei Hinsicht vorgesorgt hat:

Alle Aspekte, von der Histoinkompatibilität bis zum Immuntransfer werden angemessen berücksichtigt.

Der Dritte fehlt im Glück

Infertilität		
Allogen		Autolog
bei Frauen ←	Vorkommen	→ bei Frauen und Männern
individualfremde Antigene ←	Ziel der Immunreaktion	→ eigene Antigene
Zerstörung von Spermien und Trophoblast ←	Folge	→ Zerstörung und Behinderung von Spermien und Eizellen
Immunmodulation (Partnerwechsel) ←	Prophylaxe / Therapie	→ Immunsuppression (umstritten)

Kinderlosigkeit ist keine Krankheit, kann aber Folge einer besonderen Konstellation sein, die dann als ‚Krankheit' bezeichnet wird. Daß auch immunologische Mechanismen zu dieser Situation beitragen können, wurde schon lange vermutet und ist noch längst nicht erschöpfend untersucht. Die Ursache mag darin liegen, daß Kinderlosigkeit eher ein soziales Schicksal ist, jedoch keine Symptome im üblichen Sinne auslöst. Wie ist man überhaupt auf die Idee gekommen, Infertilität als Immunphänomen zu betrachten?

Im Alltag gibt es keine greifbaren Hinweise für ein solches Geschehen. Eine derartige Zuordnung der Infertilität mag auf der Tatsache beruhen, daß die Gynäkologen in manchen Fällen keinerlei Grund für das Ausbleiben einer Schwangerschaft fanden. Entscheidender noch mag die Beobachtung gewesen sein, daß manche Frauen von einem bestimmten Mann keine Kinder empfangen, wohl aber von anderen, und daß der scheinbar unfruchtbare Mann durchaus in der Lage ist, mit einer anderen Frau ein Kind zu zeugen. Wie kann man sich solche Dinge erklären?

Formen der Infertilität

Wie schon in anderem Zusammenhang erwähnt, sind die Möglichkeiten des Immunsystems, Antigene zu erkennen und zu zerstören, nahezu grenzenlos. Im Falle der Infertilität stellen Elemente, die zur Entwicklung eines Kindes erforderlich sind, das Ziel des Immunsystems dar. Je nachdem, ob diese Abläufe auf ein- und denselben Organismus beschränkt sind oder quasi auf den Partner übergreifen, ist eine autologe von einer allogenen Infertilität zu unterscheiden.

Attackiert und zerstört das Immunsystem Elemente der Keimbahn im eigenen Organismus, so liegt eine *autologe Infertilität* vor. Was hier als Besonderheit anklingt, müßte sogar eher die Regel sein, wie im Kapitel über Immuntoleranz und Autoimmunität dargestellt wurde (*S.* 23 ff). Da dem Immunsystem alle Elemente eines Organismus unverdächtig sind, die ihm in der Embryonalzeit während der explosiven Entwicklung des Immunsystems gewissermaßen vorgestellt werden, dürfte für die erst sehr viel später auftretenden Spermien und Eizellen eine solche Toleranz gar nicht ausgebildet sein. Dies ist tatsächlich der Fall. Allerdings ist diese Toleranz gar nicht erforderlich, da eine anatomische Barriere zeitlebens die Zellen der Keimbahn von den Zellen des Immunsystems trennt. So sind die Oozyten in einer Region vorgebildet, die vom Immunsystem nicht weiter tangiert wird. Bei den Spermatozoen stellt das produzierende Epithel selbst eine Art Barriere gegenüber den Immunzellen dar. Wenn diese Barrieren im Laufe des Lebens durch Trauma oder Krankheit zugrunde gehen, so wird eine Sensibilisierung eintreten, da keine Toleranz vorliegt, und das Immunsystem das Antigen attackieren. Werden die Spermatozoen bildenden Zellen durch Immunmechanismen zerstört, fällt die Produktion von Spermien aus. Sofern Antikörper der IgM-Klasse gegen Spermatozoen im Hintergrund einer autologen Infertilität stehen, liegt die mangelnde Befruchtungsfähigkeit an einer Agglutination der Spermatozoen durch IgM-Antikörper, die ihre Beweglichkeit und Wanderungsfähigkeit beeinträchtigt. Bei den Frauen sind diese Phänomene weniger deutlich und wohl auch seltener. Somit muß die autologe Infertilität anteilmäßig eindeutig mehr dem männlichen Teil eines Paares zugeschrieben werden.

Hinsichtlich der *allogenen Infertilität* sind Aspekte des Kapitels über immunologische Besonderheiten der Schwangerschaft (*S.* 23 ff) zu bedenken. Wie das Kind und bereits die Plazenta für das Immunsystem einen Fremdkörper mit Antigencharakter darstellen, müssen auch Spermien dieser Einschätzung zum Opfer fallen. Tatsächlich werden rasch Antikörper gegen Spermatozoen induziert, wenn eine parenterale Inokulation vorgenommen worden ist. Die sich auf natürlichem Wege in Richtung der Eizelle bewegenden Spermien sind jedoch auch örtlich vom Immunsystem der Frau separiert, so daß es nicht zu einer Sensibilisierung kommt. Daher ist fast immer eine Befruchtung möglich. Ist jedoch einmal eine Sensibilisierung eingetreten, so treten die korrespondierenden Antikörper ins Genitalsystem der Frau über und schädigen gegebenenfalls die Spermien. Gelingt dies, bevor die Spermien die Eizelle erreichen, so werden sie blockiert; eine Befruchtung ist unmöglich. In seltenen Fällen kann es sogar zur Produktion von IgE-Antikörpern kommen, die zu anaphylaktischen Reaktionen führen. Diese ergeben sich dann, wenn Elemente der Spermien mit durch Antikörper besetzten Mastzellen oder Basophilen in Berührung kommen. So erklärt sich die allerdings seltene Erscheinung, daß Frauen nach Verkehr mit lokalen Schwellungen, Asthma oder sogar Schock reagieren.

Es wird immer wieder spekuliert, daß Verkehr mit häufig wechselnden Partnern auf diese Vorgänge Einfluß nehmen könnte und eine mindere Fertilität von weiblichen Prostituierten darauf zurückzuführen sei. Hierfür gibt es jedoch keine hinlänglichen Belege. Vor allen Dingen hat noch die Beobachtung großes Erstaunen ausgelöst, daß Spermien-Antikörper auch bei Nonnen gefunden werden. Offenbar handelt es sich hier um kreuzreagierende Immunproteine, die in Einzelfällen der allogenen Infertilität möglicherweise eine pathogene Rolle spielen.

Wie kann immunologisch bedingte Unfruchtbarkeit erkannt und überwunden werden?

Die Diagnose stützt sich üblicherweise auf den Nachweis von Antikörpern gegen Eizelle oder Sperma. Am zuverlässigsten gelingt dies bei der autologen Infertilität des Mannes. Hier kommt es zur Agglutination und Bewegungsunfähigkeit der Spermien. Gleiches ist bei der allogenen Form möglich; hier wäre jedoch sinnvoller, Antikörper im Genitalsekret zu suchen als im Blutserum. Tatsächlich wurden schon seit langem Tests funktioneller Art eingeführt, bei denen die Mobilität der Spermien im Genitalabstrich mikroskopisch verfolgt wurde. Dabei ließ sich nicht klären, ob es sich um Artefakte handelte oder ob andere Mechanismen das Ergebnis bedingten. Heute gibt es bessere und elegante Methoden zum Antikörpernachweis auf der Zellmembran. Hinsichtlich des Nachweises einer zellvermittelten Infertilität, die etwa das spermagenerierende Epithel zerstört und deren Produktion herabsetzt, fehlen noch routinemäßige Methoden.

Faszinierender noch als die diagostischen sind die therapeutischen Perspektiven, zumal eine Reihe von Maßnahmen nicht anwendbar sind. So verbietet sich der Einsatz von Immunsuppressiva wie bei anderen Immunopathien, weil sie meist als Proliferationshemmer wirken und die Entwicklung des werdenden Kindes, die ebenfalls einen Proliferationsvorgang darstellt, gefährden. Auch der Hinweis auf zahlreiche gesunde Kinder, die unter Immunsuppression gezeugt worden sind, kann dieses Vorgehen nicht rechtfertigen. Selbst Kortison wäre von fraglichem Wert. Somit ist letztlich nur noch ‚Antigenkarenz‘ zu empfehlen – mit der Hoffnung, das Immunsystem stelle irgendwann die Produktion zytotoxischer Zellen und Antikörper ein. Aus diesem Grunde wurden jahrelange geschlechtliche Enthaltsamkeit oder Verkehr mit Kondom vorgeschlagen – im Hinblick darauf, daß nach Verschwinden der Antikörper der erste Geschlechtsverkehr zur Zeugung führen und sich der Embryo entwickeln würde, bevor das Immunsystem reagieren könnte. Solches Handeln war kaum realisierbar, zumal man nicht unbegrenzt warten kann und sich diese Möglichkeit nur auf die allogene Infertilität bezog.

Um so mehr war das Interesse geweckt, einen Weg zu finden, das Immunsystem zu überlisten. Kann es so etwas geben?

Es ist möglich! Das Verblüffende daran ist der eigentlich paradoxe Zugang. Der Weg führt nämlich über eine bewußte Sensibilisierung. Dazu werden mehrere Millionen Leukozyten des Wunschvaters isoliert und der Frau subkutan inokuliert. Mehrere Applikationen vermögen bei einem Teil der Paare die Infertilität und selbst Frühaborte zu verhindern. Offenbar erfolgt eine Immunmodulation spezifischer Art, wodurch eine Reaktion des mütterlichen Immunsystems verhindert wird und die befruchtete Eizelle wie auch alle daraus sich entwikkelnden Formationen unbehelligt bleiben. Dieser merkwürdigen Therapie entspricht die Hyposensibilisierung in der Allergologie; hier ist daran zu erinnern, daß auch die allogene Infertilität eine Sonderform der Hypersensitivität darstellt. Wie bei Heuschnupfen kann derzeit noch nicht in jedem Falle, aber einem erheblichen Teil der Hilfesuchenden effizient geholfen werden.

Weiterhin hat sich erwiesen, daß hohe intravenös gegebene Mengen an polyvalenten Immunglobulinen ebenfalls protektiven Charakter gegenüber aggressiven Immunmechanismen entfalten. Die dabei ablaufenden Reaktionen sind jedoch noch nicht erforscht – genau wie bei der Immunglobulintherapie bei Immunthrombopenie oder Myasthenia gravis.

Ein Aspekt, der den Sinn der hier behandelten Thematik gewissermaßen umkehrt, ist die Möglichkeit bewußter Sensibilisierung gegen Gameten. Wie schon erörtert, führt der Bruch der anatomischen Barriere zwischen Eizelle oder Sperma und Immunozyten zur Sensibilisierung. Daher kommt es nach subkutaner Inokulation von Sperma ebenfalls zu einer Immunreaktion. Dies kann sogar zur Infertilität führen. Wird dieses Prinzip auf die Frau übertragen, so läßt sich eine immunologische Zerstörung der Eizellen erreichen. Damit ist ein immunbiologisches Analogen zur Anti-Baby-Pille etabliert. Tatsächlich wurden derartige Maßnahmen sogar mit Erfolg erprobt. Eine „Schutzimpfung gegen Schwangerschaft" wurde jedoch nicht eingeführt, weil diese Maßnahme nicht mit Sicherheit greift: Da eine aktive Schutzimpfung gelegentlich keinen Schutz induziert, wie die „Impfversager" belegen, müßte mit Schwangerschaften gerechnet werden, jedenfalls solange es keinen tauglichen Weg gibt, analog der Schutzimpfung einen „Schutztiter" zu ermitteln. Weiterhin wäre – wiederum in Anlehnung an die Schutzimpfung – die Dauer des Effektes unberechenbar. Darüber hinaus wäre es kaum möglich, den Vorgang rückgängig zu machen, wenn sich die Frau eines Tages doch noch Kinder wünscht.

Die Schwangerschaft und ihr Vorfeld geben somit auch in diesem Sinne zahlreiche immunologische Facetten ab. Neben den hier vorgestellten und wissenschaftlich abgesicherten Aspekten haben freilich noch andere Beobachtungen aufgeschreckt. So sollen sich etwa bevorzugt Ratten mit kompatiblem RLA-Muster, dem HLA der Ratte, paaren. Hier ist jedoch zu vermuten, daß sich die Partner aufgrund anderer Merkmale finden, die nicht mit den Lymphozytenmembranmerkmalen im Zusammenhang stehen.

Horch – was kommt von draußen rein?

Umwelt und Immunsystem – Rückwirkungen		
	global = unspezifisch	selektiv = spezifisch
fördernd	Physiologische Keimbesiedlung	Sensibilisierung („Allergie")
hemmend	Schadstoffe Fehlernährung Hyperinsolation Stress, Lärm Licht	

Die Frage, mit welchen von außen eindringenden Elementen das Immunsystem umzugehen hat, legt wohl zunächst den Gedanken an Faktoren wie Bakterien, Viren, Pilze oder Parasiten nahe. Doch soll es im folgenden nicht um Mechanismen der Infektabwehr gehen, sondern um den Einfluß von Atemluft, Nahrungsmitteln und Kleidung, mit denen wir täglich in engstem Kontakt sind. Reagiert das Immunsystem darauf, drohen unangenehme Nebenwirkungen, die zu den klassischen Formen der Allergie führen. Die folgenden Ausführungen sollen jedoch Wirkungsfaktoren darstellen, die das Immunsystem weniger spezifisch aktivieren, sondern es vielmehr eher global beeinflussen.

Wie wirken Umwelteinflüsse?

Grundsätzlich ist anzumerken, daß das Immunsystem durch die Umgebung behindert, aktiviert oder völlig unbeeindruckt sein kann. Somit lassen sich alle Wirkungsfaktoren als immunsuppressiv, immunstimulierend oder neutral einstufen. Umwelteinflüsse wirken, soweit überhaupt Untersuchungsergebnisse vorliegen, überwiegend nachteilig, immunhemmend im weitesten Sinne. Ohne die verschiedenen Umwelteinflüsse ginge es unserem Immunsystem besser.

Bezüglich der Nahrungsmittel hat sich gezeigt, daß insbesondere Schwermetalle die Immunreaktion inhibieren. Freilich sind solche Erscheinungen dosisabhängig, wobei diesbezügliche, genaue Kenntnisse fehlen. Immerhin sollte man die Beobachtungen soweit ernst nehmen, daß der Zusammenhang zwischen längerer erhöhter Exposition und dem Auftreten einer Infektanfälligkeit neben anderen Symptomen nicht von vornherein abgelehnt wird.

Gleiches gilt für die Luft. Die darin enthaltenen Schadstoffe sind auch für das Immunsystem schädlich. Allerdings ist, bezogen auf die Gesamtbevölkerung, das Rauchen die an erster Stelle zu nennende Schädigungsquelle für das Immunsystem. Zumindest die an den Bronchien gelegenen Elemente der Abwehr werden auf diesem Wege deutlich beeinträchtigt.

Ein weiterer Umweltfaktor ist die aktinische Energie. Wir sind täglich einem Schauer von Photonen ausgesetzt. Sogar nachts benutzen wir artifizielle Systeme zur Erleuchtung unserer Umwelt. Doch sind die meisten Lichtarten für uns wenig schädlich. Die extrem energiereichen Ultraviolettstrahlen können jedoch nicht ohne jeglichen Schaden abgefangen werden. Die Folgen sind die bekannten Veränderungen, von denen der Sonnenbrand am häufigsten ist. Offenbar vermögen die Lichtquanten erhebliche Schäden auch in der Kernstruktur der oberflächlich gelegenen Zellen zu bewirken. Eine Irritation des Immunsystems bleibt da nicht aus. Wenn nun in Einzelfällen eine überschießende Immunreaktion angestoßen wird, wie es das Beispiel des lichtinduzierten systemischen Lupus belegt, so führt die Sonnenbestrahlung doch letztlich zu einer Hemmung der lokalen Immunantwort. Dies gilt übrigens auch für künstliche Sonnen, in Abhängigkeit von deren Strahlenqualität.

Über thermischen Einfluß der Umwelt ist vergleichsweise wenig bekannt. Hitze- oder Kälteexposition zeitigen offenbar keine globale Wirkung. Temperaturwechsel als Abhärtungsmaßnahme bei Infektanfälligkeit wirkt weniger aufgrund der Reaktionssteigerung des Immunsystems, sondern fördert die Regulation insbesondere der Durchblutung.

Schließlich wurde noch der Einfluß des Lärms auf die Abwehr untersucht. Hier ergab sich ebenfalls eine Minderung der Leistungsfähigkeit, was am Beispiel des Fluglärmes gezeigt wurde. Wahrscheinlich können ähnliche Ergebnisse bei jeder Form des Industrielärms erbracht werden. Da sich viele Menschen bewußt dem Lärm aussetzen, sei es bei Sportveranstaltungen, sei es in Vergnügungsstätten, ohne eine erkennbare Minderung ihrer Abwehrkräfte aufzuweisen, liegt der Gedanke nahe, daß sich hier die mit dem Lärm verbundenen Emotionen auswirken. Somit ist hier eher der Bereich der Psychoimmunologie anzusprechen (*s. S.* 61 ff).

Auch der Einfluß von Medikamenten ist im Zusammenhang mit der Umweltimmunologie zu erwähnen. Obwohl sie im klassischen Sinne keinen Einfluß von außen repräsentieren, ist die globale Wirkung von Arzneimitteln darzustellen, wobei gerade hier die Dreiteilung in stimulierend, inhibierend oder neutral bezüglich des Immunsystems leicht objektivierbar ist.

Erneut läßt sich feststellen, daß nahezu jede Substanz in irgendeiner Form das Immunsystem beeinflußt, überwiegend negativ. Dieses Ergebnis ist nicht allzuhoch zu bewerten, da die Untersuchungen unter künstlichen Bedingungen vorgenommen wurden. Jenseits der Mittel, die wie Kortison oder Cyclosporin A der Beeinflussung des Immunsystems dienen, gibt es kaum Stoffklassen mit globalen immunkompromittierenden Eigenschaften. Am ehesten sind die Antibiotika und Chemotherapeutika als ‚immunsuppressiv‘ zu bezeichnen. Chemotherapeutika fallen heraus, weil sie Proliferationshemmung und damit auch eine Minderung der Immunantwort bewirken. Auch die Antibiotika nehmen eine Sonderstellung ein, weil bei ihrem Einsatz die Zahl der Bakterien gering bleibt, dadurch das Antigenangebot reduziert ist und eine Sensibilisierung ausbleiben kann. Dies ist jedoch keine Immunsuppression, sondern “Prävention” einer Immunreaktion. Weiterhin hemmen Antibiotika die Immunantwort, wie sie überhaupt die Abwehrzellen zu lähmen scheinen. Das Ausmaß der Schädigung der Bakterien ist jedoch größer als die Behinderung des Immunsystems, so daß diese Eigenschaft zu akzeptieren ist. Immerhin wirken einige Antibiotika derart immunsuppressiv, daß sie zur Immunsuppression eingesetzt wurden.

Aus den übrigen Stoffklassen könnten eine Reihe von Substanzen herausgegriffen werden, bei denen eine Teilkomponente der therapeutischen Wirksamkeit auf die Beeinflussung des Immunsystems zurückgeht; hier mag der Verweis auf Gold, Chloroquin oder D-Penizillamin bei der Therapie rheumatischer Erkrankungen genügen.

Welche Bilanz kann man ziehen?

Die bislang aufgeführten Beispiele weisen als erschreckende Bilanz der Umwelteinflüsse eine generell mehr oder weniger deutlich ausgeprägte Schädigung des Abwehrmechanismus aus. Nur bei Erkrankungen, wo Immunsuppression angezeigt ist, wäre diese negative Aussage nicht haltbar. Kann der therapeutische Effekt bei Immunkrankheiten der einzig positive Aspekt sein, den wir der Umwelt abzugewinnen vermögen? Hat sie nicht vielleicht doch auf das Immunsystem irgendwo einen guten Einfluß?

Dazu wurden einzelne Exemplare völlig abgeschirmt von der Umwelt aufgezogen. Im Vordergrund stand hier die Versorgung mit absolut reiner Luft und Nahrungsmitteln. Solche gnotobiotischen Tiere besitzen ebenfalls ein Immunsystem, das jedoch weniger ausgeprägt ist. Die Analyse zeigt eine Verminderung insbesondere darmassoziierter Strukturen. Von den Tonsillen bis zu den Peyer-Plaques liegt eine allgemeine Hypoplasie vor. Besiedelung des Darmes mit der physiologischen Bakterienflora bewirkt eine Normalisierung der Verhältnisse.

Diese Beobachtung läßt sich an einem interessanten Phänomen beim Menschen ergänzen. Bekanntlich weisen wir Isoagglutinine auf, d.h. Antikörper der IgM-Klasse gegen fremde Merkmale der Hauptblutgruppen. Auch ohne Fehltransfusion hat der Träger der Blutgruppe A Antikörper gegen die Blutgruppe B und umgekehrt. Woher sollen diese Antikörper kommen, wenn das Immunsystem niemals fremden Blutkörperchen begegnete? Die Lösung der Frage ergibt sich durch den Hinweis, daß Isoagglutinine erst im Laufe des Lebens gebildet werden. Der Neugeborene hat sie noch nicht, denn die der Mutter werden von der Plazenta zurückgehalten. Im Laufe der ersten Lebensjahre erfolgt ein Titeranstieg. Dies geht einher mit der Besiedelung des kindlichen Darmes mit der normalen Keimflora. Dort finden sich an den Membranen solche Strukturen, wie sie auch die Blutkörperchen tragen. Die bakteriellen Oberflächen sind dabei so bunt, daß sie gewissermaßen jede Blutgruppe imitieren. Nun wird aber das Individuum mit der Blutgruppe A lediglich Immunzellen aufweisen, die gegen die Blutgruppe B eine Reaktion initiieren und umgekehrt. So kommt es, daß bei identischer Bakterienflora der eine nur diese, der andere nur jene Isoagglutinin-Spezifität produzieren kann. Isoagglutinine sind aber wichtige Schutzfaktoren im Zusammenhang mit der fötalen Inkompatibilität der roten Blutkörperchen. So betrachtet, hat die intestinale Umwelt mit ihren Effekten auf das Immunsystem auch einen eutrophen Einfluß.

Umweltimmunologie ist ein recht komplexer Bereich. Trotz der Vielfalt der angesprochenen Punkte gibt es noch viel unbekanntes Terrain. Die Zahl der Reize, der modulierenden Faktoren, die Komplexität und die gegenseitige Beeinflussung haben bislang eine umfassende Studie erschwert. Grundsätzlich besteht die Frage, inwieweit die Umwelt allein auf das Immunsystem bestimmend im Sinne einer schicksalshaften Wendung einwirkt. Wenn Licht Melanombildung fördert, so liegt es mit Bestimmtheit nicht allein am immuninhibierenden Effekt der Photonen. Wenn jemand, der permanent dem Straßenlärm ausgesetzt ist, Krebs bekommt, so nicht wegen einer durch Schallwellen verminderten Immunabwehr. Es wird auch in Zukunft schwierig sein, im Einzelfall alle entsprechenden Fragen nach der Relevanz von Einzelbeobachtungen zu beantworten.

Kampf dem Krebs

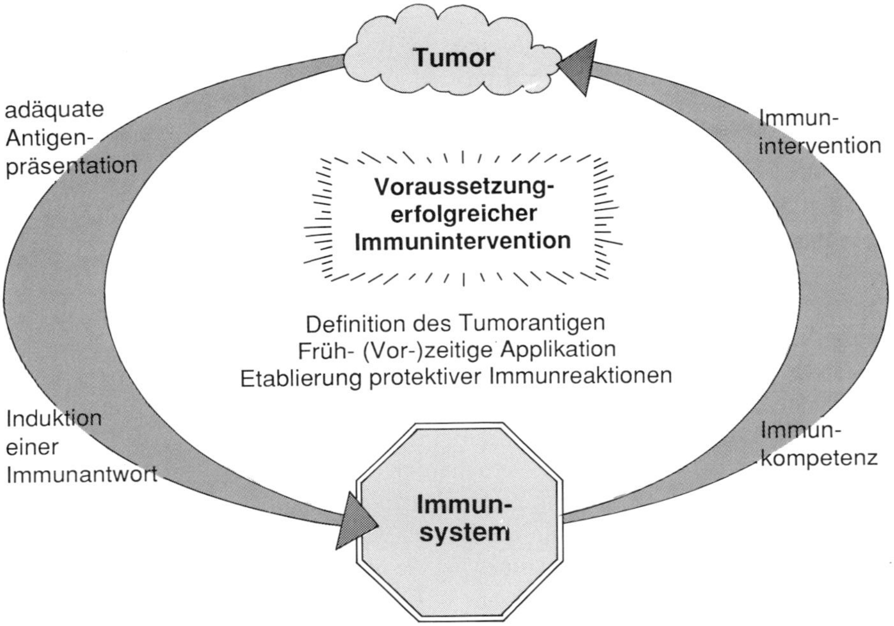

Maligne Zellen wachsen aus, weil

das Immunsystem insuffizient ist wegen

- angeborener Schwäche (Defizienzzustände)
- des Fehlens des entsprechenden Klons (Toleranz)
- Behinderung (Zweitkrankheiten, Therapie)
- Ermüdung (Alter, zahlreiche und chronische Infektionen)

die Tumorzellen die Abwehr unterlaufen durch

- Entstehung in abgeschotteten Regionen
- mangelhafte Ausprägung eigener Antigene
- stetes Ändern ihrer Oberflächenstruktur
- extrem rasche Proliferation
- Sekretion immunsupprimierender Faktoren

‚Tumorimmunologie' ist ein vielzitierter Begriff, der auf einem gedanklichen Konzept beruht, dessen Entstehung zeitlich schwer festzulegen ist. Mehrere Faktoren sind hierfür verantwortlich. Anders als bei den üblichen Immunkrankheiten, die durch die Gebundenheit an die Präsenz des Antigens gekennzeichnet sind, weist die Krebskrankheit einen scheinbar mit biologischen Mitteln nicht zu beeinflussenden Verlauf auf. Vor allem scheint sie gänzlich unabhängig von der Güte eines Immunsystems aufzutreten und um sich zu greifen: Sie trifft Allergiker und Nichtallergiker, Menschen, die zu Infektionen neigen sowie solche, die davon nie betroffen sind. Vor allem aber scheint weder eine Immunkrankheit auf den Krebs Einfluß zu nehmen noch umgekehrt das Auftreten eines bösartigen Prozesses eine bestehende Immunkrankheit zu verändern. Dies alles veranlaßt zu der Annahme, Krebs sei in der Tat etwas Eigenständiges und habe zumindest mit dem Immunsystem nichts zu tun. Dabei hätte man es sicher bewenden lassen, wäre nicht gezeigt worden, daß bösartige Prozesse zellfrei übertragbar sind. Damals wurden die ersten Überlegungen angestellt, ob eine gute Immunabwehr, die Ausbruch einer Infektionskrankheit verhindert, nicht auch der Entwicklung eines Krebses entgegenwirken könnte. Es folgten eine lange Reihe von Experimenten und auch Untersuchungen am Menschen. Abgesehen davon, daß die Definition ‚Krebs' auch jetzt noch schwierig ist und sich letztlich nur daran orientieren kann, ob der Organismus durch aggressives und invasives Verhalten untergeht, sind die Konturen der Tumorimmunologie klarer hervorgetreten. Dennoch entzündet sich manche Diskussion an diesem Begriff. Auch heute noch wird nicht selten in Frage gestellt, ob das Immunsystem überhaupt eine Chance hat, den Tumor anzugreifen, bzw. ob es diese Chance auch nutzt. Welche Argumente für und dagegen ließen sich anführen?

Pro und contra Tumorimmunologie

Immer wieder werden Fälle berichtet von spontaner Rückbildung eindeutig bösartiger Tumoren, vor allem von Melanomen und Hypernephromen. Dies sind eher Zufallsbeobachtungen, da normalerweise eine Therapie eingeleitet wird. Häufiger schon findet sich ein solches Ereignis nach Entfernung des Haupttumors, indem kleine Metastasen verschwinden. Dies läßt vermuten, daß solche Erscheinungen häufiger stattfinden als beobachtet wird. Als eindeutiger Beleg hierfür gilt die Anzahl zufällig erkannter Tumoren: In den Sektionsstatistiken finden sich bei etwa jedem vierten Untersuchten Hinweise auf kleinste Tumoren etwa der Prostata. Besondere Aufmerksamkeit verdient die Verknüpfung einer verminderten Immunreaktivität mit einer gesteigerten Tumorrate, wie dies bei einigen Immundefekten, etwa HIV-Infektion und Kaposi-Sarkom, erkennbar wird, sowie bei immunsupprimierten Patienten und in hohem Lebensalter. Schließlich sei darauf hingewiesen, daß Tumoren, bei denen die Immunzellen infiltrieren bzw. um die sie einen Wall bilden, einen günstigeren Verlauf zeigen.

Diese für eine Tumorabwehr durch das Immunsystem sprechenden Befunde lassen sich aber auch entkräften: Immundefekte Tiere erkranken nicht zwangsläufig häufiger an bösartigen Prozessen, durch immunsupprimierende Maßnahmen wie Zytostatika oder Bestrahlung kommt es häufiger zu Fehlbildungen im Zellteilungsablauf, dies gilt auch für das hohe Alter. Bleibt denn überhaupt noch ein einziges Argument für die Tumorimmunologie?

Wegen des komplexen Geschehens mußte ein einfacheres Modell gefunden werden. Hier bietet sich der Tierversuch an, der auch bei der Transplantation einen wesentlichen Beitrag zur Aufklärung der Zusammenhänge erbrachte. Gerade die Transplantationsimmunologie konnte bei der Erforschung der Tumorimmunologie Hilfestellung leisten, da sofort auffiel, daß Tumoren einer Tierart, die auf eine andere übertragen werden, dort nicht angehen. Freilich war die Zerstörung des Tumors im zweiten Tier durch Transplantationsantigene bedingt – wie auch ein übertragenes Organ oder Knochenmark abgestoßen worden wäre. Ein Tiermodell mußte also von vornherein die Situation der Transplantation ausklammern. Dies gelang durch ständiges Rückkreuzen, bis sogenannte Inzuchtstämme vorlagen, deren Exemplare gegenseitig Organe tolerieren konnten. Tumoren, die von einem Tier auf das andere übertragen wurden, führten auch dort zum Tode des Empfängers. Dies klingt nicht ermutigend, scheint es doch die Bedeutungslosigkeit oder Ohnmacht des Immunsystems zu belegen. Wie ließ sich dennoch Tumorabwehr nachweisen?

Ein wesentlicher Fortschritt war die Möglichkeit, Tumoren zu induzieren. Für die Versuche am besten geeignet waren Tumoren der Haut, die noch vor der Metastasierung komplett exstirpiert werden konnten. Ein Tier, dem der entfernte Tumor zu einem späteren Zeitpunkt und in reduzierter Masse erneut inokuliert wurde, konnte überleben, wogegen ein anderes gesundes Tier nach Inokulation dieses exstirpierten Tumors zugrunde ging. Dies belegte, daß eine gewisse Immunität eingetreten war, die zumindest eine kleinere Tumorzellzahl am Auswachsen hinderte. Dabei fanden sich aufregende Besonderheiten; die Gegebenheiten unterschieden sich erheblich, wenn die Tumoren durch Chemikalien oder durch Viren induziert worden waren. Bei chemisch induzierten Tumoren konnte eine gewisse Immunität nur für jeweils den einen Tumor erreicht werden, wogegen eine spätere Induktion mit der gleichen Substanz erneut einen Tumor hervorbrachte, der das Tier tötete. Daraus war zu schließen, daß durch ein- und dieselbe Substanz ausgelöste Tumoren unterschiedliche immunologische Eigenschaften aufweisen. Ganz anders war die Situation nach virusinduzierter Tumorentstehung; hier konnte ebenfalls Immunität erzeugt werden, die das Tier sogar bei erneuter Induktion mit demselben Virus schützte. Der entscheidende Unterschied bestand offenbar in der Tatsache, daß, wie erwähnt, chemische Substanzen jeweils immunologisch unterschiedliche Tumoren, Viren aber stets immunologisch identische Tumoren induzieren. Hier sei nochmals darauf verwiesen, daß solche induzierten Tumoren auf eine andere Tierart übertragen, dort jeweils abgestoßen werden: Unabhängig von ihrer speziellen immunologischen Eigenschaft sorgt die unterschiedliche Transplantationsantigenbesetzung für eine effiziente Elimination des fremden Gewebes, da hier die immunologischen Kräfte das Wachstumspotential des Tumors bei weitem übersteigen.

Diesen ermutigenden Hinweisen auf eine Immunabwehr der Tumoren steht entgegen, daß gegen spontan aufgetretene Tumoren bei Tieren keine Immunität erzielt werden kann. Weiterhin ist beim Menschen zumeist dann, wenn der Tumor entdeckt wird, bereits eine Absiedlung von Tochterzellen erfolgt, so daß die Entfernung des Primär-Herdes ihn nicht rettet. Spontantumore entziehen sich also der immunologischen Kontrolle. Hier müssen entscheidende Unterschiede zu anderen Tumoren vorliegen. Somit gilt es zu klären, ob dieses abweichende Verhalten dem Tumor oder dem Immunsystem angelastet werden muß. Welche Möglichkeiten gibt es, daß ein Tumor dem Immunsystem entkommt?

Ursachen auf der Seite des Immunsystems wurden bereits erörtert: Insuffizienzzustände und induzierte Hemmung. Interessanter sind die Möglichkeiten seitens der Tumorzelle, so die Überwucherung. Unter der Vorstellung eines Kampfes von Zelle gegen Zelle würde der Tumor dann siegen, wenn sich seine Zellen rascher teilen als die des Immunsystems. Doch hat sich gezeigt, daß maligne Zellen eher langsamer wachsen als Immunzellen. So schwellen beispielsweise Lymphknoten im Rahmen von Immunreaktionen schneller an als bei einem Lymphom. Eine weitere Möglichkeit, der Kontrolle des Immunsystems zu entkommen, ist die Entstehung von Tumorzellen in einem Terrain, das nur spärlich von Immunzellen durchsetzt wird. Hier kämen beim Menschen Hirn und bestimmte Teile des Auges in Betracht; erfahrungsgemäß entwickeln sich aber in diesen Bereichen des Organismus Tumoren seltener als dort, wo Immunzellen reichlich vorhanden sind. Schließlich käme noch eine Mutation in Betracht, bei der sich die Oberflächenstrukturen der malignen Zelle wandeln. Ein Entkommen des Tumors wäre dann so zu verstehen, daß sämtliche nachgebildete und mit der ursprünglichen Tumorzelle identischen weiteren malignen Zellen von der Immunabwehr erkannt und beseitigt werden, daß aber Tumorzellen nach einer Mutation ihre Membraneigenschaften ändern und so dem Immunsystem entkommen. Wenn nun eine Immunreaktion einsetzt und diese veränderten Zellen beseitigt werden, erfolgt eine weitere Mutation, die dem Tumor wiederum ein Entkommen sichert, wobei sich der Vorgang wiederholt, bis die Tumormasse einen kritischen Wert überstiegen hat und grundsätzlich nicht mehr eliminiert werden kann. Ähnlich verhalten sich Räuber, die nach einem Überfall in einem bestimmten Fahrzeug flüchten, um danach in kurzen Zeitabständen immer wieder in andere Fahrzeuge umzusteigen, wobei die Verfolger das eigentliche Ziel letztendlich aus dem Auge verlieren und das Nachsehen haben.

All dies läßt sich möglicherweise mit der simplen Feststellung entkräften, daß Tumorzellen sich nicht von normalen Zellen unterscheiden und so das Immunsystem keine Chance hat einzugreifen, oder daß Tumorzellen Substanzen absondern, welche Immunzellen lähmen.

Gibt es Tumorantigene?

Die erwähnten Untersuchungen, wonach rechtzeitig exstirpierte Tumoren nach späterer Wiedereinpflanzung abgestoßen werden können, belegen offenkundig die Existenz spezifischer Tumorantigene. Der Hinweis, daß chemisch induzierte Tumoren offenbar eine solche Immunität nur unter besonderen Bedingungen erzielen, wogegen sie bei virusinduzierten regelmäßig erfolgt, gibt einen ersten Hinweis auf die Natur der möglichen Zielstrukturen. Diese müssen in der Zellmembran eingefügt sein, da jede Unterscheidung zwischen normal und abnorm nur aufgrund von Membranänderungen erfolgen kann. Virusinduzierte Tumoren lassen dies mühelos erklären. Wenn nach Integration ins Genom die Viruspartikel der befallenen Zelle ihr Kommando aufdrücken und zur Produktion neuer Viruspartikel Anlaß geben, treten Veränderungen im Zellkern, im Zytoplasma und auch in der Zellmembran auf. Viruscodierte und virusinduzierte Membranveränderungen sind eben der entscheidende Unterschied zwischen normaler und transformierter Zelle. Dies entspricht der Vorstellung, daß gleiche Viren auch gleiche Veränderungen und damit eine übergreifende Immunität bewirken, wogegen chemisch induzierte Tumoren jeweils andere Viren aktivieren und so ein unterschiedliches Spektrum an der veränderten Membran aufweisen. Durch Virusinfektion veränderte Zellmembranen und konsekutive Beseitigung über Immunmechanismen würde einen weiteren interessanten Aspekt erbringen: Ins Genom integrierte Viren oder solche, die gewissermaßen bereits intrauterin weitergereicht werden und das Neugeborene schon besetzt haben, würden zu einer Immuntoleranz führen und so die Chance einer Immunelimination bei späterer Tumorentwicklung zunichte machen. Diese Immuntoleranz ist an einer weiteren Stelle von Bedeutung, wo es tatsächlich ein Tumorantigen gäbe: bei der malignen Immunproliferation. Wenn Immunzellen selbst bösartig werden, so sind sie durch den Antigenrezeptor ein für allemal als Individualisten erkennbar. Anders ausgedrückt: Bei maligner Immunproliferation müßte eine Immunabwehr vonstatten gehen können. Aber auch hier hat die Existenz des Klones vor der malignen Entartung Toleranz induziert, aufgrund dessen jede spätere Immunelimination unterbleibt.

Entscheidender Stimulus für das Immunsystem ist selbstverständlich das Auftreten neuer Eigenschaften. Solche Neoantigene werden deswegen den tumorspezifischen Transplantationsantigenen gleichgestellt. Aber auch das Gegenteil würde Antigenität bedeuten, weil auch das Fehlen bestimmter Eigenschaften eine Änderung der Zellmembran darstellt. Im übrigen sind Membranbestandteile zumeist fälschlich als ‚Tumorantigene' bezeichnet worden. Dies gilt insbesondere für die sogenannten onkofetalen Antigene, deren Name schon belegen soll, daß embryonale Zellen wie auch maligne Zellen Eigenschaften teilen. Tatsächlich entdifferenzieren häufig die Tumorzellen und gewinnen alte, aufgegebene Eigenschaften zurück. Gemeinsame Antigene sollten dann korrekterweise als ‚Differenzierungsantigene' bezeichnet werden, z.B. CEA und AFP.

Die Existenz von Tumorantigenen ist somit zumindest bei bestimmten Formen allgemein akzeptiert. Der einfachste Nachweis der Tumorabwehr führt über die Explantation und die Inkubation zusammen mit Immunzellen des Tumorträgers. Im Reagenzglas stürzen sich diese auf ihr Ziel und zerstören es. Offenbar sind häufig mehrere Immunzellen erforderlich, um eine Tumorzelle zu beseitigen. Grundsätzlich ähnliche Verhältnisse zeichnen sich für die natürlichen Killer-Zellen ab. Ungleich komplexer ist die Situation bezüglich der antikörpervermittelten Abwehr von Tumorzellen. Hier stützt sich die Vorstellung auf die Tatsache der Komplementbindung von Tumorzellmembran-Antikörpern, wodurch die Krebszelle auf meist enzymatischen Wege und über die Anlockung von Freßzellen zerstört wird. Dieser Mechanismus läßt sich aber nicht so einfach im Experiment nachweisen oder gar erzwingen. Nicht selten besteht sogar der Eindruck eines beschleunigten Tumorwachstums nach Applikation entsprechender Antikörper. Dieses Phänomen wird als ‚Enhancement' bezeichnet und umschreibt die paradoxe Situation, daß Antikörper sogar das Tumorwachstum beschleunigen können. Hier wird dann häufig von blockierenden Faktoren gesprochen, die einer ordentlichen Immunreaktion gewissermaßen im Wege stehen und so tumorprotektive Effekte zeitigen.

Immunologie und Onkologie

Bei aller Zurückhaltung und Skepsis existieren doch einige konkrete Anhaltspunkte für eine real existierende Tumorabwehr durch das Immunsystem. Folglich müßte es auch greifbare Ansatzpunkte geben, Immunologie und Onkologie miteinander zu verbinden. Vor der Erörterung immunbiologischer Möglichkeiten der Tumorbekämpfung sollen jedoch noch einige ermutigende Beobachtungen und Überlegungen zur biologischen Kontrolle des Krebses aufgeführt werden. Ein erster Hinweis ist die heute zunehmende kurative Heilungsmöglichkeit bei bösartigen Bluterkrankungen, insbesondere des Kindesalters. Durch eine aggressive Chemotherapie mit flankierenden Maßnahmen kann schon mehr als die Hälfte der betroffenen Kinder gerettet werden. Dabei steht außer Zweifel, daß trotz aller Chemotherapie und Bestrahlung einzelne bösartige Zellen übrig bleiben. Sofern diese Zahl gering ist und das Immunsystem sich rasch erholt, hat der Patient die Chance zu überleben. Etwas willkürlich wurde diese kritische Zahl mit einer Million angenommen. Die heute größere Erfolgsrate beruht lediglich auf der Tatsache, daß die moderne Behandlung eine stärkere Reduktion der Tumormasse bewirkt bei gleichzeitigem Schutz vor Infekten im Gefolge der zwangsweise auftretenden Immunschwäche nach jedem Behandlungszyklus. Die Einführung solcher Zyklen gegenüber der früheren Dauertherapie hat den Vorteil, daß sich das Immunsystem zwischendurch wieder erholen kann und, weil seine Teilungsfähigkeit die der Krebszellen überschreitet, letztlich die Oberhand gewinnt. Ähnliches gilt auch für solide Tumoren, wenn durch chirurgische Maßnahmen die Tumormasse erheblich reduziert wird und nur noch einzelne versprengte Zellen vorhanden sind. Allerdings hat sich gezeigt, daß diese noch lange in einer gewissen Ruhestellung im Gewebe verharren und später erneut explosionsartig zu einem Rezidiv auswachsen können. Alle diese Beobachtungen führten zu der Ansicht, daß in uns regelmäßig Tumorzellen auftreten, die durch eine aufmerksame Abwehr eliminiert werden. Sofern diese Abwehr einmal schläft, kommt es zum Durchbruch der Zellen und damit zur Krebskrankheit.

Einer gesonderten Darstellung bedarf das Chorionepitheliom. Dieser vom Trophoblast ausgehende Tumor enthält starke Antigene, weil er, wie auch Embryo und Föt, Merkmale des Vaters aufweist. Da ein solcher Tumor aus immunologischer Sicht zur Hälfte als Transplantat des Kindsvaters betrachtet werden muß, ist mit einer heftigen Immunreaktion zu rechnen. Tatsächlich wird während der Schwangerschaft durch hormonale Umstellung und die Produktion immunsupprimierender Faktor sichergestellt, daß das Immunsystem den Trophoblasten nicht zerstört und die Schwangerschaft gefährdet. Erst nach der Geburt erholt sich das Immunsystem. Wenn nun einzelne Zellen abdriften und Zotten der Plazenta etwa beim Geburtsvorgang abgerissen werden, so liegt eine potentiell gefährliche Situation vor. All diese Elemente haben eine starke Wachstumskraft und könnten dem mütterlichen Organismus gefährlich werden.

Möglicherweise wird tatsächlich im Rahmen jeder Gravidität und nach der Geburt der Grundstein für ein solch gefährliches Geschehen gelegt, das von der wiedererwachenden Immunabwehr jedoch erkannt und beseitigt wird. Freilich gibt es hierfür keine konkreten Anhaltspunkte. Vor allem hat sich nicht zeigen lassen, daß die Gefahr eines Chorionepithelioms bei der ersten Schwangerschaft größer ist als bei jeder folgenden, was aufgrund der Sensibilisierung gegen väterliche Antigene der Fall sein müßte. Auch gibt es keinen Hinweis auf ein unterschiedliches Risiko, das sich an den Inkompatibilitäten der HLA-Gruppen von Vater und Mutter ausrichtet.

Prophylaxe und Therapie von Tumoren auf immunologischer Grundlage basieren zum einen auf der Vermehrung der Antigenität von Tumorzellen, zum anderen auf der Aktivierung des Immunsystems. Wie läßt sich das erreichen?

Eine Steigerung der Antigenität ist auf vielfachem Wege möglich. Sofern man – durch Entfernung der Geschwulst – Tumorzellen hat, lassen sich beliebige Manipulationen anschließen. So können die Zellen aus dem Gewebsverband herausgelöst werden. Sie lassen sich dann an der Oberfläche verändern durch Enzyme, Säurebehandlung, Einfrieren und dergleichen mehr. Werden sie daraufhin wieder dem Organismus inokuliert, so hat die Immunabwehr ein gewissermaßen kontrastreicheres Modell der Tumorzelle, woran sie ihre Aktivitäten ausrichten kann. Der diesbezügliche Versuch am Krebskranken scheiterte jedoch. So wurde durch Einbringen von Neuraminidase versucht, die Oberfläche der Tumorzelle anzudauen und dadurch antigener zu gestalten. Dies gelingt in der Tat, doch ist nicht zu vermeiden, daß auch gesunde Zellen verändert und somit dem Immunsystem zur Zielscheibe werden. Auch die Kältebehandlung sogar im Patienten, die durch Bestrahlung oberflächlich gelegener Zellen induzierte Veränderung und die Vermengung einzelner Tumorzellen mit Stoffen höchster Antigenität, sogenannter Adjuvanzien, wurden zur Stärkung der immunbiologischen Tumorabwehr angewendet. Erfolge sind unverkennbar, doch leider nur lokaler Natur und deshalb bei bereits bestehenden Fernmetastasen ohne Erfolg.

Auf zahlreichen Wegen wurde versucht, durch solche Tumorautovakzine dem Krebswachstum Einhalt zu gebieten. Leider gibt es immer nur episodische Heilungen und Erfolge in Einzelfällen; ein für alle Tumoren und Individuen gültiges Schema hat sich nicht finden lassen. In jüngster Zeit hat eine besonders trickreiche Methode Aufsehen erregt, bei der es um die Aktivierung und Vermehrung solcher Immunzellen geht, die sich bei der Krebsabwehr engagieren. Die Tumoren werden dabei operativ entfernt und die darin enthaltenen Lymphozyten herausgelöst. Diese sind als tumorspezifisch anzusehen und lassen sich dann unter Kulturbedingungen vermehren. Die auf diesem Wege in der Retorte aufgepäppelten Immunzellen können nochmals durch Wachstumsfaktoren aggressiv gemacht werden, bevor sie der Patient wieder erhält. Diese tumorinfiltrierenden und lymphokin aktivierten Killer-Zellen (TILAK) sind schon beim Menschen erfolgreich angewandt worden. Auf einem ähnlichen Prinzip beruhen tumorspezifische Antikörper, die ebenfalls extrakorporal gezüchtet werden. Hier bieten sich monoklonale Techniken an. Die Effizienz der Tumorantikörper wird durch Koppelung an Radionuklide im Sinne der Immunstrahler und an Zellgifte im Sinne von Immuntoxinen deutlich potenziert. In der Tat lassen sich auch so Einzelerfolge erzielen, leider noch in zu geringer Anzahl.

Da in der Immunologie die Prophylaxe der Therapie deutlich überlegen ist, wurde überlegt, ob im Vorfeld bereits ein immunologischer Schutz aufgebaut werden kann. Dies ist in den Fällen möglich, in denen Viren im Zusammenhang mit der Tumorentwicklung stehen. Hier gibt es eine Reihe von Beispielen: Eine Sonderform der lymphatischen Leukämie wird durch ein Virus (Human T-Lymphotropic Virus, HTLV) induziert, das primäre Hepaton steht in engem Zusammenhang mit Viren der Hepatitis B und C, Burkitt-Lymphom und Nasopharynxkarzinom des Europäers weisen enge Verbindung zum Epstein-Barr-Virus auf. Eine aktive Immunisierung in jungen Jahren würde dem Wildvirus den Zutritt zu den Zellen versperren. Tatsächlich ist zu hoffen, daß konsequente breite Durchimpfung der Kleinkinder gegen infektiöse Hepatitis, wie sie derzeit in China praktiziert wird, die spätere Rate an primärem Hepaton deutlich absenkt. Der Ausgang dieses Experimentes ist noch ungewiß. Es werden noch Jahrzehnte vergehen, bis sich der Erfolg tatsächlich messen läßt. So betrachtet, gibt es also heute bereits eine Tumorschutzimpfung, und man darf optimistisch sein, daß dies kein Einzelfall bleiben wird.

Da die Möglichkeiten der gezielten Immunisierung gering sind, wurde auch versucht, mit ungezielter Stimulation Tumoren Einhalt zu gebieten und die Chancen des Überlebens zu verbessern. Was kommt da in Betracht?

Grundsätzlich sind die entsprechenden Bemühungen mit denen bei genereller Immunschwäche identisch. Natürliche Stimulatoren vom Typ der Thymusfaktoren wie auch der Zytokine wurden in diesem Zusammenhang angewendet. Sie haben den Nachteil erheblicher physiologischer Nebenwirkungen wie Temperaturerhöhung oder Induktion von Psychosen bis hin zu Herz-Kreislauf-Störungen mit infarktähnlichen Bildern. Dies alles hat die Behandlungsmöglichkeiten erheblich eingeschränkt, weshalb man auch hier auf die Idee kam, die Immunabwehr extrakorporal zu stärken. Die aus dem Blut gewonnenen Immunzellen des Patienten werden unter Kulturbedingungen mit Lymphokinen aktiviert (LAK = Lymphokin aktivierte Killer-Zellen); die Erfolge sind jedoch bislang nur recht mäßig. Weitere Möglichkeiten einer Immunstimulation ist die Applikation von bakteriellen und pflanzlichen Substanzen mit mitogenem Charakter. Sie sollen die Abwehr stärken, was zwangsläufig nur in geringerem Maße möglich ist als bei der selektiven und antigenorientierten Stimulation. Auch ist eine solche Maßnahme jeweils nur für eine Periode von etwa mehreren Wochen durchführbar und sinnvoll. Immerhin ist aus naheliegenden Überlegungen heraus ein solcher Weg als Begleitmaßnahme etwa zur Chemotherapie grundsätzlich zu begrüßen; es ist jedoch schwierig, im Einzelfall den Stellenwert solcher Maßnahmen festzulegen. Im übrigen könnten solche unspezifischen Stimulationsmaßnahmen des Immunsystems durchaus auch prophylaktischen Wert haben; allerdings ist es außerordentlich schwierig, genau den Zeitpunkt zu treffen, an dem das vorübergehend in seiner Grundaktivität angehobene Immunsystem auch die soeben entstandene Tumorzelle erkennt und beseitigt.

Immunbiologische Maßnahmen zur Tumorabwehr sind somit doch möglich und sinnvoll. Wenn sie heute nur unzureichend gelingen, so liegt das an den zahlreichen Schwierigkeiten, die sich in einem solchen Sonderfall in den Weg stellen.

Von dem Ringen um Fortschritte im Bereich der Tumorimmunologie profitierte auch die Immundiagnostik. Durch Einsatz monoklonaler und nahezu tumorspezifischer Antikörper lassen sich heute Lymphome und Leukämien sehr viel besser klassifizieren, was auch zu einer maßgeschneiderten, erfolgreicheren Therapie beigetragen hat. Applikation von Antikörpern mit gekoppelten Radionukliden ermöglicht es, ihr weiteres Schicksal im Organismus zu verfolgen. Bleiben die Antikörper an Tumorzellen haften, so kann dies in einem Szintigramm nachgewiesen werden. Eine derartige Suche nach Tumoren und Metastasen ergänzt die etablierten Darstellungsmethoden wie Röntgen und Computer-Tomographie in sinnvoller Weise. Daraus hat sich ein ganzer Zweig der Immundiagnostik entwickelt, das Tumorimaging.

Bindeglied zwischen Immundiagnostik und Immuntherapie könnte die auf immunbiologischem Wege vorgenommene Reinigung bzw. Beseitigung bösartiger Zellen in einem Zellgemisch darstellen, die auch als ‚Purging' bezeichnet wird. Üblicherweise ist dies eine Maßnahme, Knochenmark von Tumorzellen zu befreien, indem die mit monoklonalen Antikörpern markierten Zellen separiert werden. So kann ein dem Patienten entnommenes Knochenmark wieder in einer autologen Transplantation eingepflanzt werden, ohne Befürchten zu müssen, daß bei dieser Maßnahme gleichzeitig wieder Tumorzellen mit eingebracht werden.

Dies alles ist ermutigend, weil heute schon meßbare Verbesserungen vorliegen. Freilich stehen den kleinen Erfolgen noch die großen unbewältigten Aufgaben gegenüber; doch ist es aufgrund der dargestellten Gegebenheiten durchaus realistisch, mit weiteren Verbesserungen in der Zukunft zu rechnen.

Das Immunsystem wird vermessen

Wieviel Immunsystem-Stärke ist vorhanden?

- Lymphozytenzahl und Immunglobuline (im Blut als Routine)

Was leistet das Immunsystem?

- Antikörpertiter nach Schutzimpfung
- Aktivierung von Lymphozyten (in vitro/ex vivo durch Mitogene)
- Provokation einer Hautreaktion (z.B. Multitest® Meriux)

Ergänzend:

Wo liegt der Fehler?

- Bestimmung von Helfer- und Suppressor-Zellen
- Knochenmarkanalyse
- Nachweis von Antikörpern in Plasmazellen
- Nachweis von Zytokinen (z.B. IL2; γ-IFN)

Gibt es andere Abwehrschwächen?

- Granulozytenfunktionstest
- Komplementbestimmung

Eine komplette Beschreibung des menschlichen Körpers hat neben Elementen wie Körpergröße, Gewicht, Bauch-, Kopf- und Brustumfang sowie der Augenfarbe auch unsere Fähigkeiten darzustellen. Auch Teilbereiche unseres Körpers, wie Leber oder Nieren, lassen sich nach Größe, Konsistenz und Funktion beschreiben. Wie aber ist es mit dem Immunsystem bestellt? Gibt es überhaupt Vorstellungen über seine Vermeßbarkeit?

Die Ausmaße des Immunsystems wurden im Zusammenhang mit Organisation und Aufbau bereits aufgeführt. Wir wissen, daß dieses Abwehrsystem etwa 10^{10} bis 10^{11} Lymphozyten und Plasmazellen sowie 10^{18} bis 10^{19} Antikörpermoleküle umfaßt. Dies alles auf eine Waage gelegt, ergäbe ein Gewicht von 1,5 kg. Allerdings können bei weitergehender Beschreibung nicht alle Lymphozyten und Antikörper erfaßt werden, da die üblichen Routinemethoden sich auf peripheres Blut beschränken und dieses lediglich 5% der Lymphozyten sowie etwa 60% der Antikörper enthält. Dennoch haben sich eine Reihe von Untersuchungsmöglichkeiten ergeben mit teils repräsentativem Charakter. Grundsätzlich könnte man Bestand, Fähigkeiten und Leistung des Immunsystems als Ganzes erfassen, der entsprechende Aufwand wäre jedoch wohl nur in seltenen Fällen gerechtfertigt. Somit empfiehlt sich ein stufenweises Vorgehen. Von Bedeutung ist auch, ob die Untersuchungen an einem Patienten vorgenommen werden, der eine Immunkrankheit aufweist, oder ob sie bei einem völlig Gesunden oder zumindest unauffällig wirkenden Menschen durchgeführt werden sollen.

Welche Mittel und Wege stehen zur Verfügung?

Bei unauffälliger Vorgeschichte ist eine reine Bestandsaufnahme angezeigt. Da keine Symptome einer immunologischen Störung vorliegen, ist eine invasive Diagnostik nicht gerechtfertigt. Deshalb reduziert sich das Programm auf die Analyse leicht verfügbaren Materials, üblicherweise aus dem peripheren Blut, dessen Analyse allein schon eine Vielzahl wichtiger Daten vermittelt.

Hinsichtlich der korpuskulären Bestandteile sind die Lymphozyten als Vertreter des Immunsystems zu betrachten. Liegen sie im Normbereich, wird man nicht weiter forschen müssen. Eine Vermehrung sowie eine Erniedrigung dieser Immunzellen müßte bei späterer Gelegenheit nochmals bestätigt werden, um einen vorübergehenden oder dauerhaften Charakter zu belegen. So wäre eine erneute Untersuchung zur Kontrolle in einem Abstand von einer oder zwei Wochen ratsam. Hier ist anzumerken, daß bei einem symptomlosen Patienten eine erniedrigte Lymphozytenzahl seltener ist als die überschießende. Wichtig ist die Errechnung der absoluten Zahlen, da sie mehr aussagen als relative Anteile.

Von den humoralen Faktoren sind die Immunglobuline zu nennen, die einen erheblichen Teil der Serumproteine einnehmen. Im allgemeinen genügt die Bestimmung der drei Klassen IgA, IgG und IgM, weil sie den wichtigsten Teil der Abwehr übernehmen und auch mengenmäßig mehr als 95% der Antikörper im Blut darstellen. IgD ist in diesem Zusammenhang ohne jede Bedeutung, IgE letztlich auch, weil es von allergisch anaphylaktischem Charakter ist, d.h., an sich nicht zu bekämpfende Antigene und für die Abwehr weniger wichtige attackiert. Auch hier gilt, daß es gleichermaßen erhöhte wie auch erniedrigte Werte geben kann, selbst wenn keine Beschwerden geäußert werden.

Dynamik und Kinetik von Lymphozyten und Antikörpern sind gänzlich verschieden. Am wichtigsten ist die unterschiedliche Halbwertszeit, die für die überwiegende Mehrzahl der Immunzellen wenige Tage beträgt, während die dominierende Fraktion der Antikörper, IgG, eine Halbwertszeit von etwa 20 Tagen aufweist. Daraus ergeben sich die unterschiedlichen Verhaltensweisen bei den Schwankungen der Werte im Blut; während Lymphozyten binnen weniger Stunden deutlich unterschiedliche Werte aufweisen können, ist dies bei den Immunglobulinen nicht der Fall. Hier bedeuten Abweichungen von der Norm doch erhebliche Veränderungen der Synthese und Sekretionsrate über längere Zeit – immer vom symptomlosen Individuum ausgegangen. Dies ist wichtig, ändern sich doch manche Blutwerte schon in Situationen, die daran gar nicht denken lassen. So kommt es im Rahmen einer anstrengenden körperlichen oder sportlichen Betätigung phasenweise zu einer Vermehrung der weißen Blutzellen und auch der Lymphozyten. Gleiches ist bekannt nach einer ausgedehnten Mahlzeit. Doch auch unabhängig von den genannten Einflußgrößen ergeben sich regelmäßige Schwankungen, die sich aus dem Tagesrhythmus des menschlichen Organismus erklären; es sei hier auch auf das Auf und Ab des Kortisolspiegels im Blut hingewiesen, der in gewisser Weise mit den Leukozytenzahlen verknüpft ist. Solche Befunde sind jedoch nicht überzubewerten, da, wie bereits erwähnt, nur 5% der Immunzellen in der Peripherie anzutreffen sind und der Rest sich in Lymphknoten, Knochenmark und Geweben befindet.

Während es keine einfachere Methode gibt, die Zahl der Immunzellen auch nur hinreichend genau zu erfassen, kann die quantitative Abschätzung der Antikörper notfalls durch die Elektrophorese erfolgen, weil die Immunglobuline sich überwiegend in der Blutbahn befinden. Hier sind die Antikörpermoleküle im Gammaglobulin-Bereich zu finden. Weicht diese Fraktion von der Norm deutlich ab, darf dies als eine Störung im Antikörperhaushalt angesehen werden. Im Gammaglobulin-Bereich sind vor allem IgG-Antikörper zu finden. IgA-Antikörper, Repräsentanten der zweitgrößten Immunglobulinklasse, weisen bei den üblichen Trägermedien eine höhere Wanderungsgeschwindigkeit auf und finden sich daher überwiegend im Betaglobulin-Bereich. Deshalb wurde früher der Begriff des Beta- oder Gamma-Myelom geprägt, bevor man die Bezeichnung ‚IgA-bildendes' oder ‚IgG-bildendes' Myelom fand.

Die genannten Analysen erbringen in vielen Fällen eine zufriedenstellende Aussage. Dies trifft insbesondere auf den humoralen Schenkel der Immunantwort zu. Regelrechte Immun-globulinspiegel bedeuten daher auch eine regelrechte Produktion und Aktivität der B-Lymphozyten und Plasmazellen.

Bei den T-Lymphozyten verhält sich dies anders, da sie keine den Antikörpern entsprechenden Aktivitätskriterien aufweisen. Ob der im Differentialblutbild gefundene Lymphozyt aktiv, aktivierbar oder inaktiv ist, bleibt verborgen. Hier bietet sich wiederum der Vergleich der Feuerwehr an. Wird das ausgestrahlte Wasser mit den Antikörpern verglichen, so beweist eine wasserspeiende Spritze die Funktionstüchtigkeit der Pumpe. Werden andere Gerätschaften mit den Lymphozyten verglichen, so gilt auch dort, daß die bloße Präsenz längst nicht die Einsatzfähigkeit beweist, so wie ein Feuerwehrfahrzeug ohne einen funktionierenden Motor wertlos ist. Wer es genau wissen will, setzt sich ans Steuer dieses Fahrzeugs und bringt den Motor probeweise zum Laufen. Ebenso müßte man in das Innere der Immunzellen schauen, um zu erfahren, ob sie reaktionsbereit sind.

Wie geht dies und wann soll es geschehen?

Vor der Durchführung entsprechender funktioneller Tests sind zunächst einmal die peripheren Lymphozyten im Blut näher zu betrachten. Auch eine genaue Inspektion des bereitstehenden Feuerwehrfahrzeugs ließe zumindest erkennen, ob es bei einem Einsatz die erwartete Leistung bringt: Sofern bereits bei Öffnen der Motorhaube ein Fehlen etwa der Batterie oder der Zündkabel erkennbar wird oder der Tank leer ist, darf man sicher sein, daß dieses Fahrzeug den Brandherd nie erreicht. Vergleichbares ist möglich durch immunologische Charakterisierung der Lymphozyten, die alle gleich aussehen. Doch handelt es sich um eine gemischte Gesellschaft. Die verschiedenen Populationen ergeben sich aus ihrer Zugehörigkeit zur B- oder zur T-Zell-Reihe. Darüber hinaus finden sich nebeneinander Effektorzellen etwa vom Typ der zytotoxischen T-Zelle, Regulatorzellen vom Typ der Helfer- und Suppressor-Zellen und in unterschiedlichem Ausmaß weitere Differenzierungsstufen. Mit vergleichsweise einfachen Mitteln – derzeit wird die Charakterisierung der Membranmerkmale durch monoklonale Antikörper in der Immunfluoreszenz favorisiert – können einzelne Gruppen zahlenmäßig erfaßt werden. So finden sich unter 100 Lymphozyten bis zu 70 der T-Zell-Reihe und 15 der B-Zell-Reihe. Dies entspricht unserem Wissen, daß die erstgenannte Zellpopulation mobiler ist und auf Wanderschaft gehen muß, um die Antigene persönlich zu zerstören, wogegen die letztgenannte Zellreihe sich gerne in Plasmazellen umwandelt und ortsfest wird, um von dort aus durch Synthese und Sekretion von Antikörpern den Feind durch Fernwirkung zu vernichten. Die genannten Werte können schwanken im Rahmen der unterschiedlichen Immunreaktionen. Doch würde eine deutliche Abweichung, insesondere ein Fehlen etwa der T-Zellen oder der B-Zellen, belegen, daß der entsprechende Schenkel des Immunsystems und damit der Immunreaktion nicht vertreten ist und somit ein Defizit vorliegt.

Die Differenzierung der Zellen aus dem Blut ermöglicht jedoch noch weitere Erkenntnisse. So sind unter den T-Zellen in der Peripherie beim normalen gesunden Individuum etwa 50 Helfer- und 20 Suppressor-Zellen zu finden. Dies ergibt einen Quotienten von über 2,0. Auch er kann schwanken; doch lang anhaltende und erhebliche Abweichungen sind auch hier ein Hinweis auf eine gestörte Regulation des Immunsystems. So ist ein Absinken des Quotienten, der eine Verminderung der Helfer- gegenüber den Suppressor-Zellen signalisiert, zugleich Ausdruck einer gestörten Immunreaktion im Sinne einer verminderten Reaktivität. Im Extremfall des Vollbildes Aids gibt es überhaupt keine Helfer-Zellen mehr, der Quotient liegt bei null. Dies wiederum ist vergleichbar mit einem Feuerwehrauto, das keinen Gashebel, sondern nur noch eine Bremse aufweist: Dieses Gefährt wird unverrückbar an der Stelle stehen, es ist funktionsuntauglich. Ob die Regulatorzellen im Blut wirklich die Regulation im Falle einer Immunantwort widerspiegeln, ist erwiesenermaßen nicht schlüssig. Fest steht, daß peripheres Blut keinesfalls repräsentativ ist für die Verhältnisse in den Geweben, so daß es Personen mit einem hohen Helfer- zu Suppressor-Quotienten gibt, die dennoch häufig an Infekten erkranken, und andere, die trotz eines erniedrigten Quotienten eine stabile Abwehr aufweisen. Dennoch stellt eine derartige Untersuchung der peripheren Lymphozyten ein wertvolles Instrument dar, vor allem bei langanhaltendem und erheblichem Abweichen von der Norm.

Freilich sind daran funktionelle Teste anzuschließen, wenn sich auffällige Befunde ergeben. Wie geht es also weiter?

Letzte Stufe der Überprüfung einer Aktivität des Lymphozyten ist der Funktionstest. Er kommt einer Probearbeit der Immunzelle gleich oder, übertragen auf das Feuerwehrfahrzeug, einer Probefahrt mit Einsatz. Zu diesem Zweck muß ein geeignetes Kommando gegeben werden. Ein adäquater Reiz ist auf jeden Fall ein Antigen, doch müßte man wissen, mit welchen Antigenen der Organismus schon Kontakt hatte und wo es zur Sensibilisierung kam. Freilich ließe sich die Reaktionsbereitschaft des Immunozyten auch dann überprüfen, wenn der Kontakt im Reagenzglas zum ersten Mal erfolgte. Allerdings wäre das Unternehmen ungleich schwieriger, weil der Startermechanismus bei Erstkontakt sehr viel aufwendiger ist als bei wiederholtem Kontakt. Daher war es naheliegend, einen Weg zu wählen, bei dem sämtliche Immunzellen zu einer Reaktion angetrieben werden. Selbstverständlich besitzt kein Antigen sämtliche Epitope, um so das gesamte Immunsystem zu aktivieren. Für bestimmte Substanzen, die Mitogene, liegen jedoch gewissermaßen unabhängig von der Antigenspezifität Rezeptoren auf der Membran vor. Entscheidend ist, daß im Zellinneren vergleichbare Vorgänge ablaufen, ob nun eine solche unspezifisch wirkende Substanz oder das für sie zuständige Antigen die Immunzelle antreibt.

Die bekanntesten Mitogene stellen die in großer Zahl vorhandenen Lektine dar, die ausnahmslos aus Pflanzen stammen. Am häufigsten verwendet wird das aus Saubohnen gewonnene Phythämagglutinin, welches schon in geringster Konzentration alle T-Zellen zur maximalen Aktivität anspornt. Andere Mitogene vermögen B-Zellen zu stimulieren. Dies alles geschieht im Reagenzglas, in der Zellkultur. Unter Zugabe geeigneten Mediums, das sämtliche für die Zelle essentiellen Substanzen enthält, können sie im Brutschrank tagelang, teilweise sogar mehrere Wochen am Leben erhalten werden. Der Nachweis, daß ihre Aktivität tatsächlich gestiegen ist, läßt sich mit einfachen Mitteln führen. So genügt es beispielsweise, eine Art Ausstrich vorzunehmen und die gefärbten Zellen unter dem Mikroskop zu beobachten. Hier zeigen sich Elemente, die größer sind und als ‚Blasten' bezeichnet werden. Dies hat dem Verfahren auch den Namen ‚Lymphozyten-Transformationstest' gegeben. Aufwendiger ist die Messung der Zellaktivität durch den Einbau von radioaktiven, mit Tritium markierten Thymidin. Dieses Radionuklid wird in den Kern eingebaut und kann durch Aufbringen eines Filmes auf den Objektträger mit den ausgestrichenen Zellen gut dargestellt werden. Die Schwärzung des Filmes gibt ein Bild ab, bei denen die Zellkerne mit Pfefferkörnern übersät aussehen. Auch diese Methode ist allenfalls geeignet für Einzeluntersuchungen, jedoch nicht für größere Serien. Hier ist der bestgeeignete Weg das Sammeln der Lymphozyten aus der Kultur auf Filterpapier, dessen radioaktive Strahlung dann gemessen wird. Die Höhe der Strahlung entspricht – immer gleiche Zellzahl in den Kulturen vorausgesetzt – dem Grade der Lymphozytenaktivierung.

Bezogen auf die B-Zell-Funktion kann auch die Antikörperbildung unter Kulturbedingungen überprüft werden. Es ist jedoch nicht einfach, den entsprechenden Nachweis zu führen, weil die Konzentration an produzierten Immunproteinen außerordentlich gering ist und eine hochgradige Differenzierung und gleichzeitige Proteinsynthese der Zelle erforderlich sind, wenn der Test funktionieren soll.

Der Lymphozyten-Transformationstest ergibt somit zunächst Zahlen, die nur das Ausmaß der Aktivität einer Zellkultur wiedergeben. Zur Interpretation benötigt man ein Koordinatensystem. Eine entsprechende Kontrolle wäre die Leerkultur, wo lediglich die Lymphozyten im Nährmedium vorhanden sind und keine Mitogene zugesetzt werden. Kulturen, in die bewußt Antigene eingebracht worden sind, können dann einerseits mit der mitogenstimulierten, andererseits mit der leeren Kontrollkultur verglichen werden. Dabei erreichen Antigene sogar häufig einen höheren Wert als die Mitogene, offenbar ein Ausdruck des Phänomens, daß einzelne stimulierte Zellen sich viel mehr Raum verschaffen können, als wenn alle gleichzeitig stimuliert werden. Neben solchen internen Kontrollen sind auch jeweils externe mitzuführen. Dies bedeutet, daß entsprechende Ansätze von gesunden Personen mitgetestet werden müssen. Hier werden meist Laborangehörige einbezogen, deren Werte bekannt sind und zum Vergleich herangezogen werden können, da die Teste jeden Tag etwas anders ausfallen: Die Versuchsbedingungen bis ins letzte Detail immer exakt gleich zu halten, ist letztlich unmöglich.

Eine solche Untersuchung kommt den natürlichen Verhältnissen freilich nicht sehr nahe. Im Reagenzglas gehaltene Zellen sind aus ihrem ursprünglichen Milieu herausgerissen – wie Gefangene, die nicht in ihrer ursprünglichen Umgebung weiterleben können. Daher lassen sich im Reagenzglas die erstaunlichsten Ergebnisse erzielen, die sich dann im Organismus nicht mehr nachweisen lassen. Dennoch ist der Lymphozyten-Transformationstest gut geeignet, die allgemeine Reaktionsbereitschaft zu belegen, wie zahllose Untersuchungen bei Immundefekten oder unter Therapie mit immunmodulierenden Substanzen bewiesen haben.

In diesem Zusammenhang kann auch überprüft werden, ob die Zellen während der Aktivierungsphase ihrerseits Substanzen abgeben. Während der Immunreaktion kommt es zur Sekretion von Zytokinen und anderen Faktoren, was anhand des Migrations-Inhibitionstests nachzuweisen ist. Der abgegebene migrationsinhibierende Faktor hemmt die Wanderung von beigesetzten Granulozyten. Ein solcher Zwei-Stufen-Test ist jedoch grundsätzlich entbehrlich, da der Faktor sowie Interleukin und Interferon im Überstand der Zellkultur inzwischen quantitativ gemessen werden können.

Die beschriebenen Teste sind recht aufwendig. Viel einfacher ist es, eine Lymphozytenreaktion am Patienten selbst zu verfolgen, was sogar mit bloßem Auge möglich ist. Wird in die Haut ein entsprechendes Antigen eingebracht, so kommt es dort zu einer Immunreaktion mit Einstrom von Makrophagen und Granulozyten, was als kleines rotes Knötchen imponiert. Es zeigt sich nach zwei bis drei Tagen und verschwindet wieder nach einigen Wochen. Genau dies ist beim Tuberkulintest der Fall. Da nicht jedes Individuum gegenüber Tuberkulin sensibilisiert ist und daher ein negativer Ausfall keine Aussagekraft hat, werden heute verschiedene Antigene als Stempel unter der Bezeichnung ‚Multitest' intrakutan appliziert. Alle Antigene sind so ausgesucht, daß sie bevorzugt die T-Zell-Antwort anregen. Neben Tuberkulin finden sich noch Candidin, Trichophytin, Diphtherietoxin und Tetanus-Toxoid. Auch eine Kontrolle wird mitgeführt. Individuen mit einer normalen Immunreaktion sollen mehrere kleine Knötchen aufweisen. Dies setzt allerdings eine entsprechende Sensibilisierung voraus. Aus diesem Grund ist dieser Test bei Kleinkindern zumeist negativ, auch wenn deren Immunsystem normal arbeitet. Bei Erwachsenen, die alle schon Kontakt hatten mit verschiedenen Pilzen und anderen Antigenen, fällt dann die Immunreaktion deutlich aus. Eine quantitative Auswertung ist mit Einschränkungen möglich. Es versteht sich von selbst, daß alle Antigene devitalisiert werden müssen, um Infektionen auszuschließen.

Diesem Test in gewisser Weise vergleichbar ist die Bestimmung von einzelnen Antikörpertitern im peripheren Blut. Stellvertretend werden solche Spezifitäten abgefragt, die als ubiquitäre Antigene gelten dürfen. So hat normalerweise jedes Individuum einen Antistreptolysintiter, basierend auf permanentem Kontakt mit Streptokokken. Auch die Antikörpermessung nach aktiver Schutzimpfung wäre ein solcher funktioneller Test auf humoraler Seite. In den genannten Fällen würde vorzugsweise die Produktion von IgG-Antikörpern erfaßt. Will man IgM-Antikörper nachweisen, so bedient man sich der Isoagglutinine: Träger der Blutgruppenmerkmale A und B haben jeweils einen Antikörper gegen die nicht vorhandene Blutgruppe; Sinngemäßes ist anzuwenden auf Träger der Blutgruppe 0.

Obwohl der funktionelle Test die höchste Stufe der Vermessung darstellt, lassen sich weitere Untersuchungen anfügen, wenn es darum geht, Störungen genauer zu beschreiben. Ist die Ebene der Störung festzulegen, wird auf Knochenmarkmaterial zurückgegriffen, teilweise auch auf Lymphknoten und Schleimhautgewebe. Ziel ist es, die Differenzierung zu verfolgen. Es kann von Bedeutung sein, ob die Vorläuferzellen fehlen oder etwa der Sekretionsmechanismus von Immunproteinen in Plasmazellen defekt ist.

Weitere wichtige Untersuchungen

Mit den erwähnten Testen ist das Immunsystem vermessen. Es ist jedoch auch wichtig festzustellen, wie die genetischen Verhältnisse sind. Dazu wird der MHC analysiert (*vgl. S.* 33). In Einzelfällen ist es bedeutsam, HLA-Merkmale zu kennen, weil sie einen Hinweis geben auf das Risiko, die eine oder andere Erkrankung zu erwerben. Auch sind solche Untersuchungen wichtig im Hinblick auf künftige Reaktionen bei Knochenmarks- oder Organtransplantation. Dies bedeutet aber schon eine deutliche Erweiterung des Begriffes ‚Immunstatus'.

Zweckmäßig ist es, bei dieser Gelegenheit Untersuchungen anzuschließen, die das Immunsystem selbst nicht betreffen, aber im Zusammenhang mit der Fragestellung wichtige Ergebnisse erbringen. Ist bei Infektanfälligkeit das Immunsystem normal angelegt und arbeitet es unauffällig, führt dies zu großer Verwirrung. In solchen Fällen liegt kein Immundefekt vor, vielmehr sind die übrigen Abwehrmechanismen geschädigt. Bereits beim Differentialblutbild sind deshalb Granulozyten und Monozyten auszuzählen, zumal die Agranulozytose eine Erkrankung darstellt, die durch gehäufte Infekte zum Tode führt, selbst wenn das Immunsystem normal ist. Aber auch eine normale Granulozytenzahl bedeutet nicht allzu viel, kann es sich doch um minderwertige Zellen handeln. Daher muß auch nach den Enzymen im Zellinneren gefahndet werden, d.h. ob etwa Peroxidase vorliegt, was mit einfachen Farbumschlagstests zu bewerkstelligen ist. Auch die Wanderungsfreude und Chemotaxis lassen sich auf diesem Wege überprüfen. Ferner sollten auch lösliche Faktoren der unspezifischen Abwehr, Lysozym und Komplement, nicht vergessen werden.

Die Fülle der vorgeschlagenen Untersuchungen zeigt, daß sich das Immunsystem fast bis in jeden Winkel verfolgen läßt. Da dies im Alltag jedoch nicht möglich ist, ist der für Arzt und Patient jeweils bestgeeignete Kompromiß zu finden. Soll das Immunsystem eines Gesunden vermessen werden, wird man ein grobes Netz über alle Elemente der Abwehr werfen, soll ein Patient analysiert werden, so wird man das in Betracht kommende Terrain entsprechend differenzierter untersuchen. Ein weiteres Mal drängt sich der Vergleich mit der Feuerwehr auf: Ist alle Welt mit dieser Einrichtung zufrieden, so genügt eine großzügige und weiträumige Inspektion, werden jedoch Mängel bekannt, so muß in Einzelbereichen nachgeforscht werden.

Die Suche nach dem Schuldigen

Block	Vorgehen	Anwendung
Nachweis erfolgter Immunreaktion	Klassische Serologie Zellaktivierungs-Teste Provokation	Hypersensitivitäts-Syndrome (Allergie, Autoaggression) Impfschutz; früherer Infekt
Nachweis der Histokompatibilität	Bestimmung des MHC (HLA-Testung)	Transplantation
Nachweis der Elemente des Immunsystems	Zählung von Lymphozyten und ihre Differenzierung; Immunglobulinspiegel; Einzeltiter Hauttest	„Immunstatus" bei Abwehrschwäche, Abschätzung des Infektionsrisiko
Nachweis monoklonaler Expansion	Charakterisierung der vorherrschenden Zellklasse und Immunproteine („Paraprotein"	Maligne Immunproliferation
Nachweis von Steuermechanismen	Messung von Zytokinen (Interleukine, Interferone) Zählung von Helfer-Suppressor-Zellen	Partielle Defekte Globale Hypersensitivität
Nachweis von Mediatoren	Komplement-Bestimmung Histamin-Messung	ergänzende Diagnostik

Die Vielzahl von Immunkrankheiten macht eine große Anzahl immundiagnostischer Maßnahmen erforderlich, die sich in einer unüberschaubaren Fülle von Immunoassays widerspiegeln. Zentraler Aspekt der folgenden Darstellung ist – entsprechend dem Zusammenhang – die Diagnostik bei Immunkrankheiten; nicht erörtert werden die immunologischen Bestimmungsmethoden, die auch bei anderen Erkrankungen, insbesondere der Endokrinologie, angewendet werden.

Immundiagnostik vermag in einzigartiger Weise in die Vergangenheit zu schauen, die Gegenwart zu ermessen und in die Zukunft zu blicken. Einblick in die Vergangenheit zu haben, bedeutet hier die Möglichkeit, aus Befunden auf abgelaufene Reaktionen zu schließen. Diese Form der Diagnostik ist deshalb üblich, weil sie von entscheidender Bedeutung auch für akut bestehende Krankheitsbilder ist: Die diesbezüglich wichtigen Vorgänge sind schon längst in Gang gekommen. Das Ermessen der Gegenwart bedeutet die umfassende Darstellung des Immunsystems hinsichtlich Anlage und Fähigkeiten. In die Zukunft zu blicken heißt schließlich Daten einholen, die auf zukünftige Reaktionsweisen schließen lassen. Wichtigstes Beispiel ist die Ermittlung des individualspezifischen immunologischen Musters, das uns etwa zeigt, ob und wie heftig eine Abstoßungsreaktion bei Transplantationen zu erwarten ist. Hier ist auch die Ermittlung des Antikörpertiters etwa nach Schutzimpfungen zu erwähnen; aus ihm läßt sich ableiten, ob der spätere Kontakt mit den schädlichen Faktoren ohne Folgen bleibt.

Die Immundiagnostik kann somit nach mehreren Aspekten eingeteilt werden, die teilweise schon in anderem Zusammenhang dargestellt wurden. (Zum Immunstatus *vgl. S.* 159 ff, zu Fragen der Histokompatibilität *vgl. S.* 12 ff. Gegenstand der folgenden Ausführungen sind deshalb Immunkrankheiten, bei denen die Immunantwort Ursache für die Organschäden ist.

Oberflächlich betrachtet, erscheinen Möglichkeiten und Wege recht einfach, da für jede Immunkrankheit entsprechende Tests existieren. Somit wäre lediglich anhand der Symptome und vielleicht anderweitig erhobener Laborbefunde eine Verdachtsdiagnose zu stellen, um dann anhand der immunologischen Ergebnisse diese bestätigen oder ausschließen zu lassen. Dies mag in vielen Fällen gelingen, nicht selten wird man aber damit in doppelter Hinsicht scheitern. Zum einen können die erwarteten Resultate in manchen Fällen nicht erhoben werden. Der in der Immunologie Unbewanderte wird hier irritiert aufgeben oder die Schuld beim zuständigen Labor suchen. Zum anderen wird aus unerwartet erhobenen Befunden häufig eine Krankheit konstruiert, die in Wirklichkeit überhaupt nicht vorliegt. Möglichst viele Laboruntersuchungen vornehmen zu lassen und die zahlreichen Befunde in einem Lehrbuch wiedererkennen zu wollen, ist somit nicht sinnvoll – weniger, weil eine Begrenzung der Befundanforderung aus Kostengründen oder um den Patienten zu schonen erfolgen sollte, vielmehr weil die Interpretation anderer Befunde und der Beschwerden des Patienten ebenso wichtig ist.

Wer den Text bis hierher verfolgt hat, dessen Laune hat sich wohl zunehmend verschlechtert. Durfte man anfangs wegen der einzigartigen Leistungsbreite der Immundiagnostik erwartungsfroh sein, so war doch später der erhobene Zeigefinger unverkennbar. Gibt es denn überhaupt etwas Zuverlässiges in der Immunologie. Wir wollen diese Frage erst später beantworten und besser mit einer anderen beginnen.

Gibt es Untersuchungen, die eine Immunkrankheit aufdecken?

Die Frage nach einem Test, der eine Immunkrankheit decouvriert, ist zunächst mittels des häufig benutzten Vergleichs mit der Feuerwehr einzugehen. Wäre die Immunkrankheit einem Brand vergleichbar, so müßte die Immundiagnostik die Rolle des Kriminalisten übernehmen. Dessen Kriterien sind freilich unklar:

Sind Streichhölzer oder Asbestkleidung der Anwesenden, entsprechende Indizien? Oder genügt bereits die Gegenwart am Brandherd, die auch das allgegenwärtige Immunsystem aufweist? Wie hier ist keine exakte Aussage zu treffen, ist auch kein globaler Test möglich, der die Frage noch einer Immunkrankheit global beantwortet. Die Feststellung, jeder sei ein potentieller Brandstifter, trägt nicht zur Klarheit bei: Auch ein Immunsystem kann verdächtigt werden, später zu Krankheiten beizutragen. Allerdings lassen sich imunologische Parameter nennen, die zumindest auf eine Immunkrankheit hinweisen – wie der Pyromane durch bestimmte Eigenheiten zu beschreiben ist.

Ein Globaltest, der eine ganze Gruppe von Erkrankungen entdecken soll, muß sich auf einen Sammelnachweis stützen. Dies ist bei den Immunglobulinen möglich. Ein erhöhter Blutspiegel ist stets Zeichen einer allgemeinen Hyperreaktivität. In der Eiweißelektrophorese zeigt sich dann eine Hypergammaglobulinämie. Es gilt dann nur noch, durch Umrechnen aus dem Gesamteiweißgehalt zu bestätigen, daß die Immunglobuline tatsächlich im Blut vermehrt vorliegen. Diese Konstellation ist zu finden bei länger anhaltender allgemeiner Irritation des Immunsystems, die sich hier in vermehrter Antikörperbildung sämtlicher Plasmazellfamilien äußert. Im Hintergrund stehen fast ausnahmslos Autoaggressionskrankheiten und gelegentlich chronische Infektionen. Selbstverständlich kommt es nicht in kurzer Zeit zur Hypergammaglobulinämie; meist dauert es Wochen, bis ein eindeutiger Anstieg dieser Serumfraktion erkennbar ist. Das langsame Ansteigen der Antikörpersynthese und die Halbwertszeit von einer bis zu drei Wochen ist der Grund für den integralen Charakter der Hypergammaglobulinämie. Während die Entzündungsproteine, die im α_2-Globulinbereich wandern und eine kurze Halbwertszeit haben, jeweils den aktuellen Stand der Prozeßaktivität widerspiegeln, bieten die Immunglobuline einen Querschnitt über einen längeren zurückliegenden Zeitraum. Ansteigende Immunglobulinspiegel verweisen somit immer auf eine längere Vorgeschichte und sind von entscheidender Bedeutung. Die chronisch-aggressive Hepatitis zeigt das Phänomen der Hypergammaglobulinämie in extremer Weise; hierbei zirkulieren oft mehr Antikörper im Blut als andere Eiweiße. Weniger deutlich ausgeprägt ist sie bei systemischen Immunkrankheiten vom Typ des Lupus, der progressiven systemischen Sklerose oder auch der chronischen Arthritis; so gut wie nie findet sich eine Hypergammaglobulinämie bei den übrigen Autoaggressionskrankheiten wie hämolytische Anämie, Multiple Sklerose oder Vaskulitis.

Durch gesonderte Bestimmung der Immunglobulinklassen kann die Aussage intensiviert werden. Bei den meisten der angesprochenen Situationen ist die IgG-Fraktion erhöht. Eine deutliche Vermehrung von IgA findet sich bei Zirrhosen wie auch bei bestimmten Formen der Dermatosen und der Nephritis. IgM-Vermehrung findet sich wiederum bei Zirrhosen, in isolierter Form bei der primär biliären Zirrhose. Die Vermehrung der IgE-Fraktion, die in der Serumelektrophorese nie auffällt, ist ein Hinweis auf Atopie, die Churg-Strauß-Vaskulitis und Wurmbefall. IgD kommt deutlich vermehrt nur bei dem entsprechenden Plasmozytom vor.

Alle diese Befunde müssen immer im Zusammenhang mit anderen Daten und den Beschwerden des Patienten gesehen werden. Fälle einer deutlichen Hypergammaglobulinämie ohne jedes Krankheitszeichen sind bekannt; hier muß regelmäßig überwacht werden, da sich häufig erst im Laufe der Zeit eine der genannten Immunkrankheiten ausbildet.

Ein der Immunglobulinvermehrung vergleichbares Phänomen auf der zellulären Seite des Immunsystems gibt es nicht; zumindest ist es für Routineuntersuchungen nicht greifbar. Auch die Differenzierung in Subpopulationen hat nur wenig Sinn, da eindeutige Verschiebungen erst im fortgeschrittenen Krankheitsstadium auftreten, wie etwa ein Fehlen von Helfer-Zellen bei Aids oder ein Überwiegen dieser Zellpopulation bei Mycosis fungoides und Sézary-Syndrom.

Ein weiterer globaler Test ohne Bezug zu einem bestimmten Antigen ist der Nachweis zirkulierender Immunkomplexe. Sie sind häufig Ausgangspunkt für Erkrankungen vom Typ der Serumkrankheit mit Kapillaritis und Serositis. Intermittierend finden sich bei allen systemischen Immunopathien zirkulierende Immunkomplexe, gleichgültig, ob eine Autoaggression vorliegt, wie beim Lupus erythematodes, oder eine xenogene Reaktion, wie bei Infekten. Da jedoch der Immunkomplex ein in der Zirkulation gewissermaßen alltägliches Phänomen ist, fällt es schwer, einen Test zu entwickeln, der vorzugsweise oder gar ausschließlich die pathogenen Immunkomplexe mißt. Neuerdings gibt es schon Möglichkeiten, in Einzelfällen den antigenen Anteil im Immunkomplex zu definieren, etwa DNS oder Virusproteine.

Schließlich sei noch auf die Ausscheidung von Mediatoren und ihren Metaboliten hingewiesen. Sie gestattet eine Aussage unabhängig vom Antigen und nur im Zusammenhang mit IgE-vermittelten Reaktionen. Messung des Histaminspiegels im Blut unmittelbar nach zweifelhaften Erscheinungen läßt bei dessen Anstieg eine solche Immunpathogenese vermuten. Metabolite, beispielsweise des Histamin, können auch im Harn nachgewiesen werden. So kann bei flüchtigen Attacken, die der Arzt niemals zu Gesicht bekommt, eine IgE-vermittelte Reaktion vermutet werden, wenn der Patient unmittelbar danach Harn sammelt und eine eindeutig vermehrte Histaminausscheidung erkennbar wird. Die Berücksichtigung der Nahrung, Käse und Wein enthalten viel davon, und weiterer Einzelheiten steigert die Treffsicherheit der Aussage, die freilich keinerlei Hinweis auf das Antigen bietet.

Die übrigen immunologischen diagnostischen Tests stützen sich auf spezifische, antigenorientierte Systeme. Im Gegensatz zu den eben angesprochenen Erkrankungen, bei denen lediglich ein Sammelprodukt gemessen wird, geht es hier um das Vorliegen bestimmter Antikörper und die Ermittlung ihres Titers. Obgleich es theoretisch möglich wäre, diese Untersuchungen gegen alle Antigene gesondert vorzunehmen, muß die Palette in der Praxis begrenzt werden.

Somit besteht die Frage, welche Antigene und Antikörper gesucht werden müssen. Worauf ist zu achten?

Hier ist daran zu erinnern, daß Immunkrankheiten stets den Endpunkt einer Kaskade von Einzelaktionen darstellen und sich jeweils als Organstörung manifestieren. Gewisse Varianten bestehen nur bezüglich unterschiedlicher Immunmechanismen, von seiten des Antigens jedoch nicht. Am einfachsten zu belegen ist dies durch das Beispiel einer Sensibilisierung an der Haut: steht IgE im Vordergrund, so folgt daraus eine Urtikaria, liegt eine zelluläre Sensibilisierung vor, folgt ein Ekzem. Beide Erkrankungen haben immer das gleiche Erscheinungsbild, unabhängig vom Antigen. Wird also eine Immundiagnostik erforderlich, so sollten möglichst Antigen und der verantwortliche Immunmechanismus bekannt sein. Hinsichtlich des Antigens ist keine weitere Erläuterung notwendig; der Immunmechanismus ist kurz folgendermaßen zu beschreiben: Bei Schock, Urtikaria und Asthma bronchiale muß nach IgE-Antikörpern gefahndet werden, bei Alveolitis, Exanthem und einer Reihe von Zytopenien nach IgG- und IgM-Antikörpern. Was bedeutet das für den Alltag?

Vor der Labordiagnostik muß eine gezielte Befragung und Untersuchung erfolgen. Sie dient der mutmaßlichen Festlegung des verantwortlichen Antigens und der zugrunde liegenden Immunreaktion. Beides muß dem Labor bekannt sein, damit die Diagnostik gezielt erfolgen kann. Es hat wenig Sinn, auf dem Anforderungsschein lediglich ‚Allergie‘ oder ‚Autoaggression‘ zu vermerken; man könnte dann allenfalls auf Globaltests ausweichen mit all ihren Unzulänglichkeiten.

Bei den pathogenen Immunreaktionen ist die Diagnostik vergleichsweise leicht zu überschauen. Dies gilt für die klassischen Allergien ebenso wie für Hypersensitivitätssyndrome im weiteren Sinne, hier insbesondere die Autoaggressionskrankheiten. Die letztgenannte Krankheitsgruppe bietet sich in zwei Varianten an. Bei organlokalisierten Prozessen ist die Diagnostik einfach; es wird jeweils nach dem entsprechenden Antikörper gesucht. So geht es bei immunhämolitischer Anämie um den Nachweis antierythrozyterer Immunglobuline, bei Schilddrüsenentzündung um den Nachweis von Antikörpern gegen Mikrosomen von Schilddrüsenzellen und Thyreoglobulin, beim Goodpasture-Syndrom um den Nachweis von Antikörper gegen Basalmembran. In manchen Fällen wird diese strenge Logik durchbrochen, so bei der autoimmunen chronischen Hepatitis, wo sich kurioserweise auch Antikörper gegen glatte Muskulatur finden.

Bei Krankheiten ohne Organlokalisierung muß ein “allgemeiner” Antikörper gesucht werden. Die wichtigsten dieser Kategorie sind die Antiglobulinfaktoren, besser als Rheumafaktoren bekannt, und die antinukleären Faktoren. Beide finden sich bei Erkrankungen, die regelmäßig den ganzen Organismus befallen und damit auch zum sogenannten rheumatischen Formenkreis zählen, wenngleich nicht immer eine Polyarthritis obligat ist. Aber auch hier gibt es keine eindeutigen Befunde. So finden sich die Rheumafaktoren zwar am häufigsten bei der chronischen Polyarthritis, jedoch auch bei vielen anderen Autoaggressionsprozessen und nicht selten sogar bei Gesunden, insbesondere im höheren Lebensalter. Bei den antinukleären Faktoren gibt es eine Reihe verschiedener Spezifitäten, etwa gegen DNS, RNP oder Histone. Jeder dieser Antikörperspezifitäten findet sich bei einer Erkrankung besonders häufig. Daraus ergeben sich eine Reihe von Mustern, die für die eine oder andere systemische Erkrankung sprechen. Eine eindeutige Trennung ist jedoch nicht möglich und auch deswegen nicht zu erwarten, weil die verschiedenen Erkrankungen – in der Reihenfolge der genannten Beispiele: Lupus erythematodes, gemischte Kollagenkrankheit oder überhaupt lupuide Varianten – sich sehr ähnlich sind und gelegentlich ineinander übergehen.

Neben Laboruntersuchungen gibt es auch Untersuchungen am Menschen selbst. Sie sind beschränkt auf Überempfindlichkeitsreaktionen gegenüber körperfremden Material. Bei der Testung am Patienten werden die in Betracht kommenden Antigene appliziert, die Reaktion wird abgewartet. Am einfachsten ist dies bei der Hauttestung, wo eine große Zahl verschiedener Antigene ins Spiel gebracht werden kann. Die einsetzende Reaktion spiegelt den Immunmechanismus wider, indem sich 20 Minuten nach der Applikation eine Quaddelreaktion durch IgG, sechs Stunden nach der Applikation eine Knötchenreaktion durch IgG und IgM und mehrere Tage danach eine Infiltration als zelluläre Reaktion ausbildet. Auch hier gibt es ab und zu falsch positive und falsch negative Ergebnisse. Dies auszuschalten gelingt mit der organbezogenen Provokation, wenn etwa bei Asthma bronchiale das verantwortliche Antigen inhaliert und die zunehmende Obstruktion gemessen werden. Doch ist diese Form der Diagnostik sehr viel aufwendiger und für den Patienten belastend, gelegentlich sogar gefährlich. Eine weitere Form ist die Testung an vitalem Gewebe im Reagenzglas, wenn beobachtet wird, wie sich das Gewebsstück nach Zugabe des Antigen verhält.

Die beschriebenen Untersuchungen haben somit ihre Grenzen. Liegt es an den noch unausgereiften Methoden oder liegt es in der Natur der Dinge?

Als erstes ist anzumerken, daß die Routinediagnostik überwiegend aus dem Blut erfolgt. Es darf nicht verwundern, daß hier die Ergebnisse weniger zutreffend sind, als wenn am Ort des Geschehens, etwa in einem Organverband, nach Immunphänomenen gesucht würde. Verglichen mit der Feuerwehr käme das etwa dem Versuch gleich, aus dem vorbeifahrenden Feuerwehrauto auf dessen Einsatzort schließen zu wollen. Selbst wenn man in Betracht zieht, daß Antikörper eine Spezifität aufweisen und damit das Feuerwehrauto eine Aufschrift über seinen Einsatzort trüge, wäre immer noch nicht klar, ob ein drohender Brand abzuwenden oder ein loderndes Feuer zu begrenzen ist. Weiterhin ist anzumerken, daß ein Titer noch nicht allzuviel über die Dynamik des Geschehens aussagt: Aus dem Photo eines Feuerwehrautos geht nicht hervor, ob es sich bewegt oder ob es steht. Schließlich sind die meisten Immunphänomene pleiotrop: mag der Antikörper ebenso wie die Immunzellen nützlich und hilfreich sein bei der

Beseitigung des Antigens, so sieht man ihm nicht an, ob er das nebenbei erledigt oder mit erheblichen Getöse, was einer Immunkrankheit gleichkäme.

Was kann man zur Verbesserung der Treffsicherheit unternehmen?

Die Antwort auf diese Frage ergibt sich aus den genannten Schwächen jeder Immundiagnostik. Man muß näher an das Geschehen herangehen. So gelingt es zwar nicht, aus dem Blut auf Erkrankungen des ZNS zu schließen, doch lassen sich im Liquor deutliche Immunglobulinvermehrungen nachweisen. Sind bei unklaren Lungenerkrankungen Blutwerte ebenfalls nicht krankheitstypisch, so können dennoch aus der bronchoalviolären Lavage wertvolle Hinweise auf die Natur der Störung gewonnen werden. Bei arthritischen Beschwerden hilft manchmal die Untersuchung des Ergusses weiter als die des Serums. Was die Pleiotropie betrifft, so wäre man hier stets auf die Imitation der Erkrankung angewiesen. Nachdem sich gezeigt hat, daß beispielsweise Antikörper gegen Legionellen oder Borrelien auch bei Gesunden zu finden sind, die offenbar unbehelligt die Begegnung mit den schädlichen Faktoren überstanden haben, ist der diagnostische Wert solcher Untersuchungen bei Beschwerden und Organstörungen außerordentlich fraglich. Derartige Erfahrungen waren seit langem im Zusammenhang mit der Toxoplasmose und Tuberkulose bekannt. Auch dort waren die Ergebnisse fast nie zu interpretieren, sofern man nicht durch fortwährendes Wiederholen ein Profil gewann, das der Realität entsprach.

Insgesamt können vermittels der Immundiagnostik jeweils nur Wahrscheinlichkeiten aufgezeigt werden. So leicht eine Hundertschaft Gesunder von einer Hundertschaft Kranker durch immunologische Tests zu differenzieren ist, so wenig gelingt dies im Individualfalle. Dies haben wir zu akzeptieren – genau wie die Tatsache, daß unser Immunsystem Schutz und Schaden zugleich bringen kann.

Übung macht den Meister

- Voraussetzungen

Definition und Präparation des Antigen
Immunkompetenz

- Grundsätzliche Empfehlungen

Früh impfen (vor Kontakt mit dem originären wilden Erreger)
Impfschutz aufrechterhalten (konsequente Auffrischimpfung)
Erfolgskontrolle (Antikörpertiter / Zellreaktion)

- Schutzmechanismen

Bakterien-Opsonierung
Virus-Blockierung
Toxin-Neutralisierung

- Dauer des Schutzes

Präsenz von Antigen
Präsenz von Gedächtnis- und Plasmazellen

- Mißerfolg

Lücke im Immunsystem (individueller selektiver Defekt)
Immunkomprommittierende Situation (Infekt, Streß, Therapie)

- Schaden

Impfstoff (Lebendvaccine insbesondere bei Immundefekt)
Verunreinigung (Proteine aus Gewebskultur)
Zusätze (Stabilisatoren, Desinfizientien)

Wiederholen erleichtert eine Tätigkeit; diese alte Erfahrung führte unter anderem zu dem Sinnspruch: ‚Es ist noch kein Meister vom Himmel gefallen.' In Alltag bemerken wir immer wieder, daß es sinnvoll ist, gerade komplizierte Tätigkeiten oder Abläufe regelmäßig zu wiederholen, um in Übung zu bleiben bzw. gewandter zu werden. Um eine Leistungsminderung zu vermeiden, übt ein Sportler fortwährend durch bewußtes, geplantes und vorgezogenes Handeln, zumal er anstrebt, jenseits der vorhandenen Fertigkeit wie beispielsweise Laufen die notwendige Kraft und die erforderliche Dauerleistung aufzubauen.

Daß im Organismus auf einfache Art und Weise sehr viele Vorgänge aufgebaut und gefördert werden können, ist bekannt. So wird Alkohol bei häufigem Genuß zunehmend besser verarbeitet, da er durch die Enzyminduktion rascher abgebaut wird.

Die beschriebenen Gesetzmäßigkeiten sind auch auf das Immunsystem zu übertragen, was anhand eines Vergleiches mit dem Gehirn deutlich wird. Mehrfach wurde darauf hingewiesen, daß das menschliche Gehirn dem Immunsystem sehr ähnlich ist: Beide müssen Fähigkeiten erlernen und ausbauen. Die Grundelemente sind vorhanden; manches wird beherrscht, ohne erlernt zu werden; man denke an das Atmen oder besser noch an die Trinkfähigkeit des Neugeborenen. Später werden aus den einzelnen Elementen, über die unser Gehirn verfügt, die großen intellektuellen Leistungen kombiniert. Auch der klügste Mensch muß jedoch in Übung bleiben, er muß rekapitulieren, da manches Erlernte früher oder später in Vergessenheit gerät. Genauso verhält es sich mit dem Immunsystem. Schon als Neugeborene verfügen wir über ein vorzüglich vorbereitetes und einsatzfähiges Organ, das die Funktion bestimmter Grundelemente gewährleistet. Dies erweist sich an der spontanen Produktion von Antikörpern. Da diese Leistungen jedoch nicht genügen, lernt auch das Immunsystem für das Leben hinzu; ist dies nicht der Fall, sind die Betroffenen existentiell bedroht. Weiterhin weist unser Immunsystem ein Gedächtnis auf, das im Laufe der Zeit nachläßt; hier wird manches länger und manches kürzer bewahrt. Somit gilt auch für das Immunsystem die Aussage, ‚Übung macht den Meister': Aufgrund der erworbenen Meisterschaft ist es uns möglich, viele schwierige Lebenssituationen zu bestehen.

Die Lernfähigkeit des Immunsystems war wohl schon den Naturvölkern bekannt. Die Beobachtung, daß manche – insbesondere übertragbare – Erkrankungen den Menschen nur einmal befallen können, führte schon vor langer Zeit zu entsprechenden Überlegungen und Maßnahmen. Das Prinzip, durch gezieltes Antigenangebot dem Immunsystem eine spezifische Reaktion abzufordern, ist uralt. So trugen die Chinesen die Krusten, die sich bei Pockenkranken auf der Haut bildeten, ab, zerrieben sie und brachten das Pulver Kindern in die Nase ein, um so bei späterer Infektion den Krankheitsverlauf zu mildern. Da dieses Prinzip über Generationen verfolgt wurde, fanden sie diese Beobachtung sicher vielfach bestätigt. Die Araber sollen eine bewußte Infektion der Orientbeule im Kindesalter an einer bedeckten Körperstelle vorgenommen haben, um späteren entstellenden Narben im Gesicht vorzubeugen. In Europa waren diesbezügliche Methoden merkwürdigerweise unbekannt; zumindest wurden solche Verfahren nie in größerem Rahmen eingesetzt. Erst im Jahre 1789 griff *Jenner* in England dieses Prinzip auf und injizierte Kuhpocken, um den Menschen vor späterer Erkrankung zu schützen.

Heute gibt es zahlreiche Schutzimpfungen, deren Effizienz erwiesen ist. Die Pockenerkrankung wurde mittels der aktiven Immunisierung endgültig vom Erdball eliminiert. Eine Zusammenarbeit der entsprechenden Experten, d.h. der Virologen, Molekularbiologen, Immunologen, und der Ärzte könnte eine ähnliche Leistung durchaus auch bei anderen Erkrankungen erbringen, beispielsweise im Bereich der Kinderlähmung, wofür bislang die erforderlichen Strategien fehlen. Freilich sind viele Probleme noch ungelöst und werden auf regelmäßigen wissenschaftlichen Veranstaltungen diskutiert. So wird die Frage erörtert, wie sich neue Schutzimpfungen entwickeln lassen und die derzeitigen Möglichkeiten ausgebaut werden können. Weitere Themen sind die Verhinderung der immer wieder auftauchenden unerwünschten Nebenwirkungen und die Steigerung der Verträglichkeit.

Da im folgenden das Prinzip der Schutzimpfung hinterfragt werden soll, ist zunächst die Reaktion des Immunsystems auf den Impfstoff zu beschreiben, um im Anschluß daran der Frage nachzugehen, aus welchem Grund viele dringlich erforderliche Schutzimpfungen noch ausstehen.

Worauf beruht der Impferfolg?

Voraussetzung einer erfolgreichen Impfung ist ein potenter Impfstoff und ein reaktives Immunsystem. Dies bedarf keiner weiteren Erörterung: Es liegt auf der Hand, daß bei Immuninsuffizienz und Immundefekt der Impferfolg nicht annähernd das Ausmaß erreichen kann wie bei einem gesunden Immunsystem. Die folgenden Darlegungen beruhen auf der Darstellung eines intakten Immunsystems.

Um Immunität zu erreichen, muß der Impfstoff das entsprechende Antigen beinhalten. In einer Reihe von Fällen bedarf es dazu der Züchtung von Infektionserregern. Zunehmend wird dieses Herstellungsverfahren durch Gentechnologie ersetzt, indem die Produktion der Antigene in Kolibakterien oder Hefezellen erfolgt. Die gentechnologische Produktion kann nicht beliebig große Proteine herstellen, weshalb die entscheidenden antigenen Strukturen der infektiösen Faktoren bekannt sein müssen. Dann aber ist das verfügbare Produkt homogen und von einer unübertrefflichen Reinheit. Dies ist die beste Voraussetzung für einen qualitativ hohen Impfstoff. Alle weiteren Schritte, d.h. Isolierung, Standardisierung, Stabilisierung und die Garantie, den Impfstoff vom Hersteller bis zum Impfling ordnungsgemäß zu transportieren, sind vergleichsweise einfach. Würde sich das Impfproblem allein auf diesen Sektor reduzieren lassen, könnte es als nahezu gelöst betrachtet werden.

Ziel jeder Impfung ist, einen Zustand zu erreichen, wie er unmittelbar nach einer erfolgreich überstandenen Infektionskrankheit vorliegt. Dann finden sich aktivierte Lymphozyten zur unmittelbaren Beseitigung von Antigenen und antigenhaltigen Zellen, es zirkulieren Antikörper, welche die eindringenden infektiösen Antigene binden und an einer Invasion in die Zelle zu hindern vermögen und es ist ein Gedächtnis vorhanden, das diesen Zustand über längere Zeit aufrechterhält und erforderlichenfalls für einen neuen Nachschub der schützenden Elemente sorgt. Dem Immunsystem muß deshalb, um den Vergleich mit der Feuerwehr aufzugreifen, die Kenntnis bezüglich des Umgangs mit dem Gerät vermittelt werden. Verhängnisvoll wäre es zu warten, bis es brennt, um dann am Ort des Geschehens das Vorgehen zu erläutern. Daher müssen Übungsstunden angesetzt werden. Je komplexer die Materie bei unerfahrener Mannschaft ist, um so häufiger muß geübt werden. Der Aufbau einer schlagkräftigen Feuerwehr kann somit einige Zeit in Anspruch nehmen. Auch bei der Schutzimpfung muß der Impfstoff dem Immunsystem angeboten werden, damit es ihn zu verarbeiten und eine Immunreaktion aufzubauen lernt. Nach etwa einer Woche wird unter Kulturbedingungen eine angemessene Zahl von Antikörpern gegen ein Antigen produziert. Dieser Idealfall ist jedoch im Alltag nicht gegeben: Zwischen einer Schutzimpfung und dem Zeitpunkt eines effizienten Schutzes liegt eine weit längere Spanne. Weiterhin besteht die Notwendigkeit, einen Impfstoff mehrfach anzubieten. Wie manche Handgriffe nur nach mehrfachem Üben gelingen, muß auch das Immunsystem wiederholt stimuliert werden, um einen Schutzschild aufzubauen. Ist dieses Ziel nach mehreren Impfungen erreicht, so gilt es nur, das immunologische Gedächtnis aufrechtzuerhalten und die Impfungen, wie den Feueralarm bei einer geübten Truppe, in großen Abständen zu wiederholen. Selten gibt es bei Schutzimpfungen das Extrem einer lebenslänglichen Immunität nach einer einzigen Impfdosis und umgekehrt, eine flüchtige Immunität selbst nach wiederholten Impfungen folgen.

Abgesehen von den Möglichkeiten und Fähigkeiten unseres Immunsystems gegenüber den einzelnen Antigenen hängt der Impferfolg von der Vakzine ab. Eine Zugabe von Substanzen, welche die Antigenverarbeitung optimieren und daher als ‚Adjuvanzien' bezeichnet werden, verbessert den Impferfolg. Sie verfolgen die Absicht, dem Immunsystem die Verarbeitung des Antigens zu erleichtern, wozu die Aufnahme und Präsentation durch Makrophagen dient.

Welche Bedeutung hat nun die Applikationsform des verfügbaren Impfstoffes?

Man sollte annehmen, dem Immunsystem sei es gleichgültig, wo es dem Impfstoff begegnet. Das stimmt schon, doch zeigen sich erhebliche Unterschiede bei verschiedenen Applikationsformen. Freilich erfolgt stets eine Immunreaktion – ob man den Impfstoff in die Haut, unter die Haut oder in die Muskulatur appliziert, doch hat sich gezeigt, daß die Applikation in Fettgewebe weniger erfolgreich ist, möglicherweise weil dort der Impfstoff nur abgelagert wird. Demgegenüber soll eine intrakutane Applikation mit Verteilung auf verschiedene Stellen eine gewisse Steigerung des Impferfolges bringen. Wozu sich der impfende Arzt entschließt, hängt vielfach letztlich von den Gegebenheiten des Alltags ab, die eine intramuskuläre oder tief subkutane Applikation am einfachsten erscheinen lassen.

Für die orale Applikation des Impfstoffes, die Schluckimpfung, war die Überlegung ausschlaggebend, daß die Infektion auf dem oralen Wege erfolgt und eine Immunbarriere an vorderster Front, der Darmschleimhaut, höchste Effizienz erbringt. So werden die Poliomyelitisviren bei einer etablierten lokalen Immunreaktion im Darm abgefangen, wogegen sie bei der parenteralen Impfung in der Zirkulation gebunden werden. Beide Formen sind erwiesenermaßen höchst wirksam, aber die Schluckimpfung hat sich wegen ihrer Vorzüge durchgesetzt. Sie entfällt, wenn eine Darmerkrankung vorliegt, bei der die Verarbeitung des Impfstoffs nicht mehr gewährleistet ist. Dies bringt uns zu der

Frage, ob noch andere Gegebenheiten zu beachten sind. Was kommt da in Betracht?

Ein weiterer, zu beachtender Faktor ist das Lebensalter. Im Grunde genommen kann bereits beim Neugeborenen geimpft werden. Dies hat nur den Nachteil, daß eine mögliche Immuninsuffizienz noch nicht bekannt ist und eine Lebendvakzine gefährlich werden könnte. Auch ist denkbar, daß hohe Antikörpertiter der Mutter, die diaplazentar auf das Kind übergegangen sind, zunächst den Impferfolg ein wenig schmälern. Im Laufe des weiteren Lebens kann immer geimpft werden. Selbst im hohen Lebensalter ist eine aktive Immunisierung durchführbar. Allerdings wird dann der Impferfolg nicht mehr dem in jungen Jahren entsprechen. Dabei ist darauf hinzuweisen, daß eine in der Jugend erreichte Immunität durch regelmäßige Auffrischimpfungen bis ins hohe Alter erhalten werden kann. Dies erinnert wieder an die Situation bei der Feuerwehr: Es wäre schwierig, eine Truppe von 80jährigen erstmals mit den Vorgängen vertraut zu machen; jedoch können alte Menschen, die bereits seit ihrer Jugend der Feuerwehr angehören, durchaus noch einen sinnvollen Beitrag leisten. In einzelnen Impfstoffen ist der Aspekt des Lebensalters schon berücksichtigt. So gibt es beispielsweise eine spezielle Zubereitung des Hepatitis-B-Impfstoffes für Kinder, die weniger Antigen enthält. Für betagte Impflinge empfehlen sich ebenso wie bei immunkomprommittierten – etwa Dialyse-Patienten – größere Antigenmengen.

Nach erschöpfenden körperlichen Tätigkeiten tritt eine vorübergehende Immunschwäche ein, die Anlaß sein kann für eine gesteigerte Infektneigung. Wer sich also unmittelbar nach einem Marathonlauf einer aktiven Schutzimpfung unterzieht, überfordert in diesem Moment sein Immunsystem. Dies kommt freilich nur wenig zum Tragen, weil mehrheitlich harmlose Impfstoffe angeboten werden und aufgrund einer gewissen Depotwirkung die Antigenpräsentation auch dann noch erfolgt, wenn das Immunsystem sich schon längst wieder erholt hat. Es wäre aber grundverkehrt, während eines solchen körperlichen Tiefs etwa eine Schluckimpfung vorzunehmen. Die Reaktion der Feuerwehrleute nach einem schweren Einsatz wäre vergleichbar: Sie würden erschöpft auf ihr Lager sinken und von einer Unterrichtsstunde kaum profitieren.

In gewisser Weise vergleichbar ist die Situation einer Impfung während einer fieberhaften Erkrankung. Hier ist das Immunsystem bereits engagiert und der Organismus in seiner ganzen Funktion entsprechend umgestellt. Schutzimpfungen in solchen Situationen können nicht erfolgreich sein, sie sind sogar gegebenenfalls gefährlich. Und wieder kann das Beispiel der Feuerwehr herangezogen werden: Wenn die gesamte Mannschaft fieberhaft erkrankt ist, sind Übungsstunden sinnlos – es können sogar die zu erlernenden Fakten falsch aufgefaßt und später unpassend umgesetzt werden! Selbstverständlich gelten diese Regeln auch für alle anderen Ausnahmesituationen, wie Streß jeder Art, höchstgradige Mangelernährung, schwere Unfälle oder belastende Operationen. Auch während der Schwangerschaft, die natürlicherweise eine Phase verminderter

Immunreaktivität darstellt, kann der Impfschutz schwächer ausfallen. Deshalb sollte in dieser Zeit – jenseits der möglichen Gefährdung des Embryo und Föt manche Vakzine, nicht gegeben werden. Die genannten Unpäßlichkeiten sind lediglich Extremsituationen, in denen sich kaum jemand fortwährend befindet. Freilich sind Impfungen auch für den Gesunden nicht völlig problemlos, was sich beispielsweise zeigt, wenn im Zusammenhang mit einem geplanten Auslandsaufenthalt eine Serie von Impfungen anfällt und sowohl Reihenfolge als auch Abstände der Einzelimpfungen zu überlegen sind. Daraus ergibt sich die Frage, ob man jeweils nur einzelne aktive Immunisierung vornehmen darf oder ob mehrere Schutzimpfungen zugleich erfolgen können?

Da in uns unbemerkt stets mehrere Immunreaktionen nebeneinander ablaufen, wäre es denkbar, mehrere Schutzimpfungen gleichzeitig vorzunehmen, was auch versucht wurde: Es wurden *Kombinationsimpfstoffe* hergestellt, deren Umfang immer größer wurde. Die Vorstellung einer Universalimpfspritze, mittels der durch eine einzige Injektion sämtliche verfügbaren Schutzimpfungen vorzunehmen sind, ist jedoch utopisch schon aufgrund des in den Organismus einzubringenden Volumens. Eine Verkleinerung der Impfdosen ist bis zu einem gewissen Grad möglich und wurde auch versucht, doch mit zunehmend schlechterem Erfolg: Es stellte sich heraus, daß eine Überfrachtung des Impfstoffes und eine übermäßige Forderung des Immunsystems dem Ziel der Impfung nur abträglich sind. Daher gibt es nur bestimmte Mehrfachimpfstoffe, und die Zahl der Kombinationen ist begrenzt. Erneut läßt sich das Beispiel der Feuerwehrleute anführen: Grundsätzlich wäre es möglich, ihnen alle Dinge gleichzeitig beizubringen, so würde sie ein entsprechender Versuch verwirren; sinnvoller ist es, die Lektionen nach Sachgebieten wie Brandschutz, Maschinen- oder Gesetzeskunde aufzugliedern, um eine bessere Gedächtnisleistung zu erzielen.

Definierte Erreger und effizienter Immunschutz?

Nach diesen vielen Einzelheiten muß noch erläutert werden, weshalb nicht für alle Infektionskrankheiten, deren Erreger definiert ist, die Herstellung einer Vakzine und damit ein effizienter Immunschutz gelingt. In diesem Zusammenhang ist zunächst auf die natürlichen Möglichkeiten einer Immunität zu verweisen, die sehr differenziert sind. So bekommt man während seines Lebens nur einmal Masern, Röteln oder Mumps, hingegen mehrfach Grippe und Erkältungskrankheiten. Überhaupt keinen immunologischen Schutz scheint es zu geben gegenüber bakteriellen Erkrankungen, beispielsweise Halsentzündung, Gonorrhö oder Endokarditis. Generell scheinen Viruskrankheiten eher eine Immunität zu hinterlassen als bakterielle. Tatsächlich ist bei der Virusinfektion eher das Immunsystem gefordert, bei bakteriellen Infekten vor allem das der Freßzellen. Da sich bei diesen phagozytierenden Elementen der Makrophagen und Granulozyten keine Gedächtniszellen ausbilden, beginnt jeder Infekt quasi wieder von vorne. Selbstverständlich wird auch hier das Immunsystem im Einzelfalle engagiert, jedoch weniger stark. Es gewinnt nur dort an Bedeutung, wo durch Antikörper freiwerdende Toxine gebunden und neutralisiert werden können. Deshalb bestehen die einzig befriedigenden effizienten Schutzimpfungen gegenüber bakteriellen Erkrankungen in einer aktiven Immunisierung gegen Tetanus und Diphtherie, wobei hier die erfolgreiche Schutzimpfung keineswegs eine Infektion, sondern nur deren Folgen verhindert. Dies würde genügen, gelänge es, gegenüber vielen anderen schädlichen Produkten von Bakterien eine Immunreaktion aufzubauen. Tatsächlich finden sich in uns zahlreiche Antikörper, die dieses Ziel verfolgen. So weisen wir Immunproteine gegen verschiedene Endotoxine auf, aufgrund eines permanenten Kontaktes mit den produzierenden Bakterien. Die Immunbarriere ist allerdings nicht in der Lage, die bei einer mächtigen Infektion wie einer Sepsis freiwerdenden Toxine zu binden. Hinzu kommt, daß gegen solche Toxine wie auch gegen eine Reihe von bakteriellen Kapselsubstanzen merkwürdigerweise nur IgM-Antikörper gebildet werden, die nur schwer ins Gewebe zu diffundieren vermögen. Dies verleitet zu der Annahme, hier komme es nicht zur völligen Ausreifung der Immunantwort, zumal auch kein langlebiges Gedächtnis etabliert wird. Einer Impfung mit dem Ziel des langjährigen Schutzes steht somit weniger der Impfstoff als die Programmierung unseres Immunsystems entgegen. Kann dieser quasi spezieseigenen Besonderheit noch eine individuelle hinzugefügt werden?

Neben dieser Besonderheit ist eine immungenetische Komponente von Bedeutung, die sich auch bei der aktiven Schutzimpfung bemerkbar macht: Jeder Mensch hat ein besonders ausgestattetes Immunsystem, das sich von dem jedes anderen Menschen unterscheidet (*s. S.* 33). Demzufolge reagiert jeder auf die Schutzimpfung in anderer Weise. Da unser Immunsystem auf die üblichen gefährlichen Elemente angemessen reagieren kann, sind die Impfungen im allgemeinen erfolgreich. Die Impfstoffhersteller können eine Dosis wählen, die einen guten Impfschutz bei der überwiegenden Mehrheit der Menschen hinterläßt. Dennoch gibt es einzelne gesunde Individuen, deren Immunsystem nicht mit einer Antikörperbildung zu reagieren vermag. Bei diesen sogenannten Impfversagern versagt nicht der Impfstoff, sondern das Immunsystem des Impflings. Verschiedene Rassen haben hier unterschiedliche Versagerquoten. So liegt die Häufigkeit der Reaktionslosigkeit gegenüber Hepatitis-B-Vakzinen in Mitteleuropa bei etwa 2% und ist von steigender Tendenz, je weiter im Osten geimpft wird. Auch für den Rötelimpfstoff läßt sich eine Versagerquote errechnen. Dabei kann ein „Impfversager" gegenüber allen anderen Impfungen durchaus normal reagieren. Was hier im einzelnen zu erwarten ist, kann nicht vorhergesagt werden; nur die Bestimmung des Antikörpertiters nach der Impfung zeigt an, wie stark im einzelnen die Immunantwort ausgefallen ist.

Im Blick auf das Phänomen der wiederholten Virusinfektion ist darauf hinzuweisen, daß die Überwindung einer Erkältungskrankheit zunächst einen Sieg unserer Abwehr darstellt. Immer neues Auftreten von Erkältungskrankheiten läßt vermuten, daß hier entweder kein gutes Gedächtnis etabliert wird oder das Gedächtnis nutzlos ist. Tatsächlich ist ein Gedächtnis sinnlos, wenn stets neue Forderungen erhoben werden, und gerade bei Erkältungskrankheiten gibt es immer wieder neue Varianten von Viren. So muß der Grippeimpfstoff jeweils den neu auftretenden Stämmen angepaßt werden, wobei man nur die Gewähr hat, die eben anflutende Grippewelle abdecken zu können; bei jeder weiteren Grippeepidemie muß erneut geimpft werden.

Mutanten sind auch bei anderen Virusarten gefunden worden und teilweise genau definiert. Unangenehme Folgen zeitigt beim Hepatitis-B-Virus der Ersatz von Guanosin durch Adenosin auf der Nukleotidposition 587, worauf die Aminosäure/Glycin durch Arginin ersetzt wird in der höchstantigenen a-Determinante des HBs-Antigen. Dadurch geht der Schutz der Hepatitis-B-Schutzimpfung verloren. Dies wäre übrigens ein weiteres Argument für die weltweite Durchimpfung, damit das Virus ausgerottet wird, ehe weitere „resistente" Mutanten auftauchen. Ein solcher Weg wäre zweifellos besser, als den Impfstoff permanent „nachzubessern".

Weiterhin zeigt sich am Beispiel des Herpes labialis und des Herpes zoster, daß Immunität nur vor einer weiteren *exogenen* Infektion schützt, nicht jedoch vor *zellinternen* Infektionserregern. Tatsächlich graben sich viele Viren ins Genom der befallenen Zellen ein und verhalten sich dort ruhig. Unser Immunsystem erkennt diese virusbefallenen Zellen nicht, läßt sie in Ruhe. Wenn zu einem späteren Zeitpunkt die betreffenden Viren aktiviert werden, kommt es zu einem erneuten vorübergehenden Ausbruch der ursprünglichen Erkrankung. Derartige Gesetzmäßigkeiten gelten für die meisten Viruserkrankungen. Selbst nach erfolgreich überstandener natürlicher Infektion mit Hepatitis-B-Virus oder Epstein-Barr-Virus tragen wir diese Viren wohl lebenslänglich in uns. Solang sie nur schlummern, sind wir gesund. Erkennt unser Immunsystem auch bei einer Reaktivierung die Situation rasch genug und ist in der Lage, sie dank eines guten Gedächtnisses zu beherrschen, bleiben wir von einer erneuten Erkrankung verschont.

Eine aktive Immunisierung muß somit möglichst vor dem ersten Kontakt mit dem Wildvirus erfolgen, damit die vorhandenen Antikörper die eindringenden Viren sofort besetzen und eine Invasion der Zielorgane verhindern können. Auf diesem Wege hofft man, dem primären Hepatom als Spätfolge einer frühen Hepatitis-B-Virusinfektion begegnen zu können. Freilich können protektive Antikörper nur da ihren Schutz entfalten, wo die Viren zirkulieren müssen: sofern oberflächlich gelegene Zellen befallen werden und nicht genügend Antikörper etwa in einem Schleimüberzug die Zellmembran schützen, wird es auch dann keinen Immunschutz geben können.

Besonders schwierig ist die Situation, wenn Immunzellen selbst infiziert werden: Eine Vakzine gegen HIV herzustellen entspräche dem Versuch, zur Feuerwehrübung die Feuerwehr selbst anzuzünden. Hier müssen deshalb andere Wege beschritten werden.

Entwicklungen

Neben den positiven Aspekten der Schutzimpfung sind Impfreaktionen zu erwähnen, die teilweise zu nicht mehr korrigierbaren Schäden führen. Wie lassen sich solche Nebenreaktionen erklären?

Die Gründe für negative Impfreaktionen liegen in der Impfstoffherstellung. Da die erforderlichen großen Mengen an Antigenen nicht in allen Fällen gentechnologisch hergestellt werden können, muß man auf natürliche Quellen zurückgreifen. Hierzu dienen bei der Virusvakzine Zellkulturen, in denen die Viren sich vermehren. Dabei bleibt es nicht aus, daß Proteine der kultivierten Zellen in den Impfstoff mit eingehen. So war es früher nicht zu vermeiden, daß Hühnereiweiß oder Neuroproteine in Spuren enthalten waren. Dadurch kam es auch gegen diese Bestandteile zu einer Immunreaktion mit teilweise fatalen Folgen nicht nur lokaler Natur, sondern auch mit verheerenden Fernwirkungen: Bestand darüber hinaus zwischen den Proteinen des Impfstoffs und denen im Organismus eine Ähnlichkeit, so drohte ein der Autoaggression verwandter Prozeß. Dies wird auch als Ursache gesehen für frühere zerebrale Komplikationen. Neuere Verfahren der Impfstoffherstellung haben jedoch diese Risiken minimiert, teilweise sogar gänzlich eliminiert. Die jüngst geäußerte Sorge, die bei der Gentechnologie verwendeten Kolibakterien und Hefezellen würden zu entsprechenden Allergien führen, hat sich bislang nicht bestätigt.

Besonderer Erwähnung, weil geradezu paradox, bedarf das Phänomen der Überimpfung. Bei extremem Titer auch schützender Antikörper kann es nach erneuter Auffrischimpfung lokal und sogar generalisiert zu pathogenen Reaktionen kommen. Am häufigsten ist dies bei der aktiven Tetanus-Impfung der Fall, wo bei Verletzungen stets auf's Neue geimpft wird. Stellen sich dann Nebenwirkungen ein, handelt es sich überwiegend um Hypersensitivitätssyndrome; überraschend zeigt sich dann meist nicht eine Reaktion gegen Beimengungen des Impfstoffes, sondern ein sehr hoher, vorbestehender Antikörpertiter. Daraus ist die Forderung abzuleiten, daß vernünftigerweise der Antikörpertiter bestimmt wird, aus welchem hervorgeht, wann die nächste Auffrischimpfung vorgenommen werden muß.

Die aktive Immunisierung ist ein Paradebeispiel für geglückte immunbiologische Maßnahmen zur Erhaltung der Gesundheit. Sie zeigt, daß Prophylaxe jeder Therapie überlegen ist. Daher gehen auch alle Anstrengungen in diese Richtung weiter, um noch fehlende Impfstoffe möglichst bald verfügbar zu haben. Wie könnten hier neue Entwicklungen aussehen?

Im Zuge dieser Bemühungen wurden zahlreiche Wege der verbesserten Charakterisierung und Herstellung von Antigenen erdacht und realisiert. Besonders interessant ist das Konzept der antiidiotypischen Stimulation, das deshalb kurz erläutert werden soll. Es steht fest, daß die Immunzelle über einen antigenspezifischen, an der Oberfläche gelegenen Rezeptor aktiviert wird, der das einzigartige Kennzeichen eines jeden Klones ist. Diese Induktion der Immunreaktion wird durch das orginäre Antigen ausgelöst. Dies gilt letztlich auch für künstlich veränderte Antigene – wie sie etwa die Toxoide darstellen, Gifte, die nicht mehr giftig sein können. Eine aufregende Idee ist jedoch die Überlegung, diesen Antigenrezeptor mittels eines Antikörpers zu besetzen und dadurch das gleiche Geschehen auszulösen. Hierfür wäre ein hochspezifisches Immunprotein ebenfalls monoklonaler Natur erforderlich, das dann die Rolle des Antigens übernehmen würde. Vorteilhaft wäre, daß ein solches Immunprotein das Antigen im positiven Sinne vollständig imitiert, jedoch ohne die Gefahr einer nachteiligen Wirkung, da es nicht infizieren kann. Solche antiidiotypischen Impfstoffe auf dem Boden einer komplementären Imitation wären ein erheblicher Fortschritt; ihre Wirkung wurde bereits demonstriert.

Die größten Erfolge der Medizin sind über die aktive Immunisierung erzielt worden. Zielstrebiges Verfolgen dieses Prinzips könnte uns vor Infektionskrankheiten insbesondere viraler Natur bewahren, in ausgesuchten Fällen auch vor bösartigen Erkrankungen, sofern sie auf einer Virusinfektion beruhen.

Das Immunsystem wird manipuliert

Interventionswege

auf Immunzellen

aktivitätsfördernd:	Stimulation (selektiv, aktive Schutzimpfung) Roborierung (global)

aktivitätshemmend:	Immunsuppression (global) Toleranzinduktion (selektiv) Sensibilisierungsprophylaxe (selektiv)

auf das Immunsystem

vermehrend:	Substitution (global und selektiv) [Adoption]

vermindernd:	Depletion, Deletion (global)

auf kooperative Systeme

Phagozyten Mastzellen	pharmakologisch (antiphlogistisch, antiallergisch) operativ (Splenektomie)

Immunkrankheiten sind Folge einer inadäquaten Immunreaktion. Solange diese innerhalb der physiologischen Bandbreite erfolgt, werden die Antigene unbemerkt beseitigt, man ist „immungesund“. Jedes abnorme Verhalten führt indes zu spürbaren Rückwirkungen, den Immunkrankheiten. Dabei ist es ohne Belang, in welcher Richtung die Immunreaktion aus dem Rahmen fällt – Immunopathien können durch eine zu heftige wie durch eine zu schwache Immunantwort verursacht sein. Rückführung der Immunreaktivität in den Normbereich bedeutet daher Heilung. Dieses Ziel wird, analog der Genese von Immunkrankheiten, durch Hemmung einer überschießenden Reaktion bei den Hypersensitivitätssyndromen und einer Förderung einer unzureichenden Reaktion bei Immunmangelzuständen erreicht.

Die im folgenden dargelegten Gedanken und Wege bezüglich der Manipulation des Immunsystems beziehen sich auf etablierte Immunreaktionen, die ohne weiteres Zutun so bleiben, wie sie sind, und die daher auch weiterhin Grundlage von Krankheiten darstellen. Nicht erwähnt werden prophylaktische

Maßnahmen, obgleich in der angewandten Immunologie die Weisheit „Vorbeugen ist besser als Heilen“ mehr gilt als in den übrigen Disziplinen der Medizin; die entscheidende, höchsteffiziente prophylaktische Manipulation des Immunsystems ist daher bereits eigenständig unter der Überschrift „Übung macht den Meister“ behandelt worden (*s. S.* 175).

Vor der Erörterung der einzelnen in Betracht kommenden Maßnahmen sei darauf hingewiesen, daß heute noch manche Begriffe durcheinandergebracht werden. Stimulation als Steigerung und Suppression als Hemmung zu verstehen fällt nicht schwer. Doch gilt es bereits hier zwischen *selektiv* und *global* zu unterscheiden. Eine antigenorientierte Steigerung einzelner Zellfamilien liegt als Prinzip der aktiven Schutzimpfung zugrunde, wogegen eine allgemeine Steigerung eher einer Immunroborierung entspricht.

Im Falle einer herbeizuführenden Hemmung wird bei einer selektiven Maßnahme in Abhängigkeit vom Vorgehen von ‚Hypo- bzw. De-Sensibilisierung‘ oder von ‚Toleranzinduktion‘, gesprochen, wogegen Suppression eine globale Hemmung der Immunreaktivität bedeutet. Einen umfassenderen Begriff stellt Immunmodulation dar, weil hierunter Steigerung wie Hemmung fallen und weil jede Form der Manipulation mit unbekanntem Mechanismus dazu gezählt wird.

Weiterhin sei erwähnt, daß es auch die Möglichkeit einer Verarmung oder Zerstörung des Immunsystems gibt, eine therapeutische Maßnahme bei überschießenden Reaktionen, die jedoch die Immunreaktion selbst nicht tangiert, sondern nur die Masse des Immunsystems herabsetzt.

Schließlich gibt es prophylaktische und therapeutische Schritte, die das Immunsystem des Patienten nicht berühren. Hierzu zählen Substitution und Restauration. In beiden Fällen wird auf ein fremdes, intaktes Immunsystem zurückgegriffen und eine Leihimmunität installiert: Applikation von Immunglobulinen sind ein vorübergehend wirksames, Knochenmarkstransplantation ein dauerhaft effizientes Prinzip.

Immunroborierung – wie und weshalb?

An den Anfang der Erörterung von Mitteln und Wegen zur Manipulation des Immunsystems sei die Immunroborierung, die globale Stimulation, gestellt. Sie dient der generellen Stärkung des Immunsystems. Wenn es auch kaum möglich erscheint, die Vielzahl von Antigenen für die Stimulation sämtlicher Einzelklone zu ersetzen oder zu imitieren, bieten sich doch gleich mehrere Lösungswege an. Dazu muß man sich nur die Abläufe bei der Entwicklung des Immunsystems und der spezifischen Immunantwort vor Augen führen. Noch bevor ein Fremdantigen auf das Immunsystem einwirkt, sind die entsprechenden Klone ausreichend angelegt. Dies ist durch Funktion des Thymus und Bursaäquivalent erfolgt. Daher ist ein naheliegender Gedanke, die hierfür verantwortlichen Mechanismen zu nutzen. Tatsächlich erweitert sich das Arsenal an T-Zellen unter dem Einfluß von Thymusfaktoren. Dies kann bei Patienten genutzt werden. Bislang ist vor allem auf Faktoren aus Thymen von Tieren zurückgegriffen worden. Sie sind leicht zu gewinnen und zu verarbeiten. Allerdings bleibt zu berücksichtigen, daß die Organe nur zu einem geringen Anteil wirksame Stoffe enthalten und außerdem speziesfremder Natur sind. Daher können Homogenate und Rohextrakte nicht befriedigen. Einen Fortschritt stellen aufgereinigte Präparate dar, die nur noch die entscheidenden Polypeptide aufweisen. Noch einen Schritt weiter geht der Versuch, aus der Vielzahl der Kandidaten den richtigen herauszufinden und hier sogar noch den substantiellen Abschnitt, Voraussetzung für die Realisierung der gentechnologischen industriellen Herstellung. Dann kann natürlich gleich das Ziel, humane Thymuspeptide herzustellen, in Angriff genommen werden. Indikation für Thymusfaktoren ist also ein Mangel an T-Zell-Aktivität. Voraussetzung ist das Vorhandensein solcher Lymphozyten und ihrer Vorläufer, was jedoch in aller Regel der Fall ist. Dann würde aber auch zufolge der Querverbindungen zu den B-Lymphozyten eine, wenngleich geringere Aktivierung der Antikörperbildung erwartet.

Bei der Thymustherapie sind noch eine Reihe von Fragen offen, ob etwa die Faktoren besser wirken, wenn der Patient über sein eigenes Organ zusätzlich, also über die darin enthaltenen wichtigen Epithelien verfügt, ob die verschiedenen Faktoren einzeln ebenso effizient sind wie als Cocktail oder ob vielleicht sogar Kunstprodukte erfolgreich sein könnten. Konkurrenz haben die natürlichen Thymuspeptide erfahren von synthetischen Verbindungen, die als „Thymomimetika“ fungieren. Imidazolabkömmlinge und Inosinderivate weisen derartige Eigenschaften auf. Einfache Herstellung und bequeme Standardisierung waren bislang ihre Vorzüge. Ihre Zuordnung ist indes nicht eindeutig, da noch andere Effekte erzielt werden.

Immunroborierung läßt sich auch auf der Basis einer rascheren und ergiebigeren Expansion der Klone betreiben. Hierfür dient der Einsatz von Zytokinen. Es handelt sich um natürliche und biologisch aktive Stoffe, die physiologischerweise während der Immunantwort vermehrt produziert und abgegeben werden. Zu ihnen zählen Interleukine und Interferone. Am interessantesten sind Zytokine, die von Immunzellen abgegeben werden. Hier hat Interleukin 2 gesteigertes Interesse gefunden. Es tritt insbesondere in der frühen Phase der Immunreaktion auf, wo es über die Helferzellen zu einer explosionsartigen Vermehrung der Mitglieder eines durch ein Antigen stimulierten Klones führt. Es weist allerdings eine sehr kurze Halbwertszeit von wahrscheinlich nur wenigen Minuten auf, was sinnvoll und ausreichend ist, da es seine Wirkung am Ort der Antigenpräsentation und -verarbeitung zu entfalten hat. Die Chancen, mit Interleukin 2 eine allgemeine Verstärkung der Immunabwehr zu erzielen, stehen also nicht sehr gut. Sie steigen, wenn es über längere Zeit verabreicht wird, etwa in die Blutbahn oder in den Lymphstrom. Dies alles macht verständlich, weshalb es für die Immunroborierung nur selten eingesetzt wird. Hauptindikation ist nach wie vor ein aktueller Bedarf im Rahmen einer anlaufenden Immunantwort.

Dies sieht ein wenig anders aus bei dem zweiten, für die Immunroborierung interessanten Zytokin, dem Gamma-Interferon. Es wird von aktivierten T-Lymphozyten abgegeben und hat insofern eine Fernwirkung, als es auch Makrophagen zu aktivieren vermag. Gamma-Interferon unterstützt also eher die reife Immunantwort. Pharmakodynamik und Pharmakokinetik sind offenbar weniger rasant, so daß die Verabreichung auf subkutanem Weg keinen nennenswerten Verlust an Wirkung bringt. Dies hat den Umgang erheblich erleichtert, weshalb auch mehr Daten über Therapiemöglichkeiten bei Infektion und in der Onkologie vorliegen. Übrigens scheinen auch die synthetischen Thymomimetika eine gewisse Zytokinwirkung zu entfalten; da dies ihre Gesamtwirkung nicht steigert, relativiert sich dieser kleine Vorteil.

Immunroborierung läßt sich schließlich mit Naturstoffen erreichen, die nicht im menschlichen Organismus vorkommen. Hierbei handelt es sich um pflanzliche und bakterielle Substanzen. Schon seit langem ist die mitogene Wirkung von Pflanzenextrakten bekannt. Damit ist die Tatsache maximaler Immunzellvermehrung gemeint, wenn solche Substanzen in eine Zellkultur eingebracht werden. Ursache hierfür ist die Ausstattung der Lymphozyten mit Rezeptoren für Lektine, und zwar unabhängig vom Antigenrezeptor. Das auch experimentell meistverwendete Lektin ist das Phythämagglutinin, welches bevorzugt auf T-Zellen wirkt. Die Beachtung der Konzentration ist außerordentlich wichtig. Daher müssen Phytotherapeutika mit dem Anspruch einer Immunroborierung optimal definiert und standardisiert sein. Gleiches gilt für bakterielle Substanzen, die meist aus der Kapsel stammen. Mykobakterien, hier insbesondere Tuberkelbakterien wie auch Coryne-Bakterium Diphtheriae oder Bordetella Pertussis haben in der experimentellen Immunologie eine große Karriere hinter sich. Als Adjuvanzien wurden sie gerne Antigenen und Impfstoffen beigemengt; das sog. Freund'sche Adjuvans, welches Wandbestandteile von Tuberkelbakterien enthält, ermöglichte sogar die Sensibilisierung gegen körpereigene Antigene. Adjuvanzien können, lokal instilliert, sogar maligne Prozesse zur Rückbildung bringen, etwa ein oberflächlich wachsendes Blasenkarzinom oder Hautmetastasen eines Melanom. Ein großer Vorteil der pflanzlichen und bakteriellen Roborantien ist die Möglichkeit oraler Verabreichung. Durch die funktionelle Verknüpfung des intestinalen mit dem bronchialen lokalen Immunsystem kann offenbar die Abwehr in diesen Bereichen besonders profitieren, was übrigens auch im Genitaltrakt der Fall sein sollte. Orale Verabreichung und intestinale Wirkung bakterieller Roborantien, die sich an pathogenen Keimen des Respirationstraktes orientieren, bilden dann schon einen Brückenschlag zur gezielten, selektiven Immunstimulation und rücken damit in die Nähe eines Impfstoffes; allerdings hinterlassen sie keine so lang anhaltende Wirkung.

Zahlreiche Beobachtungen wurden mitgeteilt über immunroborierende Eigenschaften anderer Stofflichkeiten. Da die Effekte nicht weiter verfolgt wurden und auch nicht Eingang fanden in die alltägliche Anwendung, bleiben sie im vorliegenden Zusammenhang unerwähnt.

Jenseits der erwähnten pharmakologischen gibt es einige biologische Maßnahmen mit dem Anspruch der Immunroborierung. Hyperalimentation galt als einer der Wege zur globalen Stimulation. Ausgehend von der Beobachtung, daß Mangel an bestimmten Vitaminen und Spurenelementen wie Zink, Selen oder Vitamin A und E eine Minderung der Immunreaktivität nach sich ziehen, wurde versucht, durch ein entsprechendes Überangebot das Immunsystem zu stärken. Dieser einfache und oberflächliche Gedankengang erwies sich insofern als trügerisch, als Überfütterung nicht die erwünschte Steigerung, gelegentlich sogar einen erneuten Abfall der Immunreaktivität brachte.

Auch der bei Hyperthermie erkennbare günstige Einfluß auf den Verlauf einzelner Infektionsprozesse oder maligner Erkrankungen wurde fälschlicherweise allein dem Immunsystem zugeschrieben; hier schlägt eher eine gesteigerte Phygozytose und eine bei Überwärmung herabgesetzte Vermehrungsrate zu Buche.

Eigenblutbehandlung ist ein weiteres vielgepriesenes Verfahren zur Stärkung der Abwehr. Eigenes Blut kann aber dem Immunsystem unter keinen Umständen als Reiz dienen, es sei, es wäre manipuliert. Durch Erhitzen, Gefrieren oder Lichtexposition verändertes Eigenblut kann zufolge der „Entfremdung" eine Immunreaktion auslösen.

Sport wird nicht selten auch als Doping für das Immunsystem bezeichnet. Es ist eher umgekehrt, denn jede erschöpfende körperliche Leistung, dies gilt ebenso für berufliche Arbeit, mindert für Stunden die Immunreaktivität. Der in der Erholungsphase erwartete Zugewinn ist kaum meßbar. Dies wäre auch erstaunlich, weisen doch bewegungsunfähige Unfallopfer oder durch Neuropathien gelähmte Individuen ein normal reagierendes Immunsystem auf. Wenn Sport dennoch den Körper stählt, so ist dies vor allem durch eine bessere pulmonale und kardiale Leistungsfähigkeit bedingt. Ähnlich läßt sich die abhärtende Wirkung der Sauna erklären.

Zum Schluß sollen psychologische Maßnahmen erwähnt werden. Ausgehend von der Beobachtung einer herabgesetzten Immunreaktion nach negativ besetzten Erlebnissen, soll „positives Denken" das Immunsystem stärken. Doch auch hier hat sich der Analogieschluß, oder besser der Konterschluß, als nicht zutreffend erwiesen.

Der Effekt dieser globalen Immunstimulation ist deutlich schwächer als der bei gezielter selektiver Stimulation, mitunter sogar nur schwer meßbar. Wenn im Reagenzglas unter Kulturbedingungen Immunzellen nach Zugabe der genannten Faktoren eine deutliche Aktivitätssteigerung zeigen, so ist dies keineswegs repräsentativ für den lebenden Gesamtorganismus, weil die Einzelzellen im Nährmedium quasi in Einzelhaft sind und sich somit den normalen Einflüssen und Verhaltensweisen entziehen. Dies ist allgemein bekannt und akzeptiert. Niemand wird etwa eine Schutzimpfung ablehnen unter dem Hinweis, die globale Immunstimulation würde den gewünschten Effekt schon bewirken. Auch wäre es ein Kunstfehler, etwa bei einer Gonorrhö kein Antibiotikum zu verordnen, weil Maßnahmen der globalen Immunstimulation vorgesehen sind.

Dennoch haben zahlreiche Studien inzwischen gezeigt, daß globale Immunstimulation auch einen klinischen Erfolg hat. Dieser ist lediglich im Einzelfalle schwer nachzuvollziehen. Werden größere Gruppen verglichen, so profitiert die global stimulierte eindeutig, da sie eine geringere Infektanfälligkeit aufweist. Eine Vorhersage des individuellen Zugewinns ist deshalb unmöglich, weil manche Individuen auch ohne globale Immunstimulation einen Infekt überwinden und entsprechende Maßnahmen nicht benötigen. Andere Menschen mit schlechter Immunabwehr werden trotz globaler Stimulation nicht in der Lage sein, Infekte abzuwehren. Schließlich ist eine letzte Gruppe zu nennen, die durch globale Immunstimulation in die Lage versetzt werden kann, einen Infekt abzuwehren und somit von der Immunstimulation profitiert, wogegen die beiden anderen entweder keine benötigen oder trotz Anwendung insuffizient bleiben. Ist dieses Manko der globalen Immunstimulation naturgegeben oder darf eine Verbesserung noch erwartet werden?

Eine einfache Überlegung hilft hier weiter: Was würde es bedeuten, wenn die im Reagenzglas gezeigten Effekte beim Menschen aufträten? Käme es lediglich zu einer Verdoppelung der Aktivität des gesamten Immunsystems, so hätten wir eine ungeheure Vermehrung der Immunzellen und Antikörper. Lymphknoten, Tonsillen und Milz würden deutlich vergrößert und erhebliche Beschwerden verursachen. Das Blut würde voller Antikörper schlechter fließen mit Hyperviskositätssyndrombei Sehstörungen, zentralnervösen Ausfällen und Herzbeschwerden – wie auch zu große Feuerwehrautos unhandlich werden! Glücklicherweise sorgen interne Regelmechanismen stets dafür, daß dies nicht eintritt. Kurzfristig und bis zu einem gewissen Grade ist jedoch globale Immunstimulation möglich. Sie ist da sinnvoll, wo eine besondere Belastung vorhersehbar und kurzzeitiger Natur ist, etwa erhöhter Streß bei körperlicher Belastung oder Reisen, kurzum, einer Schwächung des Immunsystems entgegenzuwirken. Kann sie auch Nachteile mit sich bringen?

Da globale Stimulation Vermehrung jedweder Immunreaktion bedeutet, kann eine bereits existente, unerwünschte Immunreaktion ebenfalls verstärkt werden. Eine schwach ausgeprägte Allergie kann sich somit zumindest vorübergehend verstärken; aus einer klinischen und nicht erkennbaren kann eine manifeste Autoaggression werden. Fatal wäre auch eine Situation, in welcher durch globale Immunstimulation eine Zellfamilie zur ungezügelten Vermehrung gebracht würde. Für all diese unangenehmen Rückwirkungen gibt es keine Belege, aber die Diskussion um solche Effekte bis hin zur klonalen malignen Proliferation in Form beispielsweise eines Lymphoms flackert immer wieder auf – und zwar ganz unabhängig davon, ob die Immunstimulation durch pflanzliche, chemische oder immunbiologische Faktoren erfolgt.

Immunsuppression

Unter *Immunsuppression* wird die bewußte Hemmung einer Immunreaktion verstanden. Indikation hierfür sind daher alle unerwünschten und überschießenden Immunreaktionen, von der Allergie über die Autoaggression bis hin zur Transplantatabstoßung. Diese Form der Immuntherapie ist vergleichsweise jung und läßt sich nur einige Jahrzehnte zurückverfolgen. Auch hier sind Maßnahmen danach zu unterscheiden, ob einzelne Klone oder das gesamte Immunsystem davon tangiert werden.

Der Idealzustand wäre die gezielte Ausbremsung der Immunreaktion, wodurch die Wiederherstellung des ursprünglichen Zustandes erfolgen würde. Eine derartige kurative Maßnahme gelingt indes viel zu selten. Paradebeispiel ist die als Rhesusprophylaxe bekannte Unterdrückung einer Sensibilisierung gegen fremde Blutgruppeneigenschaften. Bekanntlich kommt es zu fatalen Rückwirkungen, wenn das ungeborene Kind Eigenschaften des Vaters aufweist, die der Mutter fehlen. Dann folgt eine Sensibilisierung des mütterlichen Immunsystems gegen die Fremd-Erythrozyten mit deren Zerstörung bereits während der Schwangerschaft. Die Folge sind Anämie und Ikterus, nicht selten droht sogar der Fruchttod. Die Sensibilisierung kann nun einfach und wirksam unterdrückt werden, wenn der Mutter zum Zeitpunkt der Entbindung ein Antiserum gegen diese fremden Blutgruppen verabreicht wird. Dieser Fremd-Antikörper hilft, die kindlichen Erythrozyten, die durch den Geburtsvorgang in den mütterlichen Kreislauf übertreten, zu eliminieren; die Immunreaktion der Mutter bleibt aus. Es entsteht geradezu der Eindruck, das Immunsystem der Mutter ließe sich täuschen. Dies entspricht dem Prinzip der Natur, keine sinnlosen Aktivitäten durchzuführen, und erinnert an die bekannte Tatsache, daß etwa Kortisongaben zum Versiegen der körpereigenen Kortisolprodukte führen.

Dieses Prinzip beliebig zu übertragen, gelingt jedoch nicht, da die bei der Rhesusprophylaxe vorliegenden Besonderheiten einmalig sind: Verantwortliches Antigen sowie der Zeitpunkt seines Auftretens sind bekannt; auch ist es nur vorübergehend präsent. Allerdings wäre es mittels vergleichbarer Maßnahmen durchaus möglich, eine Vogelzüchter-Lunge zu unterdrücken: Vor jedem Kontakt mit den Vögeln müßte dem Züchter ein antikörperhaltiges Serum appliziert werden. Wegen des damit verbundenen Aufwandes wird dieses Vorgehen nicht praktiziert.

Ein anderes immunbiologisches Verfahren zur selektiven Unterdrückung der Immunreaktion ist die Toleranzinduktion. In unzähligen Tierversuchen konnte gezeigt werden, daß durch Überflutung des Organismus mit Antigenen eine Immunreaktion gar nicht in Gang kommt. Dies gelingt am besten bei einem jungen Immunsystem, also unmittelbar nach der Geburt. Hier kann sogar quer durch verschiedene Tierspezies Toleranz erzielt werden. Allerdings bedarf es einer Aufrechterhaltung dieser Immuntoleranz, die sonst im Laufe der Zeit durchbrochen würde. In Anlehnung an solche Tierversuche und in Anbetracht des damit verbundenen Aufwandes wäre eine derartige Maßnahme im Zusammenhang mit der Organtransplantation zu überlegen. Vereinfacht dargestellt, müßten jeweils mehrere Neugeborene durch Applikation von kernhaltigem Zellmaterial, beispielsweise Leukozyten, gegenseitig immuntolerant gemacht werden. Durch regelmäßigen Zellaustausch sollte es gelingen, diesen Zustand zu konservieren, wodurch ein späterer Organaustausch möglich würde. Die untereinander tolerante Gruppe als Schicksalsgemeinschaft müßte somit in späteren Jahren bereit sein, für den erkrankten Partner, ein Organ zu opfern. Dies wäre für die Niere durchaus möglich, hat doch jeder zwei und kann mit einer einzigen weiterleben; doch wer würde sein Herz für den anderen geben? Am praktikabelsten erscheint die Knochenmarkstransplantation, weil der Verlust des entnommenen Marks binnen kurzer Zeit ausgeglichen ist.

Dem Sonderfall der selektiven Immunsuppression stehen die im Alltag eingesetzten globalen und nicht an das Antigen gebundenen Maßnahmen gegenüber. Dabei leiden auch erwünschte und schützende Immunreaktionen. Globale Immunsuppression wäre somit unverantwortlich, bestünde nicht ein Unterschied des Effektes auf die krankmachenden Zellfamilien und solche, die wir zu unserem Schutze benötigen: Da die Wirkung der üblichen Form der Immunsuppression mit der Aktivität des Zellklones steigt, werden die aktiven Zellfamilien stärker gebremst als die ruhenden, die sich in Bereitschaft befinden. Eine globale Immunsuppression als therapeutische Maßnahme muß aus diesem Grund begrenzt werden auf solche Immunkrankheiten, bei denen eine permanente Begegnung zwischen Antigen und Immunsystem vorliegt; hierzu zählen letztlich nur Organtransplantation und Autoallergie. Beide Situationen führen, wenn nichts unternommen wird, zum Verlust des betroffenen Organes und damit häufig zum Tod. Wo diese Gefahr nicht besteht, wird Immunsuppression auch nicht immer zwangsläufig eingesetzt. Welche Maßnahmen kommen in Betracht?

Die klassische Form der Immunsuppression ist die Vergiftung des Zellstoffwechsels. Hier werden die Prinzipien der Onkologie übernommen. Da der die Krankheit verursachende Zellklon eine höhere Aktivität besitzt als die übrigen Zellfamilien, kommt es zu einer erkennbaren Verbesserung für den Patienten. Am weitesten verbreitet sind Zellgifte, die in den Stoffwechsel des Zellkerns eingreifen. Hierbei handelt es sich um vernetzende Substanzen (Alkylanzien) und kompetitiv hemmende (Antimetaboliten). Sie hemmen ebenso jede andere Zellteilung, weshalb das gesamte Knochenmark belastet wird, darüber hinaus auch regenerierende Organe, wie Haut und Schleimhäute und vor allem die Gonaden. Ein deutlicher Fortschritt war die Einführung von Stoffen, welche die Induktion der Immunreaktion hemmen. Ein solches Produkt ist Ciclosporin. Voraussetzung für die optimale Wirkung ist die Kenntnis des Zeitpunktes des Antigenkontaktes, die bei der Transplantation gegeben ist. Hier kann gewissermaßen unmittelbar vor der Induktion der Immunreaktion die Substanz verabreicht werden, wodurch die Immunreaktion unterdrückt wird. Tatsächlich hat

Ciclosporin die Erfolgsaussichten der Transplantation deutlich verbessert. Bei Autoaggressionskrankheiten ist der Effekt geringer, weil hier eine Situation vorliegt, in welcher die Immunreaktion bereits induziert ist. Davon unabhängig bleibt aber als wesentlicher Vorteil zu erwähnen, daß eine allgemeine Proliferationshemmung nicht vorliegt und dadurch Knochenmark, Haut und Schleimhäute geschont werden.

Eine andere Möglichkeit, die Induktion der Immunreaktion zu hemmen, besteht in der Besetzung der entsprechenden Rezeptoren an Lymphozyten durch monoklonale Antikörper, wodurch der Antigenkontakt unterdrückt wird. Derartige Antiseren sind in klinischer Erprobung; sie haben ebenfalls den Nachteil einer breiten Immunsuppression, so daß auch Schutzreaktionen unterdrückt werden. Daher ist bei all diesen Maßnahmen eine gewisse Infektanfälligkeit unvermeidbar. Auch dürfen Schutzimpfungen mit Lebendvakzinen nicht appliziert werden, weil die Gefahr der Generalisierung besteht; Schutzimpfung mit Totvakzionen bringt in solchen Fällen zwar keine Gefahr, doch wird auch der bei unbehandelten Patienten zu erwartende Antikörpertiter nicht erreicht und die Protektion in Frage gestellt.

Im Zusammenhang mit der totalen Immunsuppression ist langfristig zu erwarten, daß die Tumorabwehr Schaden leidet. Hierzu sind unzählige Untersuchungen vorgenommen worden. Während sich dies bei der Behandlung von Autoaggressionsprozessen nur ganz geringfügig niederschlägt, ist das Risiko bei transplantierten Patienten deutlich erhöht. Hierfür gibt es mehrere Erklärungen. Zum einen wird bei der Transplantation mehr verabreicht, insbesondere bei Abstoßungskrisen, weil das übertragene Organ – etwa ein Herz – unter allen Umständen bewahrt werden muß. Zum anderen können bei der Transplantation auch unerwünschte Elemente mitübertragen werden, beispielsweise Tumorzellen oder Viren. Freilich sollten subtile Voruntersuchungen derartige Vorkommnisse ausschließen.

Substitution und Restauration

Mit diesen Begriffen werden Maßnahmen umschrieben, bei denen durch Einführung fremder Elemente Defizite des Immunsystems ausgeglichen werden. die längste Tradition hat die *Substitution* in Form der Serumtherapie. Vor mehr als hundert Jahren hat *von Behring* bereits ein Antitoxin entwickelt, indem er nach der Sensibilisierung von Tieren deren Serum dem Menschen applizierte. Dieses Prinzip wird heute weltweit und mit großem Erfolg angewendet, wobei der Fortschritt lediglich in der Verwendung menschlicher Antikörper liegt. Mittlerweile gibt es eine große Menge sogenannter Hyperimmunseren menschlicher Herkunft, die zur Prophylaxe von Infektionskrankheiten und Vergiftungen eingesetzt werden. Daher können sie auch nur wirken, wenn sie rechtzeitig und in hoher Dosierung verabreicht werden. Ist nicht genau bekannt, welches Antigen für Krankheitszustände verantwortlich oder überhaupt zu erwarten ist, so kann ein polyvalentes Immunglobulin verwendet werden. Dann besteht ein gewisser Schutz gegen die üblichen Infektionskrankheiten. Weil die Antikörper sich nicht vermehren, sondern verbraucht werden, kann eine derartige Immunprotektion nur für wenige Wochen aufrechterhalten werden – es sei denn, der Vorgang wird wiederholt.

Am meisten profitieren von solchen Maßnahmen Patienten mit humoralen Immundefekten, d.h. mit Antikörpermangel. Aber auch immunologisch gesunde Individuen werden geschützt, wenn sie einen situativen Antikörpermangel aufweisen. Dies ist beispielsweise der Fall, wenn jemand noch keine Infektionskrankheit durchgemacht hat und nun plötzlich geschützt werden muß, wie etwa eine werdende Mutter, die noch nicht gegen Röteln geimpft ist, aber Kontakt mit einer erkrankten Person hatte. Hier käme eine Schutzimpfung zu spät und wäre auch gefährlich; die Übertragung von Antikörpern kann diese Lücke schließen. Freilich ist es hier – wie bei der Rhesusprophylaxe – denkbar, daß das Immunsystem die eigene Produktion überhaupt nicht aufnimmt; dieser Gesichtspunkt tritt jedoch gegenüber den protektiven Effekten gänzlich in den Hintergrund, zumal diese Maßnahmen lediglich phasenweise vorgenommen werden. Die angewendeten Immunglobuline sollten möglichst physiologischen Charakter bewahrt und die gleichen Eigenschaften aufweisen, wie wenn sie im eigenen Organismus produziert worden wären.

Restauration des Immunsystems bedeutet Wiederherstellung mittels vitaler aktiver Elemente. Dies kann nur die Knochenmarkstransplantation leisten. Die auf diesem Wege eingepflanzten Stammzellen vermehren sich und bilden den Grundstock für ein Immunsystem, das den Empfänger besiedelt und ihm lebenslangen Schutz bringt. Allerdings sind hier die besonderen immunologischen Spezifitäten zu beachten, weil es bei Inkompatibilität zu Reaktionen kommt, in deren Gefolge der Patient stirbt.

Deprivation und Deletion

Hierbei wird das Immunsystem reduziert. Dies kann auf verschiedenen Wegen erfolgen. Früher war lediglich die Bestrahlung möglich, die darauf abzielt, alle Keimzentren zu zerstören. Dadurch unterbleibt der Nachschub an Immunzellen, unerwünschte Reaktionen klingen ab. Weil das gesamte Immunsystem zerstört wird, ist der Patient ohne jeden Schutz und fällt der kleinsten Infektion zum Opfer. Daher ist die Bestrahlung völlig obsolet, zumal darüber hinaus jenseits des Immunsystems auch noch die gesamte Neubildung beispielsweise von Freßzellen und plättchenbildenden Zellen beeinträchtigt wird.

Besser steuerbar und gut gezielt sind andere Maßnahmen zur Minderung aktiver Immunzellen. Seit langem ist das Antilymphozytenserum, auch Antilymphozytenglobulin genannt, im Einsatz. Es wird durch Sensibilisierung von Tieren gewonnen und kann verwendet werden, um eine Immunreaktion zu hemmen. Auch hier sind dramatische Nebenwirkungen im Sinne einer totalen

Infektanfälligkeit zumindest vorübergehender Natur in Kauf zu nehmen. Daher ist der Einsatz dieses Prinzips auf Abstoßungskrisen beschränkt. Etwas moderner ist der Einsatz von Antikörpern, die einzelne Lymphozytenpopulationen als Ziel haben, indem sie Differenzierungsantigene attackieren und die Zellen abräumen helfen. Dies bedeutet eine Hemmung der Immunreaktion bei weitgehender Schonung der Stammzellen, so daß das Immunsystem weniger nachhaltig geschädigt wird. Vorerst sind solche Maßnahmen noch Einzelfällen vorbehalten, doch kann mit einer weiteren Verbreitung schon in naher Zukunft gerechnet werden.

Das Gegenstück auf humoraler Seite ist die Plasmapherese. Bei dieser Form der Blutwäsche werden aus der Zirkulation beliebig Antikörper und Immunkomplexe entfernt. Dadurch wird das pathogene Prinzip abgefangen. Indikationen sind daher Autoaggressionsprozesse, vor allen Dingen, wenn sie dramatisch exazerbieren. Freilich wird die Produktion der Antikörper dadurch nicht beeinflußt; gelegentlich scheint sogar deren Syntheserate im Sinne eines Kompensationsmechanismus noch verstärkt. Der allenfalls kurzfristige Vorteil muß durch die bereits beschriebenen, auf Dauer angelegten Therapieprinzipien gesichert und erhalten werden.

Auf einem ähnlichen Prinzip beruht die Lymphapherese. Durch eine spezielle Zytozentrifuge werden die Lymphozyten exklusiv aus dem Blut entfernt. Diese aufwendige Methode hat jedoch keinen nachhaltigen Erfolg, weil weniger als 10% der Immunzelle im Blute zirkulieren und die an der Krankheit beteiligten im Gewebe ihrer zerstörerischen Arbeit nachgehen und nicht erreicht werden. Vor langer Zeit wurde auf recht eingreifende Weise die Beseitigung von Lymphozyten aus dem Organismus vorgenommen. Dabei erfolgte die Dränage des Ductus thoracicus durch Einlegen eines kleinen Schläuchleins in das größte Lymphgefäß des Körpers, wodurch Immunzellen in großen Mengen in einen Beutel abgezogen werden konnten. Die auf diesem Wege gewonnenen Lymphozyten dienten der Gewinnung von Antilymphozytenserum durch Sensibilisierung von Pferden. Diese Maßnahme war jedoch so belastend, daß sie kein Patient auf sich nehmen wollte.

Immunmodulation

Neben Steigerung und Hemmung immunologischer Aktivität gibt es Therapieprinzipien, die eine Besserung der Symptome herbeiführen und von unterschiedlichen, teilweise noch nicht aufgeklärten Mechanismen begleitet sind. Die betreffenden Maßnahmen sind nicht vollständig gesichert und hinsichtlich ihrer Durchsetzung noch ungeklärt. Als allgemein akzeptierte und reproduzierbare Methoden, die sich durch Beständigkeit und weltweite, von verschiedensten Medizinern geübte Anwendung auszeichnen, gibt es heute zwei ganz unterschiedliche, aber doch miteinander verknüpfte Wege der Immunmodulation:

die althergebrachte Hyposensibilisierung und die jüngere hochdosierte Applikation von Immunglobulinen.

Bei der Hyposensibilisierung werden dem Immunsystem genau die Antigene in steigenden Mengen zugeführt, welche die Symptome verursachen, worauf diese dann zurückgehen. Diese Behandlungsform kann außerordentlich erfolgreich sein, wie das Beispiel der Insektengift-Allergiker belegt, wo vom tödlichen Schock Bedrohte binnen weniger Wochen einen Stich reaktionslos vertragen. Auf der anderen Seite lassen sich viele allergische Reaktionen auf diesem Wege fast gar nicht beeinflussen. Hinsichtlich des Wirkungsmechanismus ist die Induktion blockierender Antikörper sowie die von Suppressorzellen erwiesen. Diese Maßnahme beschränkt sich insbesondere auf IgE-vermittelte Reaktionen, und selbst dort ist der Erfolg in Frage gestellt, wenn die Sensibilisierungspalette zu breit ist. Auf der anderen Seite hat sich ein ähnliches Prinzip bei der allogenen Infertilität gut bewährt, bei der durch Immunreaktionen des mütterlichen Immunsystems keine Schwangerschaft zustande kommen kann. Hier wird durch Injektion von väterlichen Leukozyten das Immunsystem der Mutter so umgestimmt, daß es einer Schwangerschaft nicht mehr im Wege steht.

Die hochdosierte Indikation von Immunglobulinen kann bei einer Reihe von Immunkrankheiten eine deutliche Besserung erzielen. Ursprünglich wurde dieses Phänomen bei der Thrombozytopenie beobachtet, weil hier die Zahlen der Blutplättchen schon binnen eines Tages deutlich in die Höhe schnellen können. Inzwischen hat man diese Behandlungsform mit Erfolg bei Myasthenia gravis, Hemmkörper-Hämophilie, M. Kawasaki, Erkrankungen des Intestinaltraktes und aufsteigenden Lähmungen im Rahmem entzündlicher Prozesse angewendet. Verblüffend ist, daß ein Mischserum von gesunden Leuten genügt, um diese Effekte zu erzielen. Der entscheidende Mechanismus ist noch längst nicht bekannt. Neben einer Überlastung und Ausschaltung des retikulohistiozytären Systems kommt eine kompetitive Verdrängung der krankmachenden körpereigenen Antikörper, eine Reduktion der Synthese dieser Antikörper durch Endprodukthemmung wie auch eine Umschichtung von Immunkomplexen oder die Bindung von Auslösefaktoren in Betracht. Es entsteht der Eindruck, daß fast jede Immunkrankheit gebessert werden kann, wenn genügend fremde Immunglobuline den Organismus überfluten. Diesem Prinzip steht entgegen, daß durch so große Massen von Fremdserum die Viskosität des Blutes zunimmt und im Sinne eines Hyperviskositätssyndroms Durchblutungsstörungen mit Sehstörungen, Herzbeschwerden u.a.m. eintreten können.

Manipulation assoziierter Systeme

Im Zusammenhang mit der zu einer Immunkrankheit führenden Reaktionskette fällt dem Immunsystem bei der Begegnung mit dem Antigen die entscheidende Rolle zu. Allerdings wird diese Reaktion erst dann zur manifesten Krankheit, wenn assoziierte System auf den Plan treten und ihr zerstörerisches Werk beginnen: Wie eine Kette an beliebiger Stelle reißen kann und dann ihren Dienst nicht mehr versieht, läßt sich auch die Reaktionskette an beliebiger Stelle beeinflussen und jeweils eine Besserung der Krankheit erzielen. Während die Beeinflussung des Immunsystems Immuntherapie im engeren Sinne darstellt, lassen sich auch durch Einwirken auf die assoziierten Systeme therapeutische Effekte erzielen. Dieses Prinzip ist vorteilhaft, weil das Immunsystem selbst davon nicht berührt wird. Aufgrund der Vielfalt von beteiligten Zellen, Entzündungsstoffen und Mediatorsubstanzen bestehen ungemein viele Möglichkeiten, die alle schon ausprobiert wurden. Im folgenden sollen nur solche angesprochen werden, die einen festen Platz gefunden haben. Obwohl es hier nicht um eine unmittelbare Beeinflussung des Immunsystems geht, soll angedeutet werden, welche Wege noch beschritten werden können.

Ein für den Mechanismus von Immunkrankheiten wesentliches Element stellt die Arachidonsäure mit ihren Metaboliten dar. Sie wird aus den Phospholipiden der Zellmembran durch Phospholipase freigesetzt und erfährt über die beiden Enzyme Lipoxigenase und Zyklooxygenase einen Umbau in Leukotriene und Prostaglandine. Leukotriene sind vorzugsweise für verzögert einsetzende allergische Reaktionen verantwortlich, Prostaglandine für entzündliche Prozesse. Durch Blockierung der Abbauwege lassen sich antiallergische und antiphlogistische Effekte erzielen, wobei die letztgenannten wegen des hauptsächlichen Ablaufes im Mesenchym auch als ‚antirheumatisch' bezeichnet werden. Blockierung des Umbaumechanismus von Phospholipiden zu Arachidonsäure bedeutet einen gleichzeitigen antiallergischen und antirheumatischen Effekt. Dies vermögen Steroide, deren verblüffende Wirkung bei fast allen Formen der überschießenden Immunreaktion sich so erklärt.

Eine eigene Reaktionskette ergibt sich bei Beteiligung von Mastzellen und Basophilen. Hier wirken vorzugsweise die präformierten und explosionsartig freigesetzten Mediatoren, insbesondere das Histamin, negativ. Gelingt es, diese Substanzen vom Zellmembranrezeptor fernzuhalten, ihre Freisetzung aus den Zellen zu unterdrücken oder gar deren Synthese zu blockieren, so bringt dies eine deutliche Erleichterung für den Patienten. Klassisch sind die Antihistaminika, die eine Wirkung dieses biogenen Amins blockieren. Leider haben sie keinen Einfluß auf die Wirkung der anderen freigesetzten Mediatoren, so daß sie vor allen Dingen den Juckreiz an Haut und Schleimhäuten mildern, aber auch einen gewissen Schutz vor dem anaphylaktischen Schock bedeuten. Die intrazelluläre Synthese von Histamin kann durch Decarboxilasenhemmer unterdrückt werden. Auch hier ist die Wirkung insofern selektiv, als die übrigen Mediatorstoffe weiterhin präsent sind und Beschwerden verursachen. Dies ist auch einer der Gründe, weshalb solche Mittel niemals in der Lage sind, einen Asthmaanfall zu kopieren. Am effizientesten sind Wege, die eine Ausschütung der erwähnten Substanzen aus Mastzellen und Basophilen hemmen. Bewährt hat sich DNCG, durch dessen Wirkung die Zellmembran plötzlich stabil und die Zelle nicht mehr inkontinent erscheint. Eine gewisse Verwandtschaft hierzu hat Ketotifen. All diese Mittel müssen dem Patienten freilich gegeben werden, bevor er Kontakt mit dem Antigen hat. Ein zufriedenstellender Erfolg kann nur dann erzielt werden, wenn auch der beschwerdefreie Patient permanent diese Mittel einnimmt.

Da – wie erwähnt – alle diese Mittel kaum auf das Immunsystem einwirken, werden die schützenden Immunreaktionen nicht davon berührt. Abgesehen von Kortison, welches auch noch einen geringen unmittelbaren immunzytotoxischen Effekt aufweist, ist bei keinem Mittel etwa im Zusammenhang mit einer Infektion oder einer Schutzimpfung eine Gefahr zu gewärtigen. Weitere Vorzüge solcher Medikamente sind im Zusammenhang mit Symptomen zu nennen, die denen einer Immunkrankheit gleichen, ohne durch Immunreaktionen ausgelöst zu sein. Sie werden auch als ‚Pseudoimmunopathien' bezeichnet. Beispiele sind eine Urtikaria nach Wärmeeinwirkung oder obstruktives Asthma nach Belastung. Hier ist eine Immuntherapie im engeren Sinn erfolglos. Da jedoch die Endstrecke solcher Pseudoimmunopathien durch identische Mechanismen bestritten wird, können die erwähnten Medikamente zur Beeinflussung kooperativer Systeme mit gutem Erfolg eingesetzt werden.

Welche Strategie ist die beste?

Zunächst sei darauf hingewiesen, daß die Immuntherapie wenig vermag, verglichen mit der Immunprophylaxe. Wie in allen Bereichen der übrigen Medizin ist vorbeugen besser als heilen. Bester Beweis ist die aktive Schutzimpfung, wodurch es gelungen ist, die Pocken auszurotten. Auch die passive Immunisierung durch Hyperimmunseren ist ein bewährtes Prinzip, das bei raschem und entschlossenem, frühzeitigem Einsatz höchsten Erfolg bringt.

Ist Immunprophylaxe nicht möglich, bleibt nur die Möglichkeit, die Reaktionskette wo immer möglich zu unterbrechen oder zumindest zu beeinflussen. Dabei ist es wichtig, mit dem Immunsystem so sanft umzugehen, daß es möglichst wenig von den Maßnahmen tangiert wird. Daher ist es geboten, stets mit der sekundären Pharmakotherapie zu beginnen, d.h. Antiallergika, Antiphlogistika und Antirheumatika einzusetzen, sofern sich keine dramatische Entwicklung abzeichnet. Ist dieses Vorgehen nicht erfolgreich und somit Immuntherapie unumgänglich, dann sollte möglichst eine antigenorientierte Maßnahme vorgenommen werden. Da diesbezügliche Möglichkeiten sehr begrenzt sind, liegt eine globale Beeinflussung nahe. Dies gilt insbesondere für die Immunsuppression. Sind die Kriterien für eine solche Therapie erfüllt, so muß anfangs hoch dosiert werden, um das Immunsystem möglichst rasch zu zügeln. Nach eingetretenem Erfolg kann dann sparsam mit den immunkompromittierenden Mitteln umgegangen werden. Um Rückschläge zu vermeiden, darf die Immuntherapie nicht brüsk beendet oder allzu rasch reduziert werden.

Grundsätzlich werden zwei Aspekte immer wieder zur Diskussion gestellt. Zum einen geht es um die Therapie von Laborbefunden noch ohne das dazugehörige klinische Substrat. Heute neigt man zunehmend zur Auffassung, daß Laborbefunde allein nicht behandlungsbedürftig sind. So wäre es töricht, jemandem Antirheumatika zu verabreichen, weil er Rheumafaktoren aufweist. Im übertragenen Sinne gilt dies für alle anderen Antikörper auch. Sie dienen jedoch im Falle einer Erkrankung der Therapieüberwachung und sind ein empfindliches Indiz für bevorstehende Verschlimmerungen, die dann gegebenenfalls durch eine frühzeitige Dosisanhebung kopiert werden können. Zum anderen ist die Frage umstritten, wieweit in einer Vollremission die Behandlung fortgesetzt werden soll. Ist die Erkrankung nicht mehr nachweisbar, fällt es dem Patienten wie auch dem Arzt schwer, noch Immuntherapie zu betreiben. Doch kommt es gerade bei Autoaggressionsprozessen regelmäßig binnen Jahresfrist zu erneutem Auftreten der Erkrankung. Daher wird auch hier diskutiert, eine remissionserhaltende Therapie vorzunehmen; hierzu werden permanent kleine Dosen an remissionseinleitenden Präparaten verordnet. Auf diesem Wege können tatsächlich viele Erkrankungen jahrelang in einem solchen Stadium konserviert werden, daß die Patienten nichts spüren.

Immuntherapie ist trotz der im Grunde genommen wenigen eigenständigen Präparate nicht einfach. Der Therapeut muß sich gewissermaßen in die Krankheit hineinversetzen, zumal manche ansonsten belanglosen Faktoren wie Streß, Infektion, Unfall oder Schwangerschaft von entscheidender Bedeutung sind. Jahrelange Erfahrung versetzt den Therapeuten in die Lage, sich bei jedem Patienten eine gewissermaßen maßgeschneiderte Therapie auszudenken. Dabei sind Sachkenntnis und Fingerspitzengefühl unerläßlich.

„Ausgerechnet ich“

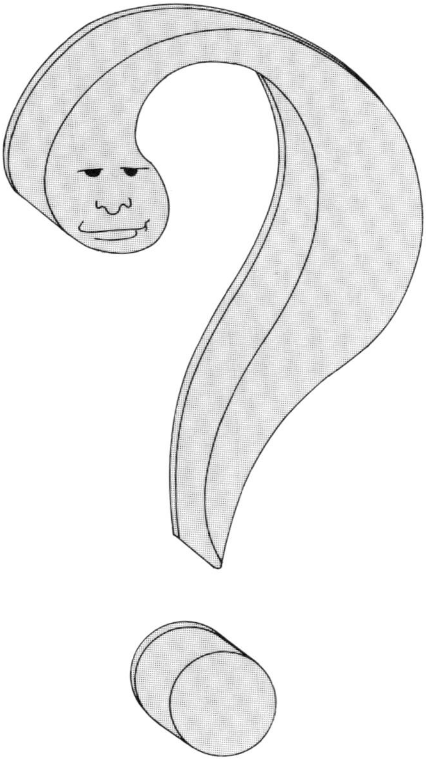

Diese Frage, die jedem Arzt von nahezu allen Patienten vorgelegt wird, ist bewußt an das Ende gestellt: Ihre Beantwortung setzt neben einem möglichst umfassenden Wissen über die Immunkrankheiten die Fähigkeit voraus, Individualfaktoren zu gewichten.

„Warum bin ich krank geworden?“ Diese Frage geht uns allen durch den Kopf, ob wir selbst betroffen sind oder der uns um Rat fragende Patient. Aus dessen Sicht gibt es ohnedies nur ganz wenige Ursachen; meist werden gesundheitliche Störungen als Folge einer Überlastung, schlechter Arbeits- und Umweltbedingungen oder einer Ansteckung interpretiert. Verdrängt werden fast immer Ursachen, die er sich selbst zuzuschreiben hat, d.h. genetische Disposition und Fehlverhalten.

Welche Faktoren lösen also Immunkrankheiten aus?

Zunächst sei daran erinnert, daß Immunkrankheiten stets auf eine Begegnung zwischen Immunsystem und Antigen zurückgehen. Im Regelfalle hat jedermann ein Immunsystem, und es muß konstatiert werden, daß wir alle einer Vielzahl von Antigenen ausgesetzt sind. So betrachtet ist es schwer einzusehen, weshalb der eine erkrankt, der andere aber nicht. Da Fortschritte in der Erforschung der Induktion einer Immunantwort bis hin zum Pathomechanismus in einzelnen Organen nichts Wesentliches zur Erhellung dieser Zusammenhänge beitragen konnten, versuchen breit angelegte Studien, Licht zu bringen in das sich dem Betroffenen als Schicksal darstellende Geschehen. Gerade Erkrankungen, die man gedanklich einordnen möchte wie die Sarkoidose, die Multiple Sklerose oder der M. Reiter, machen das Dilemma deutlich.

Trotz seiner biologischen Eigenheiten bewegt sich das Immunsystem im Rahmen der allgemeinen Gesetzmäßigkeiten. Daher lohnt sich ein Blick auf andere Erkrankungen, bei denen ebenfalls die Frage nach dem ‚Warum‘ gestellt wird. Dort gelten Erbgut, Umwelt und Verhalten als die wesentlichen Auslösefaktoren. Es ist naheliegend, auch in der Immunologie zu fragen, wieweit Veranlagung, Umweltbelastung und Fehlverhalten eine Krankheit bedingen können.

Umweltfaktoren werden heute gerne verantwortlich gemacht für allerlei Krankheiten. Das bietet sich für Immunopathien geradezu an, ist doch das Immunsystem installiert worden, um auch exogene Schadensfaktoren abzuwehren. Wenn auch die meisten Dinge unser Immunsystem – zum Glück! – unbeeindruckt lassen, bleiben doch eine Menge irritierender Faktoren. So kommt es zu einer Minderung der allgemeinen Reaktivität durch übermäßiges Aussetzen gegenüber Schadstoffen wie Schwermetalle, Sonnenlicht oder Lärm, um nur einige zu nennen. Auch Hitze und Kälte sind nicht zu vergessen, obgleich sie weniger bedeutsam sind. Schließlich gelten Strahlen und Magnetfelder als Schadensfaktoren – bislang allerdings ohne greifbare Hinweise, zumindest im Alltag.

Diese global wirksamen Umweltfaktoren, die ausnahmslos einen negativen Effekt zeitigen, sind als “Antigene” zu bezeichnen, wenn es umgekehrt um die Stimulation und Induktion von Immunreaktionen geht. Hier stehen selektive Prozesse im Vordergrund, die dann als Allergie imponieren. Dieses Feld ist weiter als auf den ersten Blick erkennbar, zumal sogar Autoallergien, Autoaggressionsprozesse durch Exposition scheinbar ohne jeden Zusammenhang getriggert werden können. Beispiele hierfür sind durch Sonnenlicht ausgelöster Lupus erythematodes, medikamenten-induzierte hämolytische Anämie oder der induzierte Lupus erythematodes. Da jedoch nicht jeder Mensch krank wird, sind noch andere Faktoren von Bedeutung.

Erbgut und Veranlagung sind ebenso wichtig, wenn es um die Manifestation einer Erkrankung geht. In erster Linie denkt man an die Immungenetik. Sie zeigt, daß uns die Reaktionsbereitschaft des Immunsystems in die Wiege gelegt ist. Dabei wird nicht das ‚Ja-Nein-Prinzip' verfolgt; vielmehr gibt es die unterschiedlichsten Nuancen, die sich als relatives Krankheitsrisiko konkretisieren lassen. Wiederum wird aber nicht jeder krank, der ein entsprechendes Risiko trägt, wie auch mancher die Krankheit erwirbt, der hierfür nicht disponiert scheint. Somit sind auch hier noch Zusammenhänge gegeben, die bislang unerwähnt geblieben sind.

Da uns die Natur in allen Dingen, nicht nur bezüglich des Immunsystems, individuell ausgestattet hat, ist es gut möglich, daß trotz identischer immunologischer Reaktivität der eine Symptome zeigt, der andere aber nicht. Hier kommen Eigenschaften der Organe, an denen sich eine Erkrankung manifestiert, zum Tragen. Das Faktum, daß in uns so gut wie überall immer wieder Immunreaktionen ablaufen, die wir gar nicht bemerken, beruht darauf, daß die entsprechenden Organe die Aktivitäten des Immunsystems ertragen. Nur wenn die Belastbarkeit, also die durch Kompensationsmechanismen und Verarbeitungskapazität gekennzeichnete Größe überschritten wird, kommt es zu Funktionsstörung und Syptomen.

Interessanterweise scheint aber gerade die Fähigkeit, Immunreaktionen ‚wegzustecken', bei ein- und demselben Individuum zu schwanken. Einmal wird etwas toleriert, ein andermal nicht. Auch wer nach anderen Störgrößen fahndet, etwa nach einem Infekt, wird nicht immer fündig. Es gehört also auch die Fähigkeit zur Verarbeitung dazu. Ein gutes Beispiel ist Lärm, der das Immunsystem negativ beeinflußt. Am Arbeitsplatz macht er sich dramatischer bemerkbar als in der Freizeit, wo eben Musik oder Motorengeknatter lustvoll empfunden werden. „Stimmung" ist also etwas zugegebenermaßen schwer Meßbares, das die Immunreaktivität und nicht minder die Toleranz beeinflußt.

Zu guter Letzt soll noch erwähnt werden, daß Streß, ob durch Aufregung oder sportliche Höchstleistung, eine gewichtige Rolle spielt. Auch die Ernährung darf nicht vergessen werden, schlägt sich doch einseitige Kost und vor allem „Heilfasten" auf das Immunsystem nieder. Hier kann man vom Patienten noch am ehesten Einsicht erwarten, liegt doch der Zusammenhang auf der Hand. Er wird dankend zur Kenntis nehmen, daß neben dem oben angesprochenen negativen Einfluß auch etwas Positives zu vermerken ist: eine insgesamt bessere Adaptationsfähigkeit und ein Training bedingter Reflexe, welche der Abwehrleistung förderlich sind, wie wir vom Saunieren her wissen.

Es sind, um es zusammenzufassen, exogene und endogene Faktoren, die bestimmen, ob eine Immunkrankheit eintritt. Beide stehen gleichwertig nebeneinander. Die Wahrscheinlichkeit der Manifestation kann geradezu als Produkt beider Größen betrachtet werden: Wer zu Allergien neigt, wird bei gleicher Exposition etwa gegenüber Pollen oder Tierhaaren rascher die Folgen einer Sensibilisierung spüren. Aber auch wer nicht dazu neigt, wird allergisch, wenn er sich nur oft genug exponiert.

Was soll man dem Patienten nun sagen, wozu raten?

Am Erbgut kann niemand etwas ändern; man muß damit leben. Auch die Umwelt kann der Einzelne nicht nennenswert beeinflussen; dazu müßte die gesamte Menschheit beitragen. Daher kann es in vielen Fällen kein Entrinnen geben, und es wird auch nicht weiter zu spezifizieren sein, weshalb gerade jetzt ausgerechnet dieser Mensch zum Patienten wird. Meist sind noch zahlreiche versteckte Kofaktoren beteiligt, die im Einzelfalle verborgen bleiben.

Kann man dennoch etwas tun?

Eine Möglichkeit, etwas zu tun, besteht im Ändern von Verhaltensweisen. Bis zu einem gewissen Grade hat es jeder in der Hand, ob er sich exponiert oder seinem Immunsystem ungünstige Bedingungen auferlegt. So soll man – um nur einige Beispiele zu nennen – eine ausgewogene Ernährung bevorzugen, nicht übermäßig Sonnenbaden, allergisierende Substanzen und Situationen meiden. Auch wer raucht, viel Alkohol trinkt, sich nicht impfen läßt, schafft ungünstige Umstände, die eine Krankheitsentwicklung auf dem Boden immunologischer Irritation oder Inkompetenz begünstigen. „Jeder ist seines Glückes Schmied“ gilt eben auch in der Immunologie. Insofern ist die Frage manchmal doch zu beantworten, warum jemand immunkrank geworden ist.

Sachwortverzeichnis